YANHAI NONGYE YOUHAISHENGWU JIANKONG JISHU YANJIU XINJINZHAN

沿海农业有害生物
监控技术研究新进展

■ 陈永明
■ 李　瑛
■ 刘海南　等主编

U0306547

中国农业科学技术出版社

图书在版编目（CIP）数据

沿海农业有害生物监控技术研究新进展／陈永明，李瑛，刘海南等主编.
—北京：中国农业科学技术出版社，2009.4
ISBN 978 - 7 - 80233 - 788 - 6

Ⅰ．沿…　Ⅱ．①陈…②李…③刘…　Ⅲ．①农业害虫—防治—研究—盐城市
②农业—有害植物—防治—研究—盐城市　Ⅳ．S433　S45

中国版本图书馆 CIP 数据核字(2009)第 003804 号

责任编辑	杜新杰
责任校对	贾晓红　康苗苗

出 版 者	中国农业科学技术出版社
	北京市中关村南大街 12 号　邮编：100081
电　　话	(010) 82109704（发行部）(010) 82109709（编辑室）
	(010) 82109703（读者服务部）
传　　真	(010) 82109709
网　　址	http：//www. castp. cn
经 销 者	新华书店北京发行所
印 刷 者	北京富泰印刷有限责任公司
开　　本	889 mm×1 194 mm　1/16
印　　张	20
字　　数	360 千字
版　　次	2009 年 3 月第 1 版　2009 年 3 月第 1 次印刷
定　　价	58.00 元

序　言

　　盐城市是江苏省最大的农业大市，农业生产的安全和农产品质量的提高事关农民增收、农业增效和农村稳定。

　　近年来，随着高效农业的发展、种植业结构的调整以及种植方式的改变，农作物病虫草害发生了新的变化，新入侵的有害生物增加并不断有扩大蔓延之势，有害生物种类增加，发生程度加重，重发频次提高，严重威胁农业生产的提质增效。我市植保系统的广大技术人员积极响应市政府提出的"打造全省高效农业第一市"的号召，积极适应高效农业的发展和种植方式的变化，根据农业生产上出现的新特点、新问题，有针对性地对农作物有害生物的发生进行了细致的调查，对新技术进行深入的研究，对新农药品种做了大量的药效试验，调查研究结果体现在即将出版的《沿海农业有害生物监控技术研究新进展》一书中。该书全面系统地研究了近年来我市农作物重大病虫草害的灾变规律和防治技术，是一本既有专业理论水准又有丰富的实践经验，适用性、操作性强的科技书籍。

　　该书凝结了全市广大植保技术人员的辛勤劳动，相信此书的出版对提高基层农技人员的业务水平和广大农民的有害生物防控水平将发挥积极的有效作用。

盐城市人民政府副市长

2008 年 12 月

目　　录

一、粮食作物有害生物发生与防治技术

二、棉花特经作物有害生物发生与防治技术

三、蔬菜作物有害生物发生与防治技术

四、新农药、新剂型试验示范

五、其　　他

一、粮食作物有害生物发生
与防治技术

水稻条纹叶枯病和黑条矮缩病
发生现状与对策

邰德良[1]，李　瑛[1]，梅爱中[1]，仲凤翔[1]，邵俊杰[2]

（1. 江苏省东台市植保植检站，224200；2. 东台市五烈镇农技站，224217）

水稻条纹叶枯病和黑条矮缩病是水稻上的两种病毒性病害。2001 年以来，条纹叶枯病在东台市连年重发，对水稻生产威胁极大。针对病害严重发生的实际情况，东台市全面推广应用江苏省植保站及有关科研院所协作攻关集成的以"抗、避、断、治"为核心的水稻条纹叶枯病综合防治技术体系，取得了显著的控病保产效果。然而，从生产实际看，在条纹叶枯病得到有效控制的同时，黑条矮缩病却迅速上升，防治工作进入了一个新的转折时期。正确分析两种病害暴发流行现状，弄清病害发生的制约因素，对制定切实有效的防治措施，实施综合治理，促进农业生产持续稳定发展意义十分重大。

1　发生现状

1.1　条纹叶枯病稳中有降

2004 年以来，水稻条纹叶枯病在东台市的发生面积稳中有降，发病程度明显减轻，尤其是 2005 年、2006 年，发病面积下降幅度较大，2007～2008 年虽然有所抬头，但总体发病面积仍然显著低于 2004 年。

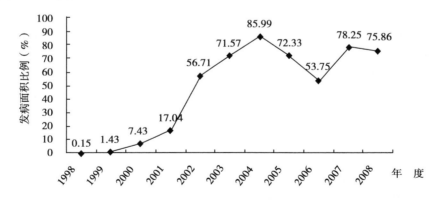

图1　1998～2008 年东台市水稻条纹叶枯病发生面积统计

2008 年调查，全市 2.68 万 hm² 水稻，条纹叶枯病发生面积 2.03 万 hm²，占水稻总面积75.86%，病田率比 2007 年减少 3.03%，比 2004 年减少 11.78%（图1）；平均病穴率 1.82%（0～17%），病株率 0.23%（0～1.95%），分别比 2007 年下降 51.08% 和 77.0%，比 2004 年下降 89.24% 和 95.72%（图2），大面积水稻安全成熟，没有出现因条纹叶枯病危害而严重减产的现象。

3

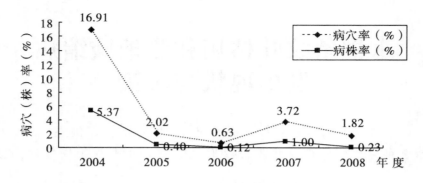

图 2　2004～2008 年东台市水稻条纹叶枯病发生情况统计

1.2　黑条矮缩病明显上升

近几年，随着条纹叶枯病发生程度的大幅度下降，黑条矮缩病迅速上升，已经成为影响水稻安全生长的又一个危险因子。一是发生面积迅速扩大。2005 年前，东台市水稻上基本不发生黑条矮缩病；2006 年，广山等镇零星查见黑条矮缩病病株；2007 年，全市发病面积 84hm²，占水稻总面积 0.32%，分布在广山、五烈、廉贻等镇；2008 年，发病面积扩大到 820hm²，占水稻总面积 3.06%，比上年增加 9.8 倍。二是重病田块明显增多。2008 年，全市黑条矮缩病严重发生（病株率 10% 以上）的面积达 38.67hm²，主要分布在大麦茬直播稻田，其中，广山、台南等镇有近 2hm² 稻田病株率 70% 以上，这在前几年没有出现过。三是为害损失相当严重。黑条矮缩病具有一定的暴发性，前期症状比较隐蔽，水稻分蘖期病株叶色深绿，矮缩不明显，容易与用肥过大或使用多效唑等因素相混淆，拔节孕穗阶段症状全面显现，有一种突然暴发的假象，常常出乎预料；病株不能抽穗，一旦发病就意味着减产。2008 年台南镇河口村一块淮稻 5 号直播稻，减产 7 成以上。

1.3　不同品种间存在差异

田间调查表明，水稻不同品种对两种病毒病的抗耐表现有明显差异。2004 年以来，针对条纹叶枯病严重发生的实际，东台市先后推广种植了徐稻、镇稻、扬粳、盐稻、淮稻等 10 多个系列品种，对减轻条纹叶枯病发生作用十分显著；然而，这些品种当中有部分品种黑条矮缩病相当严重，少数品种黑条矮缩病发生为害程度大大超过了条纹叶枯病。2008 年调查，淮稻 5 号水稻，条纹叶枯病平均病穴率 1.21%（0～5%），病株率 0.41%（0～1.7%）；黑条矮缩病平均病穴率 1.73%（0～46%），病株率 1.01%（0～46%），重病田块黑条矮缩病已明显重于条纹叶枯病。淮稻 9 号、扬辐粳 8 号等其他抗耐条纹叶枯病的品种，黑条矮缩病也有零星发生；而武育粳 3 号、通育粳 1 号等高感条纹叶枯病品种上，尚未查见黑条矮缩病。

1.4　水稻受害进一步加重

目前，东台市水稻条纹叶枯病仍处于大流行期，从近几年生产实践看，武育粳 3 号等高感品种条纹叶枯病一直相当严重，2008 年试验田最终自然病穴率高达 86.67%，病株率 64.28%，减产 6 成以上；大面积上虽然有所下降，但潜在威胁仍然很大，随着水稻品种的不断更新，病害暴发成灾的危险依然存在。而黑条矮缩病正处于快速发展阶段，病害发生必将逐年加重，其为害损失与条纹叶枯病不相上下。由此可见，近期内，东台市水稻将同时遭受两种病毒病的严重为害,如果没有切实有效的防治措施,水稻生产面临极大威胁。

2 原因分析

水稻条纹叶枯病和黑条矮缩病都是由灰飞虱传播的病毒性病害,其发生程度主要取决于水稻品种的抗耐病能力、传毒昆虫灰飞虱的发生数量和带毒水平,防治措施的落实情况,对病害发生为害也有较大的影响。据分析,造成两病并重发生的主要原因有以下4个方面:

2.1 灰飞虱连年重发

近几年,东台市传毒昆虫灰飞虱连年重发,其中,2007~2008年达到发生最高峰。2008年调查,水稻秧田第1代灰飞虱发生量特大,成虫高峰期平均每667m²虫量87.2万头,高的达180万头,分别是2007年、2006年、2005年和2004年高峰期虫量的1.1倍、9.1倍、6.4倍和11.5倍(图3)。大面积上秧田亩虫量在5万头以上的高密度虫口持续时间前后长达16d,这对病毒的传播蔓延非常有利。

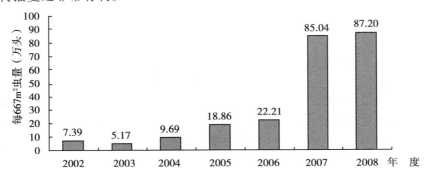

图3 2002~2008年东台市水稻秧田一代灰飞虱发生数量统计

2.2 带毒率居高不下

2005年以来,随着水稻条纹叶枯病发生程度的大幅度减轻,灰飞虱的带毒率也逐年下降,但总体带毒水平仍然偏高,下降速度不快,甚至出现有所反弹的现象。2008年东台市越冬代灰飞虱平均带毒(条纹叶枯病毒)率21.3%,低于2003年、2004年、2005年和2006年,高于2002年和2007年,比2007年回升4.1个百分点,是条纹叶枯病大流行指标1.8倍,其中,稻桑混栽地区带毒率高达29.1%,接近2006年高带毒地区的水平(图4)。灰飞虱对黑条矮缩病毒的带毒水平虽然没有检测,但由于2007年玉米粗缩病发生普遍,毒源十分充足,2008年东台市玉米粗缩病又是一个重发年,发生面积大,发病程度重,灰飞虱的带毒水平必将持续上升。传毒昆虫的大量发生和高带毒率,为水稻两种病毒病的重发流行提供了极为有利的条件。

2.3 品种抗病谱单一

2004年以来,东台市先后推广种植了徐稻3号、镇稻99、扬粳9538、扬辐粳7号、扬辐粳8号、盐稻8号、淮稻5号、淮稻9号等10多个水稻抗病品种,有效地控制了条纹叶枯病发生为害。然而,由于品种本身的抗病机制所决定,这些品种的抗病谱比较窄,表现为只抗条纹叶枯病,不抗黑条矮缩病,尤其是淮稻5号等品种高感黑条矮缩病,大面积种植后,直接导

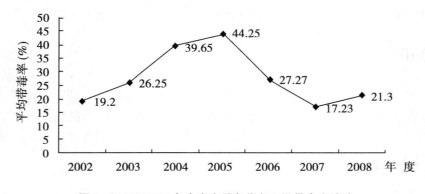

图4　2002～2008 年东台市越冬代灰飞虱带毒率统计

致黑条矮缩病的迅速上升。据了解，到目前为止，生产上还没有找到一个优质、高产、广谱抗病的品种，很大程度上制约了整体防病效果。

2.4　防治措施不到位

当前，水稻条纹叶枯病和黑条矮缩病防治技术是成熟、有效、可行的，即使还没有找到好的广谱抗病品种，但只要抓好其他相关措施，病害是可以控制的，问题是技术覆盖率不高，防治措施不到位，直接影响到控病效果的提高。如水稻大麦茬直播，无论从高产栽培方面，还是从病害防治方面，都不是一项好的措施，农技部门一直提反对意见，但少数农户就是不听劝导，图省事，盲目种植，即使吃了病害的苦头都不肯罢手，心存侥幸，还想来年再种。稻桑混栽地区水稻秧田治虫与春蚕饲养矛盾历来比较突出，应用防虫网育秧是一项十分有效的措施，既可保证防虫防病效果，又能解决治虫与养蚕矛盾；但少数蚕农重桑轻粮，不愿在水稻生产上多投入，养蚕期间水稻秧田既不覆网也不用药，任由灰飞虱恣意传毒为害，人为形成防治漏洞，后果可想而知。农药市场活跃，低价、低效药剂充斥市场，也是影响防治措施到位的重要因素。

3　控制对策

据分析，今后3～5 年内，东台市水稻条纹叶枯病和黑条矮缩病将同时处于高频流行阶段，防治工作必须引起高度重视，要继续采取有效措施，狠抓各项防治措施的落实，确保防治效果。

3.1　狠抓宣传发动

要依靠行政力量，不断加大宣传培训力度，运用一切手段，向广大农户宣传病虫发生的新特点，提高他们对病害暴发流行严重性的认识。借助报纸、电台、电视等宣传媒体，宣传病虫发生的严重性和抓好防治的重要性，播放和刊登病虫防治技术，营造浓烈的防治氛围，引导广大农户重视两病防治工作。要与工商、质监和农业行政执法等部门联手，开展水稻病虫防治农资市场专项整治，预防和打击各种坑农害农行为，促进防治措施的落实到位。

3.2　加强技术指导

要通过多种渠道，通报病虫情况，明确防治技术，接受农民咨询，组织农技人员深入村组田头，开展技术培训和现场指导，规范用药技术，不断提高广大农户治虫防病水平。要引导广大农户正确认识水稻品种的抗病特性，防止片面夸大，过分依赖，误导防治，造成损失。

3.3　强化监测预警

按照农业部、江苏省颁布的病虫调查办法，规范测报行为，定期开展病虫发生情况的系统调查，不断扩大普查范围，增加普查频率，全面掌握病虫发生动态，及时预报病虫信息，确保虫情准确，传递迅速，为指导大面积防治提供科学依据。

3.4　实施综合治理

水稻条纹叶枯病和黑条短缩病只可防不可治，防治上必须坚持"预防为主，综合防治"的植保工作方针，坚持"切断毒链，治虫控病"的防治策略，协调运用各种措施，大力推行统防统治，不断提高防治技术的到位率。

3.4.1　调整作物布局，改进种植方式

适当扩种优质杂交中籼稻，缩减晚熟粳稻面积，可显著减轻两病发生危害；全面推行稻、麦茬机械旋耕种植，杜绝麦套稻、稻套麦种植方式，恶化害虫生存环境，控制灰飞虱在麦田与稻田间的就地转移，提高自然死亡率；推广应用防虫网育秧，阻止灰飞虱进入秧田传毒为害，缓解稻桑混栽地区春蚕饲养与秧田治虫矛盾，提高防虫控病效果。对两病重发地区，也可改种除水稻、玉米以外的其他作物，减轻病害损失。

3.4.2　大力引进和推广水稻抗病品种

选用既抗条纹叶枯病又抗黑条矮缩病的水稻品种，是解决两病并发危害最为有效的措施。针对当前缺乏既高产优质抗病，又适宜在本地大面积种植的水稻品种的实际情况，生产上可利用不同品种间抗耐病水平的差异，抓住主要矛盾，选用高抗条纹叶枯病、较耐黑条矮缩病的水稻品种，如镇稻99、盐稻9号等，减少淮稻5号等高感黑条矮缩病品种的种植面积。

3.4.3　合理迟播迟栽，发挥避病作用

充分发挥水稻主体品种播、栽适期弹性较大的优势，适当推迟播、栽时间，可有效控制条纹叶枯病和黑条矮缩病。多年实践证明，东台市水稻肥床旱育和塑盘育秧最佳播种时间为5月15～25日，最佳移栽时间为6月15～25日，直播稻最佳播种时间为6月10～15日。适期范围内播种和移栽，既能避开第1代灰飞虱成虫传毒高峰，减轻水稻两病防治压力，又能保证水稻高产。

3.4.4　狠治传毒昆虫，切断传毒桥梁

全面抓好传毒昆虫防治，是控制水稻条纹叶枯病和黑条短缩病的关键措施。全年要重点抓好麦田第1代灰飞虱低龄若虫、秧田第1代灰飞虱成虫和水稻大田第2、3代灰飞虱低龄若虫等3个阶段的防治，压降虫口密度，切断传毒桥梁；在秧田第1代灰飞虱成虫高峰期间，要适当增加用药次数，努力提高治虫防病效果。要坚持速效药剂与长效药剂相结合，大力推广应用氟虫腈、稻丰散、毒死蜱、吡蚜酮、噻嗪酮等高效低毒农药，合理交替使用各类农药，千方百计把病虫为害损失控制在最低限度，确保水稻生产安全。

2005～2007 年水稻褐飞虱重发原因分析与控制对策

李　瑛[1]，邰德良[1]，梅爱中[1]，仲凤翔[1]，方桂生[2]

（1. 江苏省东台市植保植检站，224200；2. 东台市梁垛镇农技站，224225）

近年来，水稻褐飞虱在江苏省连年重发，尤其是 2005 年，部分地区由于防治不力，水稻严重"冒穿"瘫倒，损失十分惨重。2005～2007 年褐飞虱在东台市也连续 3 年大发生，经过全市广大干群艰苦努力，夺得了灭虫保产战役的全胜。分析近几年来褐飞虱的重发原因，有许多方面值得认真总结和反思。

1　发生概况

2005 年，褐飞虱在本地发生特点是：五（2）代、六（3）代零星发生，七（4）代严重发生，全年灯下累计诱虫 717 头，居 1990 年以来第三位。7 月 1 日田间始见成虫，9 月中旬出现成虫迁入高峰，9 月下旬至 10 月上旬田间若虫数量急剧增加，七（4）代若虫高峰期普查，未治田中西部稻区百穴虫量 27 255 头，严重田块高达 6 万头以上，9 月下旬水稻出现"冒穿"，全市水稻最终"冒穿"瘫倒面积 60hm^2，减产稻谷 965 000kg。

2006 年，褐飞虱五（2）代普遍见虫，六（3）代轻发生，七（4）代特大发生。全年灯下累计诱虫 7 356 头，为上年同期虫量的 10.3 倍，居 1990 年以来第一位，其中，以 8 月 30 日七（4）代成虫第一峰最大，峰日虫量高达 2 392 头，单日灯下诱虫数量历史罕见。田间 7 月 2 日普遍查见成虫，五（2）代若虫高峰期百穴虫量稳定在 10 头以下；六（3）代若虫高峰期平均百穴虫量 77.5 头，高的达 675 头；七（4）代若虫高峰期未治田平均百穴虫量 39 822 头，高的达 10 万头以上。由于防治主动，效果良好，大面积水稻受害轻微，未发生"冒穿"瘫倒现象。

2007 年，褐飞虱五（2）代、六（3）代轻发生，七（4）代中等偏重，部分田块大发生。全年先后出现 7 月下旬（第 3 代）和 8 月下旬（第 4 代）两个明显的迁入峰，迁入期早于 2005 年，略迟于 2006 年，数量消长比较平稳，没有出现后期集中大量迁入的现象，全年灯下累计诱虫 771 头，居 1990 年以来第二位，接近或略多于 2005 年，明显少于 2006 年。7 月 8 日田间始见成虫，见虫田率比上年低 27.08 个百分点。若虫高峰期普查，五（2）代百穴虫量 5 头以下；六（3）代平均百穴虫量 12.1 头，高的 94 头；七（4）代未治田平均百穴虫量 16 312 头，高的 4 万头以上。由于防治及时，未发生"冒穿"瘫倒现象。

2　原因分析

2.1　气候对褐飞虱迁入、繁殖和生长发育影响较大

褐飞虱是迁飞性害虫，气候对褐飞虱的迁入和繁殖具有直接影响，6 月下旬至 9 月下旬的

降雨、台风等强下沉气流天气有利于迁入，7~8月份的凉夏气候以及9月份的暖秋气候有利于繁殖为害。

2005年，9月中下旬本地雨水偏多，气温偏高，平均气温23.6℃，比常年高2.1℃，降雨量120.6mm，比常年多78.7mm，适宜的气候环境促进了褐飞虱的不断迁入和大量繁殖。田间调查，从9月15日到10月5日，田间成虫持续不断，迁入盛期长达20d，百穴成虫量西部稻区一直稳定在80~100头，沿海稻区600~800头。褐飞虱迁入后，又遇到了多年不遇的暖秋气候，褐飞虱大量繁殖。据分析，本市七（4）代褐飞虱实际增殖倍数达115.3倍，田间卵不断孵化，虫量持续增加，虫态虫龄复杂，防治难度极大，从而导致了褐飞虱的严重发生为害。

2006年，7月份长时间阴雨天气，促进了五（2）代褐飞虱大量迁入，灯下虫量、田间查见率和百穴虫量均大大超过往年；8~9月份雨水并不多，但8月30日至9月5日连续一个星期的阴雨天气，形成了持续的大范围下沉气流，促成了七（4）代褐飞虱铺天盖地而来。9月上旬调查，田间百穴成虫量中西部稻区200~300头，沿海稻区600~800头，为上年同期的3~5倍。但是，由于9月上中旬本市出现了较长时间的低温阴雨天气，日平均气温仅20.2℃，比常年低3.33℃，雨日13d，比常年多4.8d，褐飞虱卵、虫发育进程明显减慢，田间虫龄持续偏低。9月底调查，褐飞虱3龄以上若虫比例仅占总虫量3.43%，害虫对水稻的危害性明显不及往年，低温阴雨不同程度地制约了七（4）代褐飞虱对水稻的为害程度。

2007年，7月份雨日19d，降雨量447.4mm，分别比常年多4.4d和285.3mm，长时间连阴雨天气形成持续的下沉气流，促进了过境褐飞虱的大量迁入。但7月下旬至8月下旬六（3）代褐飞虱发生期间，东台市出现持续高温天气，8月份平均气温28.1℃，比常年高1.4℃，雨日9d，降雨量82.3mm，分别比常年少7d和少84.5mm，夏季高温低湿的环境条件不同程度地抑制了褐飞虱的繁殖。8月下旬至9月下旬七（4）代褐飞虱发生期间，气温明显偏高，9月份平均气温23.0℃，比常年高0.6℃，暖秋的气候促进了褐飞虱生存和繁殖。

2.2 水稻成熟期推迟，促成了褐飞虱在本地的加代发生

褐飞虱在东台市已多年没有大发生，历史上最近的一个重发年是1991年，那时，水稻以杂交中籼稻当家，9月底成熟收获，褐飞虱只发生3代，不发生第七（4）代，一般年份9月上中旬用敌敌畏毒土熏蒸防治六（3）代褐飞虱以后，稻田已不再用药。然而，随着优质稻米需求的不断扩大，中晚熟粳稻品种全面取代杂交中籼稻，加之轻型栽培技术的应用，以及近年来从综合治理水稻条纹叶枯病的要求出发，对水稻播种与移栽时间又进行了适当调整，10月中旬水稻才成熟收获，比往年推迟了近20d，为七（4）代褐飞虱的发生创造了适宜的寄主环境。

2.3 害虫抗药性上升，是造成褐飞虱严重为害水稻的重要原因

2005年，南京农业大学沈晋良教授测定，褐飞虱对吡虫啉的抗药性高达475倍。2006年东台市植保植检站试验，每667m² 用吡虫啉纯品5g、6g防治褐飞虱1~2龄若虫，药后7d防治效果仅有62.75%、68.77%，在用药量比20世纪90年代增加5~6倍情况下，防治效果下降了近30个百分点。由此可见，2005年褐飞虱特大发生情况下，大面积使用吡虫啉未能起到应有的治虫效果，导致水稻严重受害减产。2006年和2007年，通过调整药剂配方，改进防治

技术，彻底扭转了防治中的被动局面，有效地控制了褐飞虱发生为害，大面积水稻生产达到了有虫无害的防治目标。

2.4 思想认识不足，防治行动不力，是导致水稻严重受害的关键

由于褐飞虱已多年没有大发生，加之近年来水稻条纹叶枯病、稻纵卷叶螟、纹枯病等主要病虫连年重发，冲淡了人们对褐飞虱危害性的认识。2005 年褐飞虱突然大量发生后，多数农户没有足够的思想准备，行动迟缓，措施不力，有的用药不对路，或用水量不足，或施药质量不高，有的用药前田间不上水，用药后不能保持水层，还有的农户存有侥幸过关、惜工惜本思想，少治漏治，导致褐飞虱严重为害。2006 年、2007 年褐飞虱同样大发生，但最终为害损失明显轻于 2005 年，主要是各方面对褐飞虱的危害性都有了足够认识，广大农户防治的主动性和积极性大大提高，行动迅速，措施扎实，从而取得了防治战役的全胜。

3 防治对策

3.1 加强虫情监测

病虫测报是治虫控害的基础，为了全面抓好大面积防治工作，虫情监测与预报工作必须在时效性、准确性上有所突破。一要加强系统监测。通过灯诱、查虫、查卵等方式，系统掌握褐飞虱迁入、繁殖和发展动态，力求虫情及时、准确可靠。二要扩大普查范围。褐飞虱的迁入分布在地区间、田块间差异极大，因此，在系统调查的基础上，要不断扩大普查范围，增加普查频率，才能全面掌握虫情，作出有针对性的防治指导。三要强化抗性监测。褐飞虱对吡虫啉极高的抗药性并不是突然产生的，但由于我们过去没有注重这方面的工作，导致了防治工作的被动，目前，各地都在大量使用毒死蜱、噻嗪酮、氟虫腈等药剂，药剂的选择压力很大，褐飞虱对这类药剂的抗性发展趋势如何，将是今后防治工作能否顺利开展的潜在危险，因此，必须强化害虫抗药性监测工作，及时发现和治理抗性问题。

3.2 改进防治技术

在准确掌握害虫发生情况的基础上，坚持"治上压下"的防治策略，及时开展防治工作。在防治技术上，一要更换药剂品种。应暂停使用吡虫啉防治褐飞虱，大力推广毒死蜱、噻嗪酮、氟虫腈等速效与持效药剂混用技术，努力提高防治效果，注重药剂交替使用，延缓害虫抗性产生。东台市植保植检站试验，每 667m^2 用 40.7% 毒死蜱 EC100ml，加 25% 噻嗪酮 WP50g或 5% 氟虫腈 SC30ml，对褐飞虱的防治效果达 92.92% 和 98.78%。二要调整用药适期。首次用药应掌握在褐飞虱卵孵高峰期进行，发挥药剂的速效和持效控制作用，首次用药后 10 ~ 15d要及时用好第二次药，巩固前期防治效果。三要改进用药方法。六（3）代、七（4）代褐飞虱发生期间水稻已进入生长后期，田间群体较大，常规喷雾难以将药液喷到褐飞虱集中活动的植株中下部，效果很不理想，因此，在六（3）代、七（4）代褐飞虱防治上，要全面改用打喷枪（卸下喷杆，调小开关，对准植株中下直接喷洒）的施药方法，有条件的地方可采用担架式机动喷雾机施药防治，努力提高施药质量，用药前田间要上足水，用药后要保持水层 3d以上，保证防治效果。

3.3 加快科研开发

国内外研究证明，近半个世纪以来，褐飞虱先后对大量的有机氯、有机磷、氨基甲酸酯中常用杀虫剂产生了抗药性。近几年，褐飞虱又对吡虫啉产生了极高抗性，对噻嗪酮的敏感性也开始下降。从目前现状看，具有替代潜力的药品资源并不多，而褐飞虱的抗性发展却相当快，因此，有关科研部门必须加强对抗性褐飞虱综合治理技术的研究，加快新药剂、新配方研究开发步伐，加大水稻抗虫品种引进推广力度，确保随时应对突然严重发生的病虫灾害。

灰飞虱暴发成因及控制技术

戴爱国[1]，李庆体[2]，王永青[1]，王　标[1]，蒯　军[3]

（1. 江苏省滨海县植保植检站，224500；2. 滨海县正红镇农业中心，224522；
3. 滨海县气象局，224500）

2004 年以来，滨海县麦田和稻田灰飞虱连年暴发，对水稻生产构成严重威胁，由于我们采取"全程药控，治秧田保大田，治前期保后期"的防治策略，加之防治得力，大大减轻了水稻的损失，现就灰飞虱暴发成因及控制技术阐述如下。

1　发生实况

1.1　麦田灰飞虱虫量持续走高

2004 年 5 月 18 日为第 1 代虫量高峰期，每 667m² 有虫 5 400 ~ 980 000 头，平均 169 450 头，为上年同期的 11 倍；2005 年 5 月 20 日为第 1 代虫量高峰期，每 667m² 有虫 6 000 ~ 1 863 000 头，平均 325 000 头，是上年同期的 1.9 倍；2006 年 5 月 16 日为第 1 代虫量高峰期，每 667m² 有虫 3 000 ~ 937 000 头，平均 348 000 头，是上年同期的 1.1 倍；2007 年 4 月 10 日调查，每 667m² 有虫 4 000 ~ 160 000 头，平均 38 000 头，是上年同期的 5.2 倍；2008 年 5 月 19 日调查，每 667m² 有虫 114 000 ~ 3 582 000 头，平均 1 234 500 头，是上年同期的 1.7 倍。

1.2　秧池灰飞虱盛发期长，虫量大

2004 年 5 月 24 日进入迁移始盛期，当日秧池平均每 667m² 有虫 1 540 头，迁移高峰期 6 月 6 日平均每 667m² 有虫 330 450 头，迁移盛末期 6 月 14 日平均每 667m² 有虫 589 440 头，迁移盛期长达 21d；2005 年 5 月 24 日进入迁移始盛期，当日秧池平均每 667m² 有虫 2 100 头，迁移高峰期 5 月 31 日至 6 月 15 日，迁移盛末期为 6 月 17 日，当日平均每 667m² 有虫 876 000 头，迁移盛期长达 23d；2006 年 5 月 24 日迁移始盛期，当日秧池每 667m² 有虫 2 400 头，迁移盛末期为 6 月 12 日，当日每 667m² 有虫 905 000 头，迁移盛期长 20d；2007 年 5 月 22 日迁移始盛期，当日秧池每 667m² 有虫 3 600 头，迁移盛末期 6 月 18 日，平均每 667m² 有虫 8 692 800 头，迁移盛期长达 27d；2008 年 5 月 23 日进入迁移始盛期，当日秧池平均每 667m² 有虫 3 800 头，迁移盛末期为 6 月 19 日，平均每 667m² 有虫 3 555 400 头，迁移盛期长达 28d。

1.3　水稻大田灰飞虱残留基数足

2004 年 10 月 16 ~ 20 日调查，百穴有虫 24 ~ 610 头，平均 275.3 头，折每 667m² 有虫 60 564.3 头；2005 年 10 月 17 ~ 19 日调查，百穴有虫 40 ~ 1 520 头，平均 627.3 头，折每 667m² 有虫 138 013.3 头，是上年同期的 2.27 倍；2006 年 10 月 8 ~ 11 日调查，百穴有虫 30 ~ 14 000 头，平均 3 856.5 头，折每 667m² 有虫 964 125 头，是上年同期的近 7 倍；2007 年 10 月

8~9 日普查，百穴有虫 10~14 096 头，平均 265.8 头，折每 667m² 有虫 66 450 头，是上年同期的 0.07 倍；2008 年 10 月 9~11 日调查，百穴有虫 10~12 400 头，平均 398.5 头，折每 667m² 有虫 99 625 头，是上年同期的 1.5 倍。

2 暴发成因

2.1 持续暖冬，为灰飞虱的安全越冬和春季繁殖创造了优越条件

滨海县常年 1 月份平均气温 0.8℃，2 月份平均气温 2.3℃，12 月份平均气温 3.0℃。2004 年 1 月份平均气温 0.7℃，2 月份平均气温 5.6℃，比常年高 3.3℃，12 月份平均气温 5.2℃，比常年高 2.2℃；2006 年 1 月份平均气温 2.4℃，比常年高 1.6℃，2 月份平均气温 2.3℃，与常年持平，12 月份平均气温 3.5℃，比常年高 0.5℃；2007 年 1 月份平均气温 2.0℃，比常年高 1.2℃，2 月份平均气温 6.5℃，比常年高 4.2℃，12 月份平均气温 4.9℃，比常年高 1.9℃。持续的暖冬气候，再加上冬天无雪的气候条件，有利于灰飞虱的安全越冬和存活。

2.2 耕作制度的改变，为灰飞虱的生长发育提供了适宜的食物条件

2.2.1 寄麦面积的扩大，为灰飞虱的生存衔接了食物链

常年水稻收获后的稻茬田，经耕翻后播种三麦，灰飞虱至少有 10d 以上没有食物来源，很大一部分灰飞虱成若虫因没有食物而死亡，但由于寄麦的出现和寄麦面积的扩大，麦稻有 10d 以上的共生期，水稻收获前，灰飞虱即转移到麦苗上取食存活，保证了灰飞虱生存食物链的衔接。

2004 年 3 月 28 日调查，耕翻麦田每 667m² 有虫 0~12 000 头，平均 1 220 头，寄麦田每 667m² 有虫 2 400~18 000 头，平均 9 360 头，是耕翻麦田的 7.7 倍。2005 年 5 月 23~24 日调查，耕翻麦田每 667m² 有虫 6 000~954 000 头，平均 216 000 头，寄麦田每 667m² 有虫 12 000~1 863 000 头，平均 782 000 头，是耕翻麦田的 3.6 倍。2006 年 5 月 10 日调查，耕翻麦田每 667m² 有虫 3 000~216 000 头，平均 57 000 头，寄麦田每 667m² 有虫 6 000~937 000 头，平均 254 000 头，是耕翻麦田的 4.5 倍。2007 年 2 月 26~27 日调查，耕翻麦田每 667m² 有虫 0~24 000 头，平均 4 800 头，寄麦田每 667m² 有虫 6 000~72 000 头，平均 37 200 头，是耕翻麦田的 7.75 倍；5 月 7~8 日调查耕翻麦田每 667m² 有虫 6 000~168 000 头，平均 106 500 头，寄麦田每 667m² 有虫 72 000~438 000 头，平均 289 500 头，是耕翻麦田的 2.7 倍。2008 年 3 月 25~26 日普查，耕翻麦田每 667m² 有虫 0~48 000 头，平均 3 256.5 头，寄麦 26 田每 667m² 有虫 20 000~132 000 头，平均 41 380.25 头，是耕翻麦田的 12.7 倍。

2.2.2 水稻品种布局的改变，为灰飞虱的繁殖提供了充足的营养保证

大面积长生育期的粳稻代替了短生育期的籼稻，生育期推迟了 15~20d，为灰飞虱第 4 代和第 5 代的发生提供了充足的寄主营养条件，为越冬灰飞虱繁殖了大量的虫源，越冬后种群基数大。

2.3 农事活动的弱化，为灰飞虱的生存培植了优越的场所

一是沟田边杂草丛生，为灰飞虱的生存提供了桥梁寄主。20 世纪 90 年代中期以前，全民

大搞堆肥，沟田边杂草几乎被铲除殆尽，灰飞虱赖以生存的桥梁寄主——禾本科杂草被用于制作堆肥，因此，灰飞虱的数量始终被控制在极低的水平，基本没有构成危害，但是20世纪90年代中期后，放弃了制作堆肥，沟田边杂草持续旺盛生长，为灰飞虱的生存提供了大量茂盛的桥梁寄主，导致灰飞虱的大量繁殖积累。2004年4月9日调查，杂草每667m² 有虫0～3 000头，平均1 200头；2005年4月10日调查，杂草每667m² 有虫0～6 000头，平均2 000头；2006年4月8～10日调查，杂草每667m² 有虫0～6 000头，平均1 600头；2007年4月11日调查，杂草每667m² 有虫300～15 000头，平均3 500头；2008年4月7日调查，杂草每667m² 有虫300～18 000头，平均4 200头。二是注重田间灰飞虱防治，忽略了杂草上灰飞虱的防治。由于广大农民习惯于田间作物的灰飞虱防治，因此在杂草上生存的灰飞虱得以生存和繁殖，积累了大量的虫源。2007年6月18日调查，经过连续9次防治的秧池每667m² 虫量为12 000头，而未经防治的田边杂草上每667m² 虫量为30 000头。

3 控制技术

灰飞虱除了其自身刺吸作物汁液，导致作物营养不良，更重要的是作为水稻条纹叶枯病、水稻黑条矮缩病、玉米粗缩病的传毒介体，因此，在防治上必须从严从紧。

3.1 强化预测预报，保证防治的时效性

一是扩大测报调查面，确保虫情准确无误；二是建立观测圃，点面结合，验证测报的准确度；三是及时发布病虫发生与防治信息，确保时效性。

3.2 科学制定防治决策，保证防治工作有的放矢

针对灰飞虱危害和传毒的特殊性，防治上必须强化农业措施的控制作用，选种抗耐病品种，耕翻种麦，加大麦田灰飞虱的防治力度，秧田期"全程药控"防治灰飞虱。坚持"治麦田保秧田，治秧田保大田，治前期保后期"、"轮番交替用药，速效和持效相结合"的防治策略。

3.3 准确把握防治时机，保证防治工作的有序进行

针对灰飞虱和条纹叶枯病、黑条矮缩病、玉米粗缩病的发生特点，实施全程药控，在灰飞虱迁移始盛期，每隔1～2d用药一次，在迁移高峰期每天用药一次，在迁移盛末期每隔1～2d用药一次。

3.4 强力推进防治措施，保证防治工作的成效

3.4.1 让政府领导重视

在防治灰飞虱关键时期来临前，要引起县委、县政府对防治工作的重视，部署落实防治工作，下发防治工作紧急通知，将灰飞虱防治工作作为滨海县实现"双增"的关键措施进行考核督查，安排专项资金，解决新闻单位制作农业电视专题节目的费用。县农业分管领导作电视讲话并亲自到基层检查防治工作情况。

3.4.2 充分利用媒体功能

为了让广大农村干群及时掌握灰飞虱的防治技术，除了要编印灰飞虱防治资料，植保技术人员通过农村集市或直接送至农民手中，并现场解答农民所提的技术问题外，同时要利用县电

视台专题播出各阶段灰飞虱防治技术，利用晚间黄金时间在电视上连续多日整屏播放，普及防治技术，指导农民防治，推进防治工作。

3.4.3 全面推广植保新技术

针对灰飞虱单一使用药种，抗药性极易产生，应以高效、低毒、安全、延缓抗性为目标，积极示范推广新药剂，改进防治技术，轮番交替使用速效和持效性药剂。

2006～2008年水稻四代褐飞虱重发原因及控害技术

王　标[1]，李学东[2]，王永青[1]，周训芝[1]，戴爱国[1]

（1. 江苏省滨海县植保植检站，224500；

2. 滨海县樊集乡农业生产服务中心，224564）

2006年以来，水稻第六（4）代褐飞虱在本地连续3年偏重——大发生，对水稻生产构成极大的威胁。面对严重的虫灾，在地方政府的高度重视和上级技术部门的精心指导下，加强虫情监测，科学制定防控策略，大力普及防治技术，全面实施统防统治及专业化防治，大打灭虫保产硬仗，取得了防治工作的全胜，夺得了水稻的持续增产。据统计：3年累计发生11.33万 hm²，组织防治14万 hm²，挽回损失178 500万 kg。为农业增产农民增收发挥了积极作用。但也有极少数农民防治意识不强，防治技术欠缺，未能及时控制虫害，导致水稻"冒穿"倒伏，个别田块甚至绝收，损失十分惨重。

1　发生特点

1.1　迁入早，第六（4）代褐飞虱发生量大

2006年6月29日迁入，迁入早为历史仅见。7月19日、8月25～31日出现虫峰。8月27～31日在全县范围内调查，有虫田100%，百穴有成虫100～500头，平均180头，是上年同期的15倍。9月4～5日调查，百穴有成虫40～1 000头，平均102.8头，百穴有若虫100～400头，平均122.2头，百穴有卵条40～600条，平均182.4条，每卵条有卵9.2～22.2粒，平均12.4粒。9月6日调查百穴有若虫2 000～3 000头，高的田块6 000头。9月14～16日调查了全县13个乡镇的220块有代表性的稻田，有65%的稻田百穴虫量控制在300头以下，20%的田块百穴虫量800～1 000头，1.4%的稻田百穴虫量为1 000～2 000头，13.6%的稻田防治技术不对路和漏治，百穴虫量3 000～50 000头，平均6 200头，其中漏治田2块，虫量分别为22 500头和50 000头。

2007年7月2日田间查见虫，比常年早10d。7月26～27日、8月7日、9月4日、9月19日出现虫峰。系统田9月4日百穴有虫1 136头，其中成虫20头，若虫以1龄若虫为主。9月11日普查30块水稻移栽大田，有虫田率100%，百穴有虫20～1 188头，平均191.3头，其中成虫10.2头，短翅成虫占成虫的70%，百穴若虫181.1头，以低龄若虫为主，系统田9月18日百穴有虫2 668头，以低龄若虫为主。9月17日普查30块水稻移栽大田，有虫田率86.67%，百穴有虫0～2 124头，平均235.4头，其中成虫14.6头，其中短翅成虫占成虫的20%，百穴若虫170.8头，以低龄若虫为主。全县于9月15～18日用药挑治（用毒死蜱、异丙威＋噻嗪酮）。系统田9月24日百穴有虫2 272头，其中长翅成虫56头，短翅成虫20头，高龄若虫1 916头，以高龄若虫为主。9月23日普查60块水稻移栽大田，有虫田率100%，百

穴有虫 8～4 076 头，平均 158.8 头，其中长翅成虫 35.6 头，短翅成虫 4.3 头，高龄若虫占 53.2%，以高龄若虫为主。防治质量不高和漏治田百穴虫量 1 120～4 076 头，平均 2 580 头。

2008 年 7 月 6 日田间查见虫，比常年早 6d。8 月 15 日系统调查，移栽稻和直播稻百穴有虫各 2 头，均为若虫。低于上年同期。8 月 12 日普查水稻直播田，有虫田率 8.70%，每 667m² 有虫 0～6 064 头，平均 527.3 头，其中成虫 131.8 头，若虫 395.5 头，查见短翅型成虫。9 月 25 日普查，未治田移栽稻百穴虫量 110～13 560 头，平均 5 220 头，直播稻 667m² 有虫 18 000～2 970 000 头，平均 1 014 000 头。

1.2 滞留时间长，为害严重

2006 年 9 月 14～16 日调查，用药不对路的田块已经"冒穿"，"冒穿"毛面积 839.3hm²，"冒穿"田平均百穴虫量 12 000 头，"冒穿"塘内百穴虫量 40 000～60 000 头。最终全县有 12hm² 水稻绝收。系统田 10 月 15 日调查，百穴虫量 12～3 200 头，平均 226.8 头，10 月 23 日终见，在本地的滞留时间较常年多 23d。

2007 年 9 月 15～18 日虽然用药（稻丰散＋噻嗪酮、异丙威＋噻嗪酮）挑治，虫量显著下降。少数防治质量不好、残虫量高的田块，虫量超万头，并已"冒穿"，最终"冒穿"毛面积 123.5hm²。因第六（4）代褐飞虱的危害，全县有 4.4hm² 的田块绝收。系统田 10 月 10 日调查，百穴虫量 0～1 000 头，平均 46.5 头，10 月 19 日终见，在本地的滞留时间较常年多 19d。

2008 年 9 月 25 日调查，个别田块已"冒穿"，"冒穿"毛面积 26.7hm²。全县有 1.9hm² 水稻因第六（4）代褐飞虱的危害而绝收。系统田 10 月 8 日调查，百穴虫量 0～600 头，平均 24.4 头，10 月 18 日终见，在本地的滞留时间较常年多 18d。

2 原因浅析

2.1 适宜的气候条件为第六（4）代褐飞虱的重发提供有利的生境

作为迁飞性害虫的褐飞虱，其迁入的早迟、迁入量的大小和繁殖都受到气候的直接影响，6 月下旬至 7 月上旬的梅雨影响迁入的早迟和迁入量，9 月中下旬的台风等强下沉对流气候有利于第六（4）代褐飞虱的补充迁入，7～8 月份的凉夏气候和 9 月份的暖秋气候有利于繁殖为害，拉长了为害盛期，加重了为害程度。

2006 年 6 月下旬平均日气温为 27.5℃，比常年（1971～2005 年）高 1.9℃。7 月份 30.3℃，比常年高 3.3℃。伴随着下沉对流天气的出现，使得 2006 年褐飞虱迁入异常偏早。9～10 月平均气温是 25.7℃，比常年高 5.3℃，这样的适度高温，即"暖秋"极有利于第六（4）代褐飞虱在滨海县的危害和滞留，加之，9 月中下旬本地雨水偏多，降雨量 170.2mm，比常年多 16.8mm，适宜的气候条件有利于褐飞虱的不断迁入和大量繁殖。田间调查，从 9 月 11 日到 10 月 14 日，田间成虫持续不断，盛发期长达 33d。

2007 年，7 月上旬降雨 8d，计降雨 190.4mm，标志着梅雨季节的出现，迁入偏早，迁入量大，迁入峰次多；8 月中旬，第五（3）代褐飞虱大量补充迁入，灯下和田间虫量迅速增加，若虫高峰期间少数田块百穴虫量高达 9 000 多头；9 月平均气温 22.6℃，比常年高 0.7℃，比上年高 1.4℃，这样的适度高温极有利于第六（4）代褐飞虱的繁殖，延长了其在本地的为害盛期，加重了为害。

2008 年，6 月下旬至 7 月上旬梅雨季节明显，6 月 28 日迁入，迁入偏早，7 月中旬受台风"海鸥"影响又有部分虫源迁入。9 月上中旬气温 28.3℃，比上年高 1.4℃，比常年高 1.7℃，这样的适度高温有利于第六（4）代褐飞虱的发生和发展。

2.2 耕作制度的改变延长了第六（4）代褐飞虱在滨海县的滞留时间

一是籼改粳。20 世纪 80 年代至 90 年代末，滨海县以杂交中籼稻为主，其生育期短，9 月底前收获，第六（4）代褐飞虱在该县基本没有重发。进入 2000 年后，随着长生育期粳稻栽植面积的不断扩大，近年来中晚熟粳稻品种全面取代了杂交中籼稻，加之轻型栽培技术的应用，以及从综合治理水稻条纹叶枯病的要求出发，对水稻播种期与移栽时间又进行了适当推迟，10 月中下旬水稻才成熟收获，比往年推迟了近 20d 以上，为第六（4）代褐飞虱的生存发展营造了适宜的寄主环境。二是直播稻的种植。近几年直播稻面积迅速扩大，使得中晚熟粳稻品种的收获期更加推迟，达 11 月上旬，收获期推迟了 30～40d，为第六（4）代褐飞虱的生存滞溜为害搭建了食物桥梁。

2.3 抗药性的上升加大了防治褐飞虱的难度

过去用吡虫啉防治褐飞虱，能快速有效地控制第六（4）代褐飞虱的为害，取得了显著效果。然而，由于长期连续应用吡虫啉，褐飞虱的抗药性迅速增强。2005 年，南京农业大学沈晋良教授测定，褐飞虱对吡虫啉的抗药性高达 475 倍。在 2006 年褐飞虱特大发生情况下，不少农民仍然使用吡虫啉防治第六（4）代褐飞虱，防治效果很不理想，大部分田块需要补治，在不同程度上错过了防治适期，加重了水稻受害程度，尽管后来更改药剂配方补治，但由于没有成功的防治经验，加之褐飞虱虫龄不断增大，使防治难度相应加大。

2.4 人因素加重了第六（4）代褐飞虱的危害

一是过量氮肥的施用和搁田不一，小蘖成穗较多，有利于第六（4）代褐飞虱的取食存活，导致第六（4）代褐飞虱的重发。二是农民等待观望，贻误了防治战机。2006 年滨海县第六（4）代褐飞虱特大发生，但由于前期防治灰飞虱等病虫投入了大量的人力物力，冲淡了人们对褐飞虱危害性的认识，对第六（4）代褐飞虱的防治存在着等待观望的思想，导致了严重的"冒穿"倒伏，甚至绝收。三是施药技术不规范，有的用药不对路，或用水量不足，或施药质量不高，或用药前田间不上水，用药后不能保持水层等，造成防治效果不够理想，从而加重了第六（4）代褐飞虱的为害。

3 预控技术

近几年滨海县对水稻褐飞虱防治工作极为重视，尤其是针对滨海县直播稻增加迅速，面积大的作物新布局，认真抓好病虫测报，科学制定防治策略，及时发布植保信息，大力推进统防统治，积极推广防治新技术，强化农药市场整治力度，有力地推动了病虫防治总体战的顺利开展，取得了良好的防治效果，对压低基数、抑制褐飞虱的扩展蔓延、控制为害起着关键作用。

3.1 强化病虫预测预报

测报技术人员认真调查，细致分析，把准褐飞虱虫情，及时预报。一是在抓好常规病虫测报的同时，加大对褐飞虱的测报力度，确保不漏报。二是扩大调查面和调查次数，努力提高测报准确率，对主要病虫调查到各村组，次要病虫突出重点，点面结合。三是及时发布病虫发生与防治信息，确保时效性。

3.2　科学制定防治方案

一是明确主攻目标，压前控后，挑治第四（2）代，狠治第五（3）代，控制第六（4）代。二是预防为主，防治结合。根据褐飞虱迁入的早迟，迁入量的大小，结合气候条件，明确"压前控后"的防治策略，在技术上采取农业措施、物理方法与药剂防治相结合，坚持抓住适期，一药多治，病虫兼治。

3.3　合理调整防治技术

3.3.1　更新了防治技术

针对迁飞性害虫褐飞虱的发生特点，在准确掌握褐飞虱发生情况的基础上，一是更换药剂品种。暂停使用吡虫啉，大力推广毒死蜱、噻嗪酮、氟虫腈等速效与持效药剂的混用技术，提高防治效果，注重药剂交替使用，延缓害虫抗性产生。二是调整用药适期。首次用药掌握在褐飞虱卵孵高峰期进行，发挥药剂的速效和持效控制作用，首次用药后10d左右及时用好第二次药，巩固前期防治效果。三是改进用药方法。第五（3）代、第六（4）代褐飞虱发生期间水稻已进入生长后期，田间群体大，常规喷雾难以将药液喷到褐飞虱集中活动的植株中下部，效果很不理想，因此，在第五（3）代、第六（4）代褐飞虱防治上，全面改用对准稻株中下部粗喷雾的施药方法，有条件的地方采用机动喷雾机施药防治。在防治方式上坚持典型示范与大面积统防统治相结合，以村组为单位，全部实行统一购药、统一配方、统一时间、统一防治。用足水量喷匀喷透，药前上水，药后保水，确保了防治效果。对其他病虫害，则坚持抓住适期，一药多治，病虫兼治。

3.3.2　准确把握了褐飞虱的发生适期进行防治

2006年，滨海县植保站根据褐飞虱的发生期，确定8月28～31日、9月6～8日、9月11～13日为褐飞虱的防治适期。9月14～16日调查了全县13个乡镇的220块有代表性的稻田，有65%的稻田百穴虫量控制在300头以下，20%的田百穴虫量800～1 000头，1.4%的稻田百穴虫量为1 000～2 000头，13.6%的稻田百穴虫量为3 000～50 000头。防治技术对路的田，百穴虫量10～300头，平均24.5头。防治技术一般的田，百穴虫量800～2 000头，平均924.4头。其中800～1 000头的田44块，1 000～2 000头的田3块。防治技术不对路和漏治的田，百穴虫量3 000～50 000头，平均6 200头。其中用药不对路的田是44块，漏治田2块，虫量分别为22 500头和50 000头。少部分田块已经"冒穿"，"冒穿"田率占10%，"冒穿"田平均百穴虫量12 000头，"冒穿"塘内百穴虫量40 000～60 000头。全县加权平均百穴虫量786.1头。

3.4　强力推进统防统治

3.4.1　让领导重视

近3年针对水稻第六（4）代褐飞虱重发的严峻形势，县委、县政府十分重视防治工作，将秋熟作物褐飞虱防治工作作为滨海县实现"双增"的关键措施进行考核督查。2007年，县委书记王斌在滨海县农业局印发的水稻病虫防治信息专辑上作了重要批示，并亲自到防治一线考察防治工作。县委副书记、县长李逸浩主持召开稻田褐飞虱防治工作会议，对防治工作作出部署并提出较高要求，多次亲临防治一线，检查指导防治工作，县委常委、副县长张莉莉、副县长单永红等领导在防治关键时期专抓防治工作，作了电视讲话，县政府还下发了防治工作紧急通知。同时，组成1个县委督导组及15个防治工作督查组，前者由县纪委、组织部、县委办有关领导组成，主要督查乡镇及有关部门负责人在防治一线组织防治工作，是否落实县里的防治要求和措施；后者由组织部、农工办、农业局、林牧局等部门有关人员组成，在防治关键时期每天早出晚归，检查各地防治组织和虫情动态并及时进行技术指导，每天晚上集中会办情况，副县长单永红多次亲临会办会，了解各地行动情况，并针对存在的问题提出具体的处理意见。县里还安排专项资金，解决了新闻单位制作农业电视专题节目的费用。这些举措有力地推动了全县水稻病虫害的防治工作。

3.4.2 加大宣传力度

为了便于广大农村干群掌握水稻病虫的防治技术，我们共印发了16期计30万份水稻病虫防治资料，由本站技术人员通过农村集市或直接送至在稻田作业的农民手中，并现场解答农民所提的技术问题。同时利用县电视台《科技金桥》或改版后的《看滨海——致富路》专题栏目（每周3~4本县新闻节目结束后播出，次日7点15分重播），适时播出各阶段水稻病虫防治技术，并开辟病虫电视预报子栏目或用整屏，在晚间黄金时间在电视上连续多日整屏播发，指导农民防治，普及了防治技术，推进了防治工作。并配合农民培训、新农村建设巡回讲课等活动，派出专人进行培训指导和宣传发动。

3.4.3 全面推广植保新技术

针对水稻褐飞虱对吡虫啉类药物抗药性上升，防治难度加大的现状。我们以高效、低毒、安全、抑制抗性为重点，积极示范推广新药剂改进防治技术，减少同一类型特别是停用吡虫啉类的配方，以抑制抗药性，提高防效，以持效和速效性药剂相结合，同时做好高毒农药的取代工作，将高毒有机磷淘汰出局，取得了较好的防治效果和社会效益。

尽管近3年水稻第六（4）代褐飞虱重发，大面积基本控制了危害，防治工作取得了较大成绩，但仍有明显的不足，需认真总结。主要表现在：一是组织推进力度弱化。有的乡镇工作顾此失彼，病虫防治工作抓得不力，组织力度小，统防统治弱化，防治效果差。二是部分农户在水稻抽穗后，刀枪入库，不愿再用药治虫，以致后期的褐飞虱为害成灾，也有部分农户出去打工，责任田一种就丢，望天收，病虫漏治弃治田块危害损失大。三是农药市场虽经不断整治，但受利益驱动，部分经营者仍乱售药瞎指导，如部分经营户，向农民推荐用低剂量的啶虫咪等，因用药不当，造成防治差或药害的事件仍时有发生。也有的用水量不足、药后保水不好等影响了防效，因而导致后期部分田块褐飞虱为害重，少数田块成片"冒穿"，个别田块甚至绝产失收。四是科研开发力度不够。国内外研究证明，近半个世纪以来，褐飞虱先后对大量的有机氯、有机磷、氨基甲酸酯中常用杀虫剂产生了抗药性；近几年，褐飞虱又对吡虫啉产生了高抗性，对噻嗪酮的敏感性也开始下降。从目前现状看，具有潜力的药品资源并不多，而褐飞虱的抗性发展却相当快，因此，有关科研部门必须加强对抗性褐飞虱综合治理技术的研究，加快新药剂、新配方研究开发步伐，加大水稻抗虫品种引进推广力度，确保随时应对突然严重发生的病虫灾害。

2007～2008 年玉米粗缩病重发原因分析及防治对策

林双喜[1]，邰德良[1]，王春兰[1]，荀贤玉[1]，吕柏林[2]
（1. 江苏省东台市植保植检站，224200；
2. 东台市头灶镇农技推广服务中心，224247）

玉米粗缩病是一种由灰飞虱带毒传播引起的病毒病。东台市自 1996 年发病以来，曾连续几年重发，全市发病面积在 3 333.3hm² 左右，2003 年以后该病得到有效控制，发病面积和发生程度大幅度下降。随着种植业结构的变化，灰飞虱带毒率回升，近两年东台市玉米粗缩病发生普遍，危害程度呈急剧上升趋势，东部部分乡镇损失惨重，对玉米生产安全构成严重威胁。现对近两年东台市玉米粗缩病发生情况、重发原因及防治对策介绍如下。

1 发生情况

1.1 发病面积大

东台市常年玉米种植面积 28 000hm² 左右，其中春季玉米 20 000hm²、夏玉米 8 000hm² 左右。2007 年以来玉米粗缩病发生十分普遍，查见面积超过 10 000hm²，2008 年发病面积高达 13 160hm²，占玉米播种面积的 55.3%，发生面积大大超过了前几年。

1.2 危害损失重

前几年，只要玉米播期适当，春玉米 4 月 20 日前播种，发病就很轻，一般田块病株率在 5% 以下，较耐病的品种几乎不发病。而 2007～2008 年调查，春玉米耐病品种适期播种，发病程度比前几年有所加重，4 月 10 日前后播种的田块，灰飞虱虫量高的地区发病株率也在 10% 左右，感病品种发病株率普遍在 60% 以上。2008 年，局部地区由于防控技术不到位，部分田块发病严重，尤其是 5 月下旬播种的感病品种病株率 90% 以上，且多为 4 级病株，几乎绝收。初步统计，全市病株率大于 30% 的面积达 2 025hm²，发病程度和危害损失是近年来最重的一年。

1.3 地区间发病危害差异大

2007 年全市玉米粗缩病集中在郑单 958 和苏玉 18 种植面积较大的四灶、南沈灶和弶港等镇。2008 年，玉米粗缩病虽然各镇均有不同程度发生，但地区之间发病田率、病情严重程度差异加大。凡是半春不夏玉米种植面积大的镇发病就重，以春玉米为主的镇发病轻，耐病品种即使发病严重程度也低，对产量影响不大。全市发病最严重的主要集中在东部新曹、曹丿、三仓等镇油菜套种及蔬菜茬 5 月下旬播种的玉米田。

1.4 品种间耐病程度差异大

东台市近两年种植的玉米品种近 30 个,从调查的情况看,没有一个品种不发病,但不同品种之间发病程度差异较大,同期播种的不同玉米品种发病株率相差可达 50 个百分点。极易感病的品种主要有郑单 958、郑单 518、浚单 20、辽单 565、龙单 5 号、苏玉 18 号、中北恒 6 号、大京九、神玉 2 号等,春播一般田块病株率都在 50% 左右,播期不当或灰飞虱虫量高的地区病株率可达 90% 以上。苏玉 10 号、苏玉 19 号等品种耐病性能较好,同期播种发病株率和病情严重度明显轻于其他品种(表 1)。

表 1　2007 年不同品种玉米粗缩病发病程度

地　点	户　名	品　种	播　期	病株率(%)	病　指
四灶镇 富旗村 4 组	梁永恒	苏玉 10 号 苏玉 18 号 神玉 2 号	4 月 20 日	25 100 62	12.5 79.5 25.5
四灶镇 东风村 6 组	何迎春	苏玉 10 号 苏玉 18 号 苏玉 19 号	4 月 10 日	10 69 16.25	5.5 33 7.19
唐洋镇 联灶村 5 组	吴义和	苏玉 10 号 郑单 518 龙单 5 号	4 月 12 日	23 100 24	9.75 82.6 12

1.5 不同播期发病差异明显

2007 年四灶镇耐病品种苏玉 10 号,春季 4 月 10 日左右播种,病株率仅为 9.17%,而 5 月上旬播种的病株率达 24.6%,5 月下旬播种的病株率达 34.54%。不耐病品种苏玉 18 号春季播种的病株率 78.33%,5 月份播种的病株率达 95% 以上(表 2)。2008 年在新曹镇调查,趋势与 2007 年一致,6 月 10 日以后播种的玉米所有品种均零星发病。由此可见,不同时期播种,病害发生程度差异明显。

2　重发原因分析

近两年玉米粗缩病在东台市普遍发生,局部地区暴发成灾,究其原因主要有以下几个方面:

2.1 田间毒源充足

20 世纪 90 年代中后期,东台市玉米粗缩病普遍查见,局部地区发病较重,2003 年后推广有效的防控技术,病情得到了有效控制,但田间病株不断,玉米粗缩病毒源广泛存在。特别是 2007 年玉米粗缩病发病面积扩大,为 2008 年重发提供了大量的毒源基础。

表 2　2007 年不同播期玉米粗缩病发病程度比较

品　种	播　期	病株率（%）	病　指	备　注
苏玉 10 号	4 月 10 日前后	9.17	3.73	四灶、南沈灶镇
	5 月上旬	24.6	13.89	四灶、南沈灶镇
	5 月下旬	34.56	26.38	四灶、南沈灶镇
苏玉 18 号	4 月 10 日前后	78.33	45.83	四灶、南沈灶镇
	5 月 3 日	95.5	81.39	四灶、南沈灶镇
	5 月下旬	100	92.33	四灶、南沈灶镇

2.2　传毒昆虫数量大

据调查，2007 年 5 月中旬调查，第 1 代灰飞虱若虫麦田平均每 667m² 虫量 93.76 万头，比上年多 45.168 万头，最高田块达 480 万头。传毒昆虫数量是历年同期虫量最高的一年。2008 年，由于直播稻面积增加，秧池面积少，麦收后灰飞虱适生寄主面积减少，5 月下旬到 6 月上旬灰飞虱大量迁入玉米田，导致玉米田虫量较前几年大幅度上升。据第 1 代灰飞虱成虫发生高峰期调查，东部玉米百株虫量 0.929 万头，重发区达到 5.86 万头，高的田块超过 10 万头，发生量实属历史罕见。

2.3　感病品种种植面积大

近两年东台市种植的近 30 个玉米品种，均不抗玉米粗缩病，特别是北方大穗型易感病品种种植面积达 5 333hm²，是前几年的 3 倍多，一些以前在灰飞虱虫量较低情况下表现耐病的玉米品种，在极高虫量下发病株率和严重度明显上升，为病害的暴发流行提供了有利的条件。加之由于瓜果蔬菜种植面积大，春季瓜菜收获后部分农户任意播种玉米，适宜播期把握不准，加重了病害的发生。

2.4　第 1 代灰飞虱成虫盛发时间长

2007 年 5 月 24 日麦田灰飞虱大量羽化并转移至玉米上栖息传毒为害，5 月 26 日麦套玉米田百株成虫达 2 万头以上，最高达 10 万头，高虫量一直持续到月底，迁移高峰比 2006 年早 7d，比常年早 10d，盛发时间达 10d；2008 年，第 1 代灰飞虱成虫发生盛期从 5 月 28 日到 6 月 9 日，时间长达 12d。高密度虫口持续时间长，十分有利于灰飞虱的传毒为害，加重发生为害程度。

2.5　传毒昆虫防治不平衡

从全市情况看，近年来西部地区玉米粗缩病总体发病程度轻于中东部地区，东南片又轻于东北片，主要原因是：西部为东台市水稻主产区，前几年条纹叶枯病发生重，农户比较注重麦田灰飞虱防治，多数田块能用药两次，大大压降了向玉米田迁移的虫量。中东部地区，水稻面积小，多数农户没有防治麦田灰飞虱的习惯。加之，5 月下旬大量灰飞虱成虫迁入玉米田后，由于正值夏收劳力矛盾，没有及时防治，导致玉米田灰飞虱虫量多，滞留时间长，发病程度重。

2.6　播期调整不到位

纵观 2008 年东台市病害重发的田块，主要以油菜套玉米或油菜（大麦）后玉米为主，播期集中在 5 月中下旬，玉米出苗后最易感病的生育阶段与传毒昆虫灰飞虱发生盛期高度吻合，玉米发病株率和严重度提高。

3 防治对策

玉米粗缩病是可防不可治的病害，在现阶段玉米粗缩病毒源广泛存在的情况下，只要气候和耕作制度没有大的改变，玉米粗缩病再次大暴发是不可避免的。根据近几年的试验研究，在玉米粗缩病防治策略上，必须坚持以农业防治为主，辅以化学防治，具体措施如下：

3.1 农业防治

3.1.1 选用耐病品种

根据近几年示范种植观察，苏玉 19 号、苏玉 10 号等适宜在本地种植的玉米品种，产量高且耐病能力强，可以大面积推广应用。

3.1.2 适当调整播种期

从有效控制玉米粗缩病的角度出发，春玉米的最佳时期在 4 月 5 ~ 20 日，夏播玉米的适宜时间在 6 月 10 日之后，5 ~ 6 月初播种的玉米是最易感染粗缩病的，在这一时间段内不宜播种。调整玉米播种期在目前情况下是控制和减轻玉米粗缩病的最经济有效的措施。

3.1.3 清洁田园

彻底清除田园四周杂草，铲除毒源寄主，恶化传毒昆虫生存环境，减少过渡寄主，减轻病害发生。

3.1.4 加强田间管理

通过实施健身栽培、合理肥水运筹等措施，增强植株的抗逆性，减少病害损失。同时在田间早期出现病株时及时拔除，减少毒源扩散。

3.2 化学防治

3.2.1 全力抓好麦田灰飞虱防治

结合穗期病虫防治，分别在 4 月下旬至 5 月初第 1 代灰飞虱低龄若虫期和 5 月中下旬第 1 代灰飞虱高龄若虫及成虫期全面用好两遍药，压降虫口密度，减少向玉米田转移虫量。要注意施药方法，针对灰飞虱在麦田不同时期的空间分布动态，4 月下旬麦田的防治，要求对足水量对准植株中下部喷粗雾，5 月中下旬的防治，重点对植株中上部均匀喷雾。防治药剂可选用 30% 绿保一号（辛·顺氰）、25% 硫氰等。

3.2.2 抓好玉米田防治

在 5 月下旬灰飞虱大量向玉米田转移时要及时用药防治，根据当年虫量发生情况，高峰期用好 2 ~ 3 次药，减少灰飞虱的传毒机会。在防治灰飞虱时，要注意选用 25% 吡蚜酮、50% 灭虫露（稻丰散）等高效对路药剂，于下午至傍晚对玉米中上部喷雾，确保防治效果。

3.2.3 抓好玉米田四周作物及杂草上的防治

在抓好玉米田灰飞虱防治的同时，对四周的杂草及其他作物要一并用药防治，提高整体防治效果。

2008 年水稻穗瘟病重发原因分析及防治对策

梅爱中[1]，仲凤翔[1]，钱爱林[1]，王春兰[1]，吴泽扬[2]

（1. 江苏省东台市植保植检站，224200；2. 东台市安丰镇农技站，224221）

稻瘟病是水稻上一种典型的气候型病害，在水稻整个生长期都可发生，对水稻的正常生长发育威胁极大。受气候、水稻品种等因素的影响，稻瘟病在年度间发生程度差异较大，一般年份以叶瘟病发生为主，穗瘟、枝梗瘟相对较少，节瘟很少发生。2008 年，水稻穗瘟病在东台市普遍发生，这是自 1999 年穗稻瘟病大流行以来出现的又一个流行年，部分地区和部分水稻品种发病比较严重，水稻产量损失较大。

1 发生特点

1.1 多种症状同时发生

2008 年东台市水稻穗瘟病同时出现多种症状，穗颈瘟、枝梗瘟和节瘟都有发生，其中，枝梗瘟占穗期稻瘟病发生总量的 53.52%，节瘟占 35.56%，穗颈瘟占 10.92%。调查发现，多数穗瘟发生重的田块，叶瘟发生也较重，尤其是节瘟，该市已多年没有见过，其发生程度之重为东台市历史罕见，病株穗部以下 1~2 节出现黑褐色病斑，并呈环状扩展至整个节部，病节干缩凹陷，茎秆折断，病节以上部分提早枯死，病株不能形成产量。

1.2 品种间发病差异大

田间调查表明，同一品种不同成熟期之间发病程度差异不大，但不同品种之间发病程度存在较大差异。以淮稻 9 号发病最重，扬辐粳 8 号次之，其他品种发生较轻（表1）。

表 1   2008 年东台市水稻穗瘟病发生情况统计

品　种	种植面积（万 hm²）	病株率（%）		其　　中					
				节瘟（%）		穗颈瘟（%）		枝梗瘟（%）	
		平均	幅度	平均	幅度	平均	幅度	平均	幅度
淮稻 9 号	0.71	12.04	0~95.07	4.51	0~38.93	1.10	0~8.45	6.43	0~52.11
扬辐粳 8 号	0.21	1.47	0~5	0	—	0.81	0~3	0.66	0~2
镇稻 99	0.62	0.40	0~1	0	—	0.10	0~0.5	0.30	0~1
武育粳 3 号	0.03	0.35	0~1	0	—	0.23	0~0.5	0.12	0~0.5
淮稻 5 号	1.11	0.06	0~0.5	0	—	0	—	0.06	0~0.5
加权平均	2.68	3.38	0~95.07	1.18	0~38.93	0.38	0~8.45	1.83	0~52.11

1.3 病害呈区域性重发

全市 2.68 万 hm² 水稻，大面积穗稻瘟病发生轻微，对水稻产量基本没有影响，但少数地方出现成片重发田块。廉贻镇甘港村 3 组、富安镇勤丰村 6 组等地出现 6.67 多 hm² 淮稻 9 号水稻连片重病田块，重病区内一般田块病株率 20% ~ 30%，重病田病株率 80% 以上；东台市海边农场部分种植大户也出现扬辐粳 8 号重病田块，产量损失都在 3 成以上。

1.4 见病早，发展期长

2008 年穗稻瘟发生时间明显早于往年，8 月 25 日水稻破口不久就查现病株。一般年份，水稻度过了破口、齐穗这一段最危险的关键时期之后，理应相对安全一些，但 2008 年不少水稻齐穗之后，灌浆达到一半以上甚至进入乳熟期之后，田间病情仍然不断发展，新增了一些"半籽枯"的穗颈瘟和枝梗瘟。经相同田块跟踪调查，9 月 24 日平均病株率 1.8%（0 ~ 4.9%），10 月 14 日平均病株率增加到 3.94%（0.5% ~ 8.0%），20d 时间上升 1 倍多。

1.5 自然为害损失重

最终调查，淮稻 9 号未治田平均病穗率 32.6%，最高的达 95.1%，重病田损失 4 成以上。

2 原因分析

2.1 水稻品种感病，是病害流行的基础条件

2008 年，东台市种植的水稻品种数量较多，主体品种为淮稻 5 号、淮稻 9 号和扬辐粳 8 号等抗条纹叶枯病的品种，这些品种不抗稻瘟病，由于前几年稻瘟病一直比较轻，多数农户对品种的抗感病特性不了解，因而种植面积比较大，加之镇稻 99 等高感品种仍有一定的面积，为病害的流行提供有利条件，一旦环境适宜，病害暴发在所难免。

2.2 气候极度有利，是病害暴发的主要原因

8 月下旬至 9 月上旬东台市水稻孕穗末期至破口抽穗期间，尽管雨水不多，但气温明显偏低，两旬平均气温 24.4℃，比上年低 1.3℃，比常年低 0.9℃，其中 8 月下旬平均气温仅 24.7℃，比上年低 3.2℃，比常年低 0.9℃；平均最低气温 20.76℃，比上年低 1.73℃，比常年低 1.51℃；雨日 6d，雨量 10.9mm，分别比上年少 1d、少 36.6mm，比常年少 4.5d、少 86.1mm；两旬日照时数 130.4h，比上年少 30.8h，比常年少 3.3h。长时间低温、寡照天气，十分有利于病害的发生流行，不利于作物的正常生长，最终导致穗稻瘟病的暴发流行。

2.3 防治技术不到位，是水稻受害的关键因素

针对 8 月下旬出现的长时间低温阴雨天气，东台市十分重视穗稻瘟病的防治，及时宣传和组织开展了大面积防治活动，取得了较好的防治效果。但是，少数农户对病害流行的形势认识不足，存有侥幸心理，防治意识淡薄，存在少治漏治现象，有的农户对防治技术把

握不够，用药时间过迟，用药量不足，施药质量不高，加之水稻品种多，栽培方式多，生育期早迟不一，统防统治难度大，不同程度地影响了防治效果。典型调查结果表明，首次防治用药过迟，防病效果明显下降，水稻破口抽穗后 4~5d 用药的田块，穗稻瘟病平均病株率高达 39.88%，而适期施用的田块，平均病株率仅为 1.73%（表 2）。廉贻镇甘港村 3组、富安镇勤丰村 6 组等地水稻连片严重发生穗瘟病的主要原因，也是农户没有根据水稻生育进程，及时用药预防，结果错过防治适期，造成病害暴发危害。另外，农资市场活跃，经营网点过多，市场管理不严，也不同程度地制约了防治技术的到位率，影响了大面积防病效果。

表 2　不同用药时间水稻穗瘟病发生情况典型调查表　（2008 年，东台安丰）

类别	村组	农户	面积（hm²）	品种	破口期	首次用药时间	延迟天数（d）	病株率（%）	平均病株率（%）
推迟用药	东旭2组	石耀祥	0.17	淮稻9号	8月21日	8月26日	5	63.75	39.88
		吴协祥	0.25		8月22日	8月26日	4	16.00	
适时用药		卢基奎	0.14		8月25日	8月26日	1	3.45	1.73
		常雨山	0.1		8月26日	8月26日	0	0	

3　防治对策

水稻穗稻瘟病是典型的气候型病害，防治工作必须坚持"预防为主，综合防治"的策略，要以水稻生育期为依据，适时开展药剂防治。

3.1　推广抗病品种

合理搭配品种种植，引导农户不要大面积单一种植某个抗病品种，尤其在气候条件有利于稻瘟病发生的年份，避免因抗病品种的垂直抗性丧失而造成巨大损失，要科学合理的选用多个抗病品种搭配种植。如淮稻 5 号、徐稻 4 号等品种 2008 年均表现出较好的抗耐病性能，可加大推广。

3.2　加强苗稻瘟防治

从水稻苗期开始，一旦发现苗、叶瘟的发病中心，要立即用药控制，以压低穗瘟病菌源基数。同时密切关注水稻生育状况和天气趋势及变化，搞好破口期预测和防病技术指导。

3.3　加强田间管理

精选种子，培育壮秧，根据品种特性，合理密植，水稻分蘖前期浅水勤灌，分蘖盛期适时排水搁田，抽穗后期宜湿润灌溉，合理搭配氮、磷、钾肥配比，做到平衡施肥，以提高水稻抗病能力。

3.4　加大宣传力度

通过会议、资料，广播、电视、报纸等多种媒体，加强水稻穗瘟病防治技术的宣传和指导，努力提高防治技术知晓率和到位率。同时配合工商、农业执法等职能部门，加大执法力度，整顿和规范农资市场，确保配供的药剂安全有效，质量可靠，农民放心。

3.5 适时用药防治

在防治好苗期叶稻瘟的基础上，注意节瘟、穗颈瘟、枝梗瘟和谷粒瘟的预防，可掌握在孕穗末期、始穗期及齐穗期连续用药 3 次，每 $667m^2$ 用 20% 三环唑 100g 对水喷雾防治。喷药应均匀周到，不留死角。

2006 年灰飞虱及水稻条纹叶枯病发生特点及防治应对措施

颜士洋，淤　萍，曹恒勇，姚亮亮，王遐务

（江苏省阜宁县植保植检站，224400）

2006 年是阜宁县麦田灰飞虱连续第三个特大发生年份，水稻条纹枯病呈暴发流行态势，对此，该县采取了积极有效的防治对策，采用了多项综合防治措施，从而使病害得到有效控制，2006 年全县因条纹叶枯病为害造成的稻谷实际损失 3 156 900 kg，仅为 2005 年的 40.47%。

1　灰飞虱发生情况

1.1　灰飞虱田间消长动态

2006 年灰飞虱越冬代成虫羽化高峰在 4 月 1 日左右，发育进度比上年早 7d；第 1 代灰飞虱卵孵高峰在 5 月 1~2 日，成虫高峰在 6 月初，比常年早 2d；第 2 代卵孵高峰在 6 月 18 日左右，成虫高峰在 7 月 9 日左右；第 3 代卵孵高峰在 7 月 24~25 日，成虫高峰在 8 月 9~10 日；第 4 代卵孵高峰在 8 月 18~20 日，成虫高峰在 9 月 10~12 日；第 5 代卵孵高峰在 9 月 20~22 日。

1.2　灰飞虱发生特点

1.2.1　麦田灰飞虱特大发生，虫量又创新高

4 月 8~9 日麦田越冬代灰飞虱加权平均每 667m² 虫量为 13.66 万头，是上年同期的 4.74 倍，是 2004 年的 7.25 倍，查见虫口中成虫占 94.0%；4 月 25 日田间就查见第 1 代灰飞虱低龄若虫，5 月 15~16 日第 1 代低龄若虫峰期加权平均每 667m² 虫量为 205.56 万头，是上年同期的 2.36 倍，是 2004 年的 9.82 倍，查见虫口中低龄若虫占 73.51%。麦田第 1 代灰飞虱巨大的毒源基数，使水稻条纹叶枯病呈暴发流行态势。

1.2.2　灰飞虱带毒率下降，但仍达大流行指标

3 月 17 日采集麦田越冬代灰飞虱检测其带毒率为 18.3%，虽比 2005 年 34.5% 低 16.2 个百分点，但仍高于 12% 的大流行指标。

1.2.3　秧田虫口数量大，危害盛期长

5 月 27 日麦田灰飞虱进入第 1 代成虫羽化始盛期，水稻秧田灰飞虱虫量开始增多。5 月 27 日系统调查，灰飞虱每 667m² 虫量旱秧田为 4.65 万头（上年为 1.21 万头），水秧田为 6.60 万头（上年为 0.99 万头），6 月初为第 1 代灰飞虱成虫羽化高峰，随着麦子黄熟，成虫大量向秧田迁移，高峰期在 6 月 4~14 日，盛末期在 6 月 20 日前后，系统田高峰期秧田第 1 代灰飞虱每 667m² 虫量平均为 129.58 万头，是上年的 2.28 倍，是 2004 年的 8.25 倍。

1.2.4 移栽大田全程防控，虫量一直较低

水稻秧田第 2 代灰飞虱低龄若虫盛期在 6 月 18～22 日，6 月 21 日调查秧田高的田块每 667m² 虫量达 52.4 万头，其中低龄若虫占 87.10%。2006 年水稻主体栽插期在 6 月 22 日前后，最迟的拖至 6 月底，由于推迟了移栽期，避开了第 2 代灰飞虱卵孵化高峰期，加之第 2 代灰飞虱若虫在秧田得到有效控制和在移栽过程中的淘汰，同时，水稻移栽至大田返青活棵期（7 月 10 日前）又连续用药 2～3 次，第 2 代灰飞虱又得到进一步控制，大田田间虫量极低，7 月 2 日调查移栽大田百穴虫量平均 4.95 头（0～20 头），7 月 9 日调查百穴虫量平均 1.75 头（0～4 头），上年同期百穴虫量平均 0.36 头；第 3 代灰飞虱在 7 月 22～27 日全面防治一次，8 月 9 日调查百穴残虫量平均 28.75 头（0～65 头），上年同期百穴虫量平均 2.43 头；第 4 代灰飞虱在 8 月 11～13 日和 8 月 16～19 日全面用药两次，8 月 27～28 日调查百穴虫量平均 46.92 头（0～170 头），上年同期百穴虫量平均 38.54 头；第 5 代灰飞虱 9 月上、中旬在对褐飞虱的强力防治下，虫量也得到有效压制，10 月 11 日调查百穴虫量平均 696.67 头（130～2 010 头），上年同期调查为 1 105 头。

2 水稻条纹叶枯病发生情况

2.1 总体概况

2006 年阜宁县水稻总面积 5.63 万 hm²，品种主要有徐稻 4 号、徐稻 3 号、盐稻 8 号、武育粳 3 号、淮稻 6 号、淮稻 9 号等。条纹叶枯病发生面积（病株率大于 0.5%）为 2.17 万 hm²，发生面积占 38.54%，仅为上年的 0.46 倍，病情明显轻于上年，为 2004 年以来年灰飞虱特大发生年病情最轻的年份。水稻条纹叶枯病 6 月 14 日见病，秧池田零星发生，大田期总体仅有一个发病高峰，但感病品种武育粳 3 号有两个发病高峰（第一和第三发病高峰）。据统计，水稻大田显症一峰期，全县加权平均病株率为 0.70%（上年为 1.90%），显症三峰期，全县加权平均病株率为 0.10%（上年基本未见）。

2.2 秧田期病情

秧田显症高峰在 6 月 22 日左右，6 月 22 日调查秧田病情，徐稻 4 号、徐稻 3 号和盐稻 8 号品种病株基本未见；武育粳 3 号品种病株率平均 0.24%（0～5.86%），淮稻 9 号品种病株率平均 0.01%（0～0.03%），淮稻 6 号品种病株率平均 0.01%（0～0.02%），全县加权平均秧苗病株率为 0.03%，而上年为 1.72%。

2.3 大田期病情

移栽大田条纹叶枯病呈大发生态势，但品种间、田块间病情差异性较大，总体发生较轻。2006 年抗（耐）病品种徐稻 3 号、徐稻 4 号和盐稻 8 号在整个大田期病情一直表现极轻，未出现明显的显症峰；武育粳 3 号在大田期表现为两个显症峰，即显症一峰和三峰，显症一峰在 6 月底至 7 月上旬，7 月上旬末调查，病穴率平均 21.0%（4.0%～64.0%），病株率平均 5.17%（0.33%～39.28%），显症三峰在 8 月底至 9 月上旬，病株抽穗不完全或抽穗后不能灌浆结实，9 月上旬末调查，病穴率平均 7.25%（0～32.0%），病株率平均 0.81%（0～6.67%）；淮稻 9 号和淮稻 6 号大田期表现一个显症峰，显症峰在 6 月底至 7 月上旬，7 月上

句末调查，淮稻 9 号病穴率平均 4.0%（2%～6%），病株率平均 0.70%（0.14%～1.0%），淮稻 6 号病穴率平均 3.0%（1%～8%），病株率平均 0.42%（0.08%～0.45%）。

3 原因分析

3.1 传毒媒介灰飞虱大发生原因

3.1.1 耕作制度有利

灰飞虱虫量高，仍因大面积稻套麦耕作方式。2005 年秋播，阜宁县耕翻麦和旋耕麦田比例虽有所上升，但稻套麦面积仍达 80% 左右，由于稻套麦与水稻有一定时间的共生期，十分有利于稻田第 5 代灰飞虱若虫的转移，加之，稻茬不耕翻，留茬高，稻桩完整未遭破坏，也为灰飞虱提供很好的越冬场所。因此，灰飞虱秋季生存的环境条件好，淘汰率低，有效率高，冬后虫量高，4 月上旬调查，稻套麦田灰飞虱虫量是旋耕麦田的 11.53 倍。

3.1.2 气候条件有利

灰飞虱越冬期间（2005 年 12 月中旬至 2006 年 2 月上旬）平均气温 1.40℃（上年为 1.19℃），气温正常略高，加之，3 月份平均气温 8.7℃，比上年高 2.1℃，也十分有利于越冬代灰飞虱若虫的生长发育，据 4 月上旬调查，越冬代残虫量每 667m^2 加权平均为 13.66 万头，是上年同期的 4.74 倍，且发育进度比上年早 7d；同时 3～5 月总降水量 118.7mm，比上年多 37.9mm，雨量比常年少 148.1mm，对灰飞虱繁殖十分有利，5 月 15～16 日第 1 代灰飞虱低龄若虫峰期调查麦田每 667m^2 虫量加权平均为 205.56 万头，是上年的 2.36 倍，也正因此直接导致今年水稻秧池第 1 代灰飞虱迁入量大、盛期长，条纹叶枯病呈现大流行态势。

3.2 水稻条纹叶枯病总体轻发生原因

3.2.1 耐病品种植面积大

2006 年水稻总面积为 5.63 万 hm^2，其中徐稻 3 号、徐稻 4 号、盐稻 8 号等耐病品种 4.16 万 hm^2，占总面积的 73.89%，武育粳 3 号等感病品种 0.71 万 hm^2，占总面积的 12.61%，耐病品种的大面积种植是条纹叶枯病总体发生较轻的基础。

3.2.2 栽培避虫措施多样

条纹叶枯病总体发生轻的环境，是实施栽培避虫。2006 年阜宁县水稻集中育秧期在 5 月 8～16 日，集中移栽期在 6 月 18～22 日，最迟在 6 月 30 日左右；水稻总面积 5.63 万 hm^2，旱育秧 4.09 万 hm^2（折大田），水育秧 1.21 万 hm^2（折大田），直播稻 0.33 万 hm^2，分别占总面积的 72.65%、21.49% 和 5.86%。旱育秧播种迟、秧苗生长慢、苗小而老健，田间湿度小，对灰飞虱的引诱力和生存适宜度比水育秧差，所以灰飞虱第 1 代成虫迁入虫量相对少，滞留传毒时间相对短，条纹叶枯病比水育秧相对较轻；第 1 代灰飞虱迁入秧田高峰阶段，6 月 14 日调查同等防治水平，品种均为武育粳 3 号，旱育秧田每 667m^2 虫量为 18.5 万头，水育秧田每 667m^2 虫量高达 70.74 万头，前者每 667m^2 虫量仅是后者的 26.15%，6 月 22 日调查发病情况前者病株率为 0.84%，后者病株率为 3.24%，前者病株率仅是后者的 25.93 个百分点。直播稻的集中播种期在 6 月 8 日前后，秧苗一叶一心期在 6 月 15 日前后，此时正是灰飞虱迁入为害盛末期，因此直播稻病情较轻，7 月上旬末作对比调查，同为淮稻 9 号品种，直播田病株率 0.38%，水育秧移栽大田病株率 0.86%。

3.2.3 化学防治组织化程度高

实践证明，对农作物重大病虫害的防治，只有通过组织实施统防统治，才能最大限度地控制为害，降低损失。2006 年灰飞虱与 2005 年相比暴发程度进一步加大，为了控制其为害，在统一防治标准，统一技术要求的基础上，特别强调时间、药种和方法的统一，从根本上保证全社会的治虫控病效果。按照"统一药剂配方，统一防治时间，统一防治方法"的要求，全县水稻条纹叶枯病防治面积达 16.0 万 hm² 次，统防占防治面积的 83.20%，有效地降低了虫量基数，控制了灰飞虱传毒为害，减轻了条纹叶枯病发病程度。

4 防治应对措施

4.1 化防技术路线及效果

2006 年针对灰飞虱稻田累计用药面积达 19.23 万 hm² 次，共挽回稻谷损失 10 680 万 kg，实际损失为 3 156 900kg。在灰飞虱及水稻条纹叶枯病的化学防治中，具体实施了药剂浸种→秧田防治→大田防治主体技术路线。

4.1.1 药剂浸种

预防水稻恶苗病和灰飞虱的早期传毒。药剂配方为 4.2% 浸丰（二硫氰基甲烷）2ml 或 25% 使百克（咪鲜胺）4ml + 25% 先净（吡虫啉）4g，加水浸稻种 6kg。

4.1.2 秧田防治

5 月 20 日至 6 月 25 日水稻秧田期连续防治 8 ~ 10 次，药剂配方为每 667m² 秧田用 48% 锐煞（毒死蜱）100ml + 5% 锐劲特（氟虫腈）50ml 或 25% 阿克泰（噻虫嗪）10g 或 25% 先净 50ml 或 70% 艾美乐（吡虫啉）5g（另加 50% 氯溴异氰脲酸 150 ~ 200g 或 2% 宁南霉素 100 ~ 150ml 喷施 3 ~ 4 次），对第 1 代灰飞虱成虫和第 2 代灰飞虱若虫的防治效果分别为 85.53%、88.64%。

4.1.3 大田防治第 2 代和第 3 代灰飞虱

水稻移栽大田防治第 2 代灰飞虱，主要用好三次药，第一次于水稻栽插后 3 ~ 5d，防治第 1 代灰飞虱残留成虫和第 2 代若虫，每 667m² 用 20% 异毒（异丙威·毒死蜱）100g；第二次药于第一次用药后 5d，防治第 2 代灰飞虱若虫，预防条纹叶枯病，每 667m² 用 40% 宝灵（毒死蜱）100ml + 25% 川珊灵（噻嗪酮）30g；第三次于第二次用药后 5d，防治第 2 代灰飞虱残虫，每 667m² 用 21% 吡乐（吡虫啉·乐果）80ml + 10% 先净（吡虫啉）10ml。通过防治，大田第 2 代灰飞虱百穴虫量控制在 1 头左右，条纹叶枯病未出现第二发病高峰。第 3 代灰飞虱防治时间在 7 月 22 ~ 27 日，药剂配方为每 667m² 用 70% 金稻丰（噻嗪酮·杀虫单）80g 或 40% 宝灵 80ml 或 16% 克螟宁（杀螟松·阿维菌素）80ml + 18% 实打实（吡虫啉·噻嗪酮）50g 或 20% 麦雨道（吡虫啉）12ml。通过防治，对第 3 代灰飞虱的防治效果为 85.57%。

4.2 防治组织保障措施

针对 2006 年灰飞虱大暴发，水稻条纹叶枯病大流行的态势，县委、县政府和农业部门在开春就对此项工作高度重视，进一步落实水稻条纹叶枯病防治三项基础性工作，深入基层搞技术培训。县政府于 4 月 4 日、4 月 27 日和 5 月 23 日三次传真电报中，都强调做好麦田灰飞虱防治工作，以压低其基数，减轻水稻秧田防治压力；5 月 9 日召开了全县水稻条纹叶枯病防治工作会议，对水稻条纹叶枯病防治工作进行了全面动员、全面部署，还组织成立了防治工作督查组和农药市场专项整治工作组，分赴各镇（区）进行督查和指导。农业部门多次召开农业助理会议，通报病虫情况，统一防治技术，推动全县面上防治工作有序进行；植保站精心预测预报，科学指导，4月20日发布条纹叶枯病防治预案，共发布10期相关病虫信息和3期防治警报，5月25日至7月10日每天晚间黄金时段在县电视台播放病虫防治电视预报，对全县防治运动及时科学地开展起到很好的指导作用；在此期间，全县各镇（区）也积极行动起来，广泛利用宣传车、广播录音、培训会、现场会、发放技术资料到户等手段提高技术的到位率。据统计，县、镇两级农技部门共印发技术资料40多万份，分发至全县各农户，通过层层努力，保证了水稻条纹叶枯病防治工作取得实实在在的效果，全县因此挽回稻谷10 680万 kg，占挽回总损失35.02%。

2006 年水稻褐飞虱发生为害特点
与防治对策探讨

徐东祥[1]，王家东[1]，姚亮亮[1]，淤　萍[1]，季克中[2]

（1. 江苏省阜宁县植保植检站，224400；2. 阜宁县新沟镇农业办公室，224404）

阜宁县是江苏省水稻主产区县份之一，2006 年水稻种植总面积 5.63 万 hm²，水稻病虫害总体达中等偏重发生程度，其中七（4）代褐飞虱达特大发生程度，经过全力防治，大面积防治效果良好，但部分后期防治不力的田块出现"冒穿"，极少数田块甚至全田瘫倒。2006 年水稻七（4）代褐飞虱是继 1997 年特大发生年和 2005 年中等偏重发生之后的又一暴发年份。现将其发生为害特点和防治对策简述如下：

1　发生为害特点

1.1　灯下六（3）代虫量大，峰期长

四（1）代成虫灯下 2006 年 7 月 4 日始见，当日为 1 头，止 7 月 20 日累计 2 头（上年灯下 7 月 16 日始见，当日为 1 头，止 7 月 20 日累计 1 头），见虫期早于上年；五（2）代灯下始见期为 8 月 12 日，当为 4 头，至 8 月 16 日 5d 内连续见虫，累计 10 头，上年灯下累计诱虫 8 头；六（3）代灯下累计诱虫 1167 头，诱虫量为近 10 年来第一位，8 月 26 日始灯下虫量激增，当日为 22 头，8 月 26 日至 9 月 1 日为迁入峰期，长达 7d，累计诱虫 1 008 头，占六（3）代灯下诱得总虫量的 86.38%。

1.2　田间虫量前期极低，穗期上升快

8 月中旬末前田间褐飞虱虫量一直极低，系统田 8 月 20 日前田间褐飞虱一直未查见，7 月 26 日普查 20 块大田，田块见虫率 5%，百穴虫量平均 0.5 头（0~10 头）；8 月 6 日大田普查百穴虫量平均 0.63 头（0~10 头）；8 月 11 日大田普查百穴虫量平均 1.65 头（0~8 头），均为若虫；8 月 21 日大田普查百穴虫量平均 1.65 头（0~8 头）。8 月下旬末水稻大面积进入齐穗期，此时田间褐飞虱虫量进入上升期，至 10 月初田间虫量持续攀升。8 月 28 日水稻系统田百穴总虫 55 头，是 5d 前的 3.62 倍，之后随着 8 月底前后六（3）代成虫的大量迁入和 9 月上旬末七（4）代进入低龄若虫盛发期，田间虫量一直持续上升。系统调查田自 8 月 30 日以后，百穴虫量在 110~18 200 头，其中 9 月 13 日、20 日、25 日百穴虫量分别为 3 345 头、5 910 头和 18 200 头。面上普查，8 月 30 日百穴总虫 187.55 头，其中长翅型成虫 170 头，短翅型成虫 11.25 头，若虫 6.30 头；9 月 6 日百穴总虫 140.25 头，其中长翅型成虫 74.4 头，短翅型成虫 21.11 头，若虫 24.44 头；针对褐飞虱严重的虫情，全县在 9 月 8~12 日和 9 月 16~18 日大面积用药两次，虫量得到有效控制，9 月 13 日百穴总虫 606.57 头，其中长翅型成虫 56.14 头，短翅型成虫 17.65 头，初孵若虫 517.58 头，高龄若虫 15.2 头；9 月 25 日普查加权平均百穴虫

34

量 591.71 头（90 ～ 15 550 头）；9 月 30 日和 10 月 9 日全县普查加权平均百穴虫量分别为 684.83 头和 972.89 头。

1.3 七（4）代卵量高，低龄若虫盛发期长

自 9 月上旬以后，水稻植株叶鞘和叶片上剥查均查见大量七（4）代有效卵，同时田间拍查，低龄、高龄若虫和长、短翅型成虫均查见。9 月 2 ～ 25 日百穴卵量 1 200 ～ 58 440 粒，最高达 104 400 粒，9 月 8 日前期卵占 89.43%，9 月 13 日前期卵占 64.54%，9 月 17 日前期卵占 38.05%，9 月 20 日前期卵占 27.49%，9 月 25 日前期卵占 18.43%；系统调查田 9 月 2 日百穴总虫 155 头，其中若虫 38 头，成虫 117 头；9 月 6 日百穴总虫 315 头，其中低龄若虫占 2.54%，高龄若虫占 4.76%，长翅成虫占 88.89%，短翅成虫占 3.81%；9 月 10 ～ 12 日进入七（4）代低龄若虫始盛期，系统调查田 9 月 13 日百穴总虫 3 345 头，低龄若虫占 81.74%，高龄若虫占 4.87%，长翅型成虫占 8.90%，短翅型成虫占 4.49%；9 月 20 日百穴总虫 5 910 头，低龄若虫占 91.37%，高龄若虫占 2.53%，长翅型成虫占 4.23%，短翅型成虫占 1.86%；9 月 25 日百穴总虫 18 200 头，低龄若虫占 98.90%，高龄若虫占 0.67%，长翅型成虫占 0.38%，短翅型成虫占 0.05%；9 月 30 日百穴总虫 11 200 头，低龄若虫占 43.62%，高龄若虫占 55.89%，长翅型成虫占 0.27%，短翅型成虫占 0.22%；10 月 9 日调查百穴总虫 16 611 头，低龄若虫占 34.23%，高龄若虫占 58.20%，长翅型成虫占 0.79%，短翅型成虫占 0.19%，低龄若虫盛发期从 9 月 10 日至 10 月初，长达 20d 左右，这是同大发生的 1997 年最大的差别。

1.4 地区间、田块间虫量差异性大

从 9 月 13 日至 10 月 9 日大面积普查不同地区，不同田块间稻田来看，地区间、田块间虫量差异大。特点是晚熟品种田虫量高于早熟品种田，密植田块重于稀植田块，药剂品种、施药技术不对路田块虫量显著高于按技术要求用药田块。如阜城镇城南村一农户按技术要求用药，生育期偏迟武育粳 3 号品种田间百穴虫量 480 头，生育期较早的徐稻 3 号品种田间百穴虫量 80 头；在三灶镇中灶村对不同药剂配方及施药技术作典型对比调查，其中 9 月 8 日和 9 月 16 日每 667m² 用 48% 锐煞（毒死蜱）100ml + 25% 川珊灵（噻嗪酮）30g 的田块百穴虫量平均 130.0 头，而 9 月 8 日和 9 月 16 日用甲胺磷 + 吡虫啉两次的田块百穴虫量平均高达 9 850.43 头，并在 10 月上旬田间出现 "冒穿"。

1.5 七（4）代发生面积大，部分田块受害重

四（2）代和五（3）代均为极轻发生年份，大面积未达防治指标；七（4）代达特大发生程度，水稻总面积 5.73 万 hm²，发生面积 5.73 万 hm²，均达防治指标，累计防治面积 12.38 万 hm²，平均 2.16 次。据统计，全县水稻冒穿毛面积 0.38 万 hm²，占水稻总面积的 6.63%，冒穿折净面积 50.23hm²，是上年的 5.07 倍。2006 年水稻褐飞虱发生量之高，达标面积之大，持续时间之长，部分田块受害之严重为近年罕见。

2 发生原因

2.1 六（3）代迁入量大是七（4）代暴发的基础

2006 年 8 月下旬至 9 月上旬受高空强下沉气流的影响，广东、广西、安徽、湖北等地因

水稻成熟而迁出的褐飞虱大量迁入江苏省，阜宁县也是主降县域之一。六（3）代灯下累计诱虫1 167头，8月26日至9月1日为迁入峰期，长达7d，灯下诱虫量为近10年来第一位。

2.2 气候条件适宜是七（4）代虫量激增的关键因素

8月中旬以后，气流活动频繁，极有利于六（3）代褐飞虱迁入。8月21日至9月30日，平均气温22.6℃，且无大于或等于30.0℃以上的气温，雨日20d，雨量183.3mm，相对湿度85.4%，属典型的晚秋不凉天气，极有利七（4）代褐飞虱增殖为害。

2.3 防治水平不一，影响防效

一是七（4）代褐飞虱发生高峰期水稻正处于乳熟—黄熟期，有部分农户害怕农药残留弃治或少治，其稻田褐飞虱虫量得不到有效控制，导致后期田间出现"冒穿"、"倒伏"现象，影响产量；二是部分农户不按植保部门的药剂配方用药，仍使用甲胺磷、1605和一些低含量吡虫啉粉剂，结果导致防效差，田间出现"冒穿"，甚至失收，这个教训，在部分统防能力差的镇区表现尤为突出；三是农户普遍用水量严重不足，仍仅施药液2桶，对水不足30kg，水量不足，喷施不匀，且药液难以着落于稻株基部，直接影响对褐飞虱的杀伤效果。

3 防治对策

3.1 防治适期要提早

2006年七（4）代褐飞虱达特大发生程度，且卵孵化不整齐，低龄若虫盛发期长，虫量高，为有效压低虫量，我们提倡防治适期要提早，防治密度要加大，首次用药适期在卵孵始盛期，即9月8~12日，第二次用药适期定在低龄若虫盛发期，即9月16~18日，针对部分防治不力残虫量高的田块，要求在9月25日前再用一次药，据后期调查，按照技术要求用药的田块，褐飞虱百穴残虫量控制在400头以下，防效达97.80%，而用药偏迟或仅防治一次的田块，百穴残虫量仍高达6 000多头，防效仅70%左右。

3.2 防治药剂要对路

防治药剂上实行速效、持效相结合，农药复配、交替使用，低含量吡虫啉粉剂是近年来防治稻飞虱的常用药剂，由于长期使用，抗药性增强，防治效果下降。2006年我们针对七（4）代褐飞虱大发生的虫情，推广每667m^{2}用48%毒死蜱70~100ml（或5%锐劲特50ml）+25%川珊灵（噻嗪酮）30g作为防治主体配方，据后期比较调查，凡使用该配方的田块，褐飞虱百穴虫量控制在200头以下，防效高达98.90%，而使用5%吡虫啉粉剂和甲胺磷或1605的田块，百穴虫量仍高达10 000左右，防效仅为50%左右，田间后期出现"冒穿"。

3.3 防治方法要统一

多年实践证明，统一药剂品种，统一防治时间，统一防治方法，特别是统一组织成片防治，可以有效控制重大农作物病虫危害。2006年新沟镇大楼村全村统一在县植保站调购防治褐飞虱药剂，并统一组织弥雾机手施药，据后期典型调查，全村未出现一块"冒穿"田块，而邻近一个村，农户自行就近购买，自行防治，出现"冒穿"田块率高达30%左右。

2007 年稻纵卷叶螟发生为害特点与防治对策

王家东，徐东祥，王玉国，季丰明，颜士洋

（江苏省阜宁县植保植检站，224400）

近 5 年来，稻纵卷叶螟在阜宁县频频重发，已成为影响该县水稻生产的常发害虫之一。2007 年阜宁县稻纵卷叶螟又达重发生程度，受耕作布局，特别是直播稻面积扩大的影响（2007 年直播稻面积已达 1.67 万 hm²，占水稻总面积 29.5%），稻纵卷叶螟发生为害又出现了一些新特点，但通过实施科学有效的防治对策，控制了稻纵卷叶螟各代次的危害，减轻了损失。

1 发生概况和特点

1.1 发生概况

2007 年阜宁县稻纵卷叶螟总的发生概况是：四（2）代和五（3）代发生期偏早，六（4）代发生期正常，四（2）代轻发生，五（3）代、六（4）代连续大发生；四（2）代、五（3）代、六（4）代自然发生田块卷叶率平均分别为 2.66%、58.64% 和 18.73%，百穴残虫平均分别为 18.0 头、1 030.0 头和 184.4 头，防治田卷叶率平均分别为 0.46%、4.65% 和 0.92%，百穴残虫平均分别为 2.0 头、47.25 头和 9.33 头。

1.2 发生特点

1.2.1 四（2）代发生早，移栽稻受害重于直播稻

6 月底至 7 月初出现四（2）代虫源迁入峰，迁入峰比常年早 10～15d，在田外寄主水花生等杂草上和大豆等作物上明显见蛾，成虫在田外寄主栖息，稻田内产卵。7 月 10 日左右在移栽稻田普遍查见卷叶，卷叶率平均 0.35%，百穴幼虫平均 14.71 头，而直播稻田卷叶仅在田边零星查见，为害极轻。

1.2.2 五（3）代虫、卵量高，防治不力田块受害重

五（3）代蛾源迁入偏迟，蛾量集中，7 月 26 日始见成虫，比上年迟 5d，7 月 26～29 日为迁入主峰，7 月 28～29 日为本地虫源羽化峰，两者相重叠；系统田峰期日均每 667m² 蛾量为 1 778.33 头，百穴虫、卵量平均为 625.0 头·粒，分别是上年的 1.60 倍和 2.78 倍；普查大田峰期每 667m² 蛾量平均为 928.2 头，百穴虫、卵量平均为 452.63 头·粒，分别是上年的 1.34 倍和 7.92 倍，达大发生程度。8 月 14 日面上调查，凡按技术要求用药两次的田块卷叶率平均为 1.17%，而仅用药一次防治不力的田块卷叶率平均为 11.62%，后者卷叶率是前者的 9.37 倍。

1.2.3 六（4）代盛发期长，直播稻受害重于移栽稻

六（4）代系统赶蛾 8 月 21 日见蛾，止 9 月 25 日累计每 667m² 蛾量为 64 495.0 头，是上

年的 6.24 倍，其中 8 月 22 日至 9 月 2 日为六（4）代蛾盛发期，达 12d，比上年长 6d，当日每 $667m^2$ 蛾量幅度为 3 030～8 300 头；8 月 31 日至 9 月 1 日为六（4）代虫卵高峰期，9 月 1 日调查系统田百穴虫、卵量平均为 537.0 头·粒，普查田百穴虫、卵量平均为 318.75 头·粒，分别是上年的 4.67 倍和 6.31 倍，达大发生程度。移栽稻田破口抽穗期集中在 8 月下旬至 9 月初，而直播稻田破口抽穗期集中在 9 月 5～7 日，后者比前者推迟 5～15d，导致大量稻纵卷叶螟成虫集中迁入直播稻田产卵，加剧了直播稻的受害程度。9 月 25 日调查，同等防治水平的一匡田，直播稻田卷叶率平均 2.84%，而移栽稻田卷叶率平均 0.43%，前者是后者的 6.60 倍。

2　原因分析

2.1　有利的气候因素加大了五（3）代发生和为害程度

2007 年该县 7 月 19～25 日，7d 内连续降雨 65.3mm，7 月 26 日系统赶蛾，田间五（3）代成虫突现，当日每 $667m^2$ 蛾量高达 1 250 头，且 7 月 26～29 日为迁入峰，全代累计每 $667m^2$ 蛾量为 16 485 头，是上年的 2.34 倍；五（3）代稻纵卷叶螟生长发育期间，8 月份平均气温 27.5℃，降雨量 363.2mm，雨日数 16d，平均相对湿度 86%，这样的气候条件十分有利于五（3）代卵的孵化、幼虫的存活和为害。

2.2　五（3）代防治不平衡加大六（4）代蛾源量

8 月中旬调查，五（3）代全县加权平均百穴残虫量为 47.25 头，是上年的 4.95 倍，与大发生的 2003 年相当，其中防治措施到位田块百穴残虫平均 10.0 头，防治不力田块百穴残虫平均高达 135.0 头，后者是前者的 13.5 倍，五（3）代高残留虫量为六（4）代大发生提供充足的蛾源条件。

2.3　生育进程的差异导致直播稻和移栽稻前、后期受害程度不同

7 月上、中旬四（2）代稻纵卷叶螟发生为害期间，直播稻正处于分蘖前期，植株叶色淡、生长量小，四（2）代蛾源对其趋性差，而移栽稻正处于分蘖盛期，生长嫩绿，叶面积指数高，十分有利于四（2）代产卵、幼虫存活和为害。因此，四（2）代主要集中于移栽田为害，导致移栽稻前期受害重于直播稻。六（4）代稻纵卷叶螟 9 月上旬发生为害后期，移栽稻正处于灌浆期，螟蛾对其趋性差，着卵少，同时水稻叶片老健，不利于稻纵卷叶螟幼虫的为害，而直播稻田水稻叶色浓，长势旺，螟蛾对其趋性强，田间卵量高，且叶片嫩绿，适宜稻纵卷叶螟幼虫为害，导致直播稻后期受害重于移栽稻。

3　防治对策

3.1　四（2）代挑治，用药 1 次

针对 2007 年四（2）代主要集中于移栽稻田为害特点，要求在 7 月 15～18 日对移栽稻田普治一遍，药剂配方为每 $667m^2$ 用 25% 阿维毒（阿维菌素·毒死蜱）70ml 或 60% 盖德（稻丰散·三唑磷）60ml，通过防治，卷叶率控制在 0.5% 以下。

3.2 五（3）代紧治

8月2日和8月6~8日连续用药两次，防治时间从紧，每次用药时间幅度为3d，药种主要选用毒死蜱和杀虫单混配。通过防治，五（3）代稻纵卷叶螟得到有效控制，保叶效果和杀虫效果分别达到97.07%和95.41%。

3.3 六（4）代连治，用药3次

鉴于六（4）代稻纵卷叶螟发生量大，且发生期拉得较长的特点，在准确测报的前提下，阜宁县抓住适期，重拳出击，对六（4）代的防治，结合穗期稻飞虱、纹枯病、稻曲病、稻穗瘟等病虫害，用药3次，用药时间分别在8月26~28日、9月1~3日和9月6~8日。为确保防治效果，治虫药剂配方选用"60%稻唑磷（稻丰散·三唑磷）、48%毒死蜱、1%稻安康（甲维盐）"等速效性药种与"44%螟虱光2号（杀虫单·吡虫啉）、44%吡杀单（吡虫啉·杀虫单）"等持效性药种混配。通过防治，六（4）代稻纵卷叶螟得到有效控制。

直播稻田有害生物发生特点及综合配套防治技术

王玉国，季丰明，徐东祥，王家东，淤　萍，单丽丽，姚亮亮，李东明

（江苏省阜宁县植保植检站，224400）

阜宁县位于江苏省苏北平原中北部，为苏北水稻主产区之一，近两年水稻播栽方式多样，尤其是直播稻不推自广，在该县发展速度较快，据统计，2007 年、2008 年阜宁县直播稻种植面积分别为 1.67 万 hm² 和 2.1 万 hm²，占水稻总面积的 1/3 左右，播栽方式的变革，使得病虫草等有害生物的发生出现了一些新特点。笔者通过对直播稻田有害生物近两年的调查研究，初步掌握其发生特点，并实施了相应的综合配套防治技术，取得了理想的效果。

1　有害生物发生特点

1.1　灰飞虱第 1、2 代发生量显著减轻，苗期条纹叶枯病极轻

第 1 代灰飞虱成虫羽化盛期在 5 月下旬至 6 月上旬，此时，小麦进入黄熟收获期，水稻移栽秧苗正处于 4～5 叶期，极有利于灰飞虱的集中迁入。2007 年、2008 年第 1 代灰飞虱成虫迁入高峰期 6 月 5 日前后调查，秧池田虫量加权平均分别为 5 043.84 头/m²、4 312.5 头/m²，高峰期的虫量集中在秧池为害，而此时直播稻还未播种或刚刚播种，到 6 月 20 日左右才见青，则避免了第 1 代灰飞虱盛期虫量集中迁入为害；第 1 代灰飞虱成虫迁入尾峰期，苗期条纹叶枯病显症始盛期 6 月 20 日前后调查，秧池田灰飞虱虫量分别为 116.64 头/m²、162.67 头/m²，条纹叶枯病病株率分别为 0.23%、0.18%；而同期直播稻田灰飞虱虫量分别仅为 1.13 头/m²、0.67 头/m²，条纹叶枯病病株未查见；第 2 代灰飞虱卵孵盛期多在 6 月 20 日前后，水稻秧苗移栽至大田，带毒、带卵，秧苗潜在发病株多于直播稻，大田期第 2 代灰飞虱虫量也多于直播稻田；苗期条纹叶枯病病情稳定期 7 月 10 日前后调查，2007 年直播稻田未查见发病株，移栽稻田病株率加权平均为 2.98%，2008 年直播稻田病株率加权平均为 0.016%，移栽田病株率加权平均为 1.61%（详见下表）。

表　第 1、2 代灰飞虱和苗期条纹叶枯病发生情况比较

（2007～2008 年，阜宁）

年份	类型田	灰飞虱高峰期虫量（头/m²）		苗期条纹叶枯病病株率（%）		
		第 1 代	第 2 代	始盛期	高峰期	稳定期
2007	移栽田	5 043.84	4.65	0.23	2.13	2.98
	直播田	—	极零星	未查见	—	—
2008	移栽田	4 312.50	3.33	0.18	1.02	1.61
	直播田	—	极零星	未查见	0.009	0.016

1.2 与移栽田相比稻纵卷叶螟发生为害表现为四（2）代零星、五（3）代持平、六（4）代加重

在水稻整个生育期，稻纵卷叶螟在本地发生为害有 3 个代次，分别是四（2）代、五（3）代、六（4）代；近两年四（2）代蛾源迁入都较早，2007 年在 6 月底至 7 月初迁入本地，2008 年在 6 月 25 日前后波及阜宁县，四（2）代虫源迁入时直播稻正处于 5 叶期左右或分蘖前期，植株叶色淡、生长量小，四（2）代蛾源对其趋性差，而移栽稻正处于分蘖盛期，生长嫩绿，叶面积指数高，十分有利于四（2）代迁入与为害，2008 年 7 月上旬四（2）代为害定型时调查，直播田仅在田边零星查见卷叶，移栽田卷叶率平均 0.12%；五（3）代稻纵卷叶螟发生为害高峰期在 7 月底至 8 月上旬，此时，直播稻田与移栽稻田植株都处于生长旺盛期，为害定型时调查，受害程度无明显差异；六（4）代稻纵卷叶螟多在 9 月上旬发生为害，此时直播稻叶色浓、长势旺，螟蛾对其趋性强，田间卵量高，且叶片嫩绿，适宜稻纵卷叶螟幼虫为害，而移栽稻正处于灌浆期，叶片老健，螟蛾对其趋性差，2008 年 8 月 19 ~ 21 日为六（4）代发蛾高峰，19 日普赶不同类型水稻大田，田块见蛾率 100%，移栽稻田每 667m² 蛾量平均为 2 600 头（1 100 ~ 6 000 头），直播稻田每 667m² 蛾量平均为 3 925 头（600 ~ 18 000 头），最终调查卷叶率，自然发生田块直播稻为 13.26%，移栽稻田为 8.54%，防治大田直播稻田平均为 0.71%，移栽稻田平均为 0.56%。

1.3 稻飞虱总体发生为害正常，七（4）代褐飞虱为害不重

通过近两年观察发现，白背飞虱、褐飞虱在阜宁县直播稻田的发生量与其他播栽类型稻田无明显差异，但后期褐飞虱为害表现轻于其他播栽类型稻田；七（4）代褐飞虱发生为害高峰期在 9 月中旬，此时直播稻正处于灌浆—腊熟期，大多数农户均能按技术要求及时用药，而移栽、抛栽类型水稻正处于乳熟—黄熟期，农户放弃防治，部分在穗期防治不力的田块，其田间褐飞虱得不到补治，加之这些田块水稻后期茎叶衰弱快，极容易导致后期田间出现"冒穿"、"倒伏"现象；2008 年后期考察，出现"冒穿"塘的田块主要为移栽稻田。

1.4 纹枯病病情前期发展平缓，后期急剧上升

直播稻田秧苗稀疏，前期发苗慢，通风透光，茎秆健壮，且无移栽过程中造成的机械性伤口，抗病能力强，直播田水稻纹枯病见病迟，病情前期发展平缓。2008 年调查，7 月 22 日移栽稻田已零星查见发病株，而直播田直至 8 月 5 日才查见病株；8 月 11 日普查，直播田病株率 0.09%，移栽田病株率 1.03%；8 月中下旬直播稻田水稻正处于分蘖末期，水稻茎叶数增多，郁闭度增加，病情上升较快，且纹枯病有平行发展时间缩短，垂直发展加剧的现象，8 月 19 日普查，直播田病株率 2.4%，病指 1.78；移栽田病株率 2.33%，病指 2.13；8 月 26 日普查，直播田病株率 5.03%，病指 2.52；移栽田病株率 8.46%，病指 5.40；水稻生长后期，局部播种量大，后期荫蔽度较高的直播田块发病严重度甚至超过移栽稻田（详见下图）。

1.5 恶苗病零星发生，在药剂未浸种田均难以查见

本地直播稻主要以旱直播为主，技术要求用恶线清（咪鲜胺·杀螟丹）等药剂浸稻种以预防恶苗病和干尖线虫病等种传病害，但大多数农户不对种子进行处理便直接播种，近两年大面积调查发现，即使不进行种子处理的旱直播稻田水稻恶苗病发生极为零星，也难以查见病

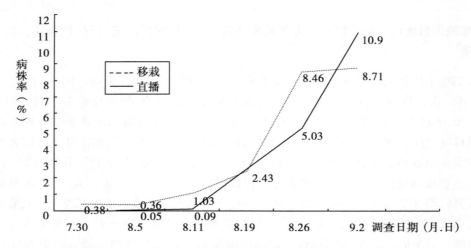

图　2008 年直播稻田、移栽稻田水稻纹枯病发生情况比较

株，而极少数未进行种子处理的移栽稻田发生则较重，个中原因有待于进一步观察探索。

1.6　穗稻瘟预防后总体发生较轻，但在生育期偏晚的品种上发生较重

穗稻瘟是本地水稻上常发性、气候型病害，通过破口期和齐穗期主动用药预防，近两年，无论是直播稻田还是移栽稻田穗稻瘟大多数品种发生都较轻，但生育期偏晚品种的直播稻田遇上低温连阴雨天气则风险较大，加之难以适时防治，稻穗瘟发生程度会较重，如 2008 年 9 月上旬和中旬遇到连续低温、阴雨的气候条件，个别以直播方式的迟熟中粳品种水稻破口—扬花期正在这一期间，十分有利于穗稻瘟的发生流行，所以，特殊年份部分晚播感病迟熟品种穗稻瘟发生较为严重。

1.7　稻螟和稻曲病发生为害与移栽稻田无差异

稻螟近年来发生都极轻，通过用药兼治，直播稻和移栽稻都仅在少部分田块田边零星查见大螟被害株，而二化螟、三化螟则难以查见。稻曲病是一种花器侵染的真菌性病害，抽穗扬花期高湿多雨有利于该病菌的侵入，偏施或迟施氮肥易诱发此病，杂交稻、糯稻及某些粳稻品种易感本病，稻曲病发病程度年际、区际、田块之间差异甚大，直播稻、移栽稻发病程度无明显差异。

1.8　麻雀、鼠害在播种落谷期为害较重，成熟期为害则较轻

直播稻在播种时，由于部分农户盖种质量较差或不盖种，导致麻雀、老鼠盗食水稻种子，特别是在零散小面积种植的直播稻田中水稻种子被盗食较为严重，缺苗现象明显，往往导致基本苗严重不足；在水稻成熟期，移栽稻早熟品种成为麻雀、老鼠主要为害对象，成熟期相对滞后的直播稻被麻雀、老鼠为害则较轻。

1.9　杂草发生时间长、峰次明显，发生量大、种类多

近两年调查结果表明，直播稻田杂草发生具有 3 个特点：一是发生时间长，峰次明显。直播稻田出草有两个明显峰次，第一个峰次在播种后 5～20d，出草量占总草量的 50% 以上，第二个峰次在播种后 20～30d，占总草量的 30%～40%，而移栽田出草时间主要集中在水稻移栽

后 10d 左右。二是直播稻田草量发生大，为害严重。据 2007 年 8 月上旬调查，未防除的直播稻田总草平均为 875.6 株/m²，是移栽稻田的 3.39 倍，个别未补治和人工拔除的田块导致草荒，不得不重新耕作。三是直播稻田杂草种类多，种群复杂。我县直播稻田杂草种类 30 多种，发生频率较高的有：禾本科杂草稗草、千金子；莎草科杂草扁秆藨草、异型莎草、碎米莎草、野荸荠；阔叶类杂草鳢肠、眼子菜、鸭跖草、鸭舌草、矮慈姑等。

2 综合配套防治技术

针对直播稻田病虫草等有害生物发生的新情况、新特点，我们坚持"驱害、除草、治虫、防病"的防治对策，实施综合配套防治技术，从而有效地控制其为害，达到了"二增"（增产、增收）、"二减"（减少农药用量、减少用药次数）的显著效益。

2.1 加强药剂浸种

药剂浸种不仅可以有效预防水稻恶苗病，而且对水稻干尖线虫病也具有较好的预防作用，浸种方法为：用 16% 恶线清 15g 加清水 8kg，拌匀后浸稻种 6kg，浸种 48h，旱直播类型直接播种、水直播类型催芽后落谷。

2.2 提高播种质量

直播田播时盖籽要充分，用盖籽机或人工盖籽，深度 1~2cm，减少露籽，不仅防止麻雀和老鼠盗食，而且防止除草剂药害。

2.3 适时开展化除

一般于水稻播种后 2~3d 及时实施"封杀"，根据直播类型可选用苄·丙草或丁·恶类药剂均匀喷雾，喷雾时，畦面保持湿润但不能留有积水。对"封杀"后效果仍然较差田块，应根据田间草相及时补除，以稗草或稗草和阔叶杂草为主的田块，可使用苄·二氯或五氟磺草胺类药剂对水喷雾处理；以千金子为主的田块，在千金子 2~4 叶期，可使用氰氟草酯类药剂对水喷雾处理；以莎草和阔叶杂草为主的田块，可使用吡嘧磺隆类药剂对水喷雾处理。开展上述补除工作，一要注意杂草草龄不能过大，二要在施药前及时排干田水，药后 1d 复水并保水 3~5d；对难以防除的恶性杂草或大龄杂草应及时开展人工除草。

2.4 分段防治病虫

2.4.1 苗期病虫害防治技术

主治灰飞虱及条纹叶枯病，于直播稻播种出苗后 5~7d 开展防治，每 667m² 用 48% 托球（毒死蜱）60ml + 18% 实打实（吡虫啉·噻嗪酮）25g 或 48% 奉农（毒死蜱）70ml + 25% 盛收（吡虫啉）16g 防治 1~2 次。

2.4.2 拔节孕穗期病虫害防治技术

7 月下旬至 8 月初，五（3）代稻纵卷叶螟卵孵高峰期至低龄幼虫高峰期每 667m² 用 25% 螟蛾杀星（毒·杀）80g + 25% 阿维毒（阿·毒）70ml 或 40% 稻丛清（丙·辛）70ml 对其开展防治，用药 1~2 次；8 月中旬纹枯病始盛期每 667m² 用 15% 丰之源（井·腊芽）60g 或 37% 纹病灵（井·腊芽）50g 对其开展防治，在此期间可一并使用防治第 2、3 代稻飞虱药剂。

2.4.3 水稻穗期病虫害防治技术

坚持"主动出击，灭虫防病，保叶保穗"的防治策略，打好水稻穗期病虫害总体防治战。防治对象：虫害主要有六（4）代稻纵卷叶螟、稻飞虱、大螟，病害主要有纹枯病、稻曲病、穗稻瘟；防治时间总体在 8 月 25 日至 9 月 5 日，于主要害虫初孵高峰期首次用药，连用 2～3 次。防治虫害每 667m^2 用 44% 吡虫杀单 70g + 40% 速灭抗（丙溴磷）70g 或 44% 螟虱光 2 号（吡·杀）70g + 40% 黑旋风（毒死蜱）70g 或 25% 螟蛾杀星 80g + 1% 稻安康（甲维盐）50ml；防治纹枯病和稻曲病每 667m^2 用 15% 丰之源 60g 或 2.5% 富美来（井·腊芽）200ml 或 37% 纹病灵（井·腊芽）50g；防治穗稻瘟每 667m^2 用 20% 金铧（三环唑）100g 或 20% 奇康（三环唑）100g，于破口期和齐穗期各用药一次，对生育期偏晚品种再增加用药一次。若第 4 代褐飞虱后期发生量较大，再对其开展复查补治。

水稻黑条矮缩病的发生特点与综合防治措施

游树立，朱如杰，徐　红，黄泽威，唐　玮

（江苏省建湖县植保植检站，224700）

水稻黑条矮缩病是由灰飞虱传播病毒和水稻条纹叶枯病伴随发生的病毒病。近两年发生为害加重，尤其部分比较抗水稻条纹叶枯病的品种，黑条矮缩病抗性较弱，病株率高达70%，产量损失达60%，成为水稻上的又一个重要病害。

1　发病进程

1.1　病情消长

2008年在近湖镇裕丰村用高感黑条矮缩病的水稻品种淮稻5号进行观察。试验材料5月14日播种，5月22日揭膜，6月14日移栽。秧苗从揭膜到抽穗灌浆，一直不用防治灰飞虱的农药，也不用任何病毒钝化剂（仅防治卷叶虫和纹枯病）。从苗床到7月20日，定点观测，5d一次，观察发病情况，以后10d一次，跟踪监测病害发展趋势。

结果表明：水稻黑条矮缩病与水稻条纹叶枯病比较，显症较迟。在秧田期基本不表现症状，秧苗移栽活棵后（7月2日）开始显症。正常秧苗开始活棵分蘖、旺盛生长时；发病秧苗开始生长后停滞，原先生长正常的叶片很快衰亡。后出叶矮缩变短，叶色深绿，叶枕重叠错位。有的病株也有分蘖增加，但不长高。7月10～15日达发病高峰，自然病株率达89.3%。部分病株叶片出现黄白相间的断续条斑。拔节孕穗后病株分化，部分病株恢复生长，能正常灌浆结实，占发病株的23.3%；部分病株高度只有正常植株的2/3，结实率只有正常稻穗的46%，占发病植株的1/3；部分病株高度是正常稻株的1/2，虽也有小穗抽出，但基本不结实或只有几粒实粒，占发病株20%；部分病株发病后逐渐枯死。

1.2　病害发生情况

2004～2006年，水稻条纹叶枯病大流行，黑条矮缩病伴随零星发生，一般病株率1%～5%，每年发病面积约2万多hm^2。2007年，水稻黑条矮缩病发生加重，发病面积达2.7万多hm^2。特别是淮稻5号，重病田病株率70%，其次是华粳6号，淮稻4号、武育粳3号、徐稻3号等都有发生。病株率5%以下的面积2.13万hm^2，病株率5%～10%的发病面积达0.15万多hm^2。病株率10%～20%的面积有0.03万hm^2，病株率20%～40%的发病面积有0.013万hm^2，病株率50%以上的有0.001万hm^2。重发区域在庆丰镇盐淮线以南，与盐都区龙冈接壤区域。重发品种是淮稻5号。一般多为整穴发病，极少数病健株混生。轻病田偶见1～2穴病苗，重病田出现连续3～5穴或几行秧苗形成发病区域，2008年发病情况与2007年相仿。几年来，不论第2代灰飞虱虫量高低，一直未见黑条矮缩病第二发病高峰。

2 病害发生原因分析

2.1 麦田传毒害虫灰飞虱虫量大，发生面广

由于连年稻田套播麦，麦田灰飞虱虫量近年一直超量发生。从 2003 年以来，麦田越冬代和第 1 代灰飞虱逐年增多（见下表）。全县 4.67 万 hm^2 三麦，几万公顷荒地杂草，都是灰飞虱的孳生地。麦子枯黄时，灰飞虱大量涌入秧田。

表 2002 ~ 2008 年麦田越冬代和第 1 代灰飞虱虫量

年份	越冬代（头/$667m^2$）	第一代（头/$667m^2$）
2002	4 446.67	5 000
2003	6 942.86	60 800
2004	131 400	155 000
2005	160 500	3 044 000
2006	19 200	4 480 000
2007	194 800	5 718 000
2008	75 360	3 245 400

2.2 秧田灰飞虱虫量高，带毒个体多

露地秧苗床揭膜（常年 5 月 20 ~ 25 日）即查见灰飞虱，直到 6 月 15 日，苗床灰飞虱 $667m^2$ 虫量都达 200 万 ~ 500 万头，持续时间长达 20 多天。2007 年秧田 5 月 25 日成虫迁入盛期，当日 $667m^2$ 虫量 230 万头，截至 6 月 13 日累计迁入秧田虫量每 $667m^2$ 3 682.9 万头；2008 年 5 月 25 日苗床 $667m^2$ 虫量 19.9 万头，5 月 30 日 282 万头，截至 6 月 13 日 $667m^2$ 累计迁入 4 812.83 万头。钟庄、宝塔镇农民用虾布缝制拖虫网，$67m^2$ 苗床一趟捕虫 0.75kg。江苏省农科院植保所 6 月 3 日采集裕丰村试验田灰飞虱测定，黑条矮缩病带毒率 33.3%，同时采集上年病害重发区庆丰镇秧田灰飞虱测定，黑条矮缩病带毒率 39.1%。特高虫量，高带毒率为黑条矮缩病严重发生，提供了毒源基础。

2.3 品种感病

露地旱育秧移栽大田后，不论是常规粳稻，还是杂交稻制种，所有水稻品种都有黑条矮缩病发生。同一地区以淮稻 5 号发生最重，其次是华粳 6 号，淮稻 6 号，武育粳 3 号等。未发现完全不发病的品种。

2.4 不同种植方式，病害差异大

近几年大面积调查，露地育秧移栽大田黑条矮缩病都有不同程度发生，机插秧和覆盖防虫网秧苗移栽大田明显减轻。直播稻田黑条矮缩病查见较少。在裕丰村试验田，同一匡苗床，同时播种，秧苗揭膜后用 $13g/m^2$ 无纺布及时覆盖，秧苗移栽大田后，$1.02hm^2$ 大田，48 个品种，未见一个品种发病，鉴定圃中 40 多份材料都发生黑条矮缩病，其中淮稻 5 号病株率

89.3%，华粳 6 号病株率 88.7%，日本青品种病株率 44.6%。

2.5 防治质量差，发病重

秧苗揭膜时期，正是麦子枯黄待收阶段，麦田灰飞虱大量涌入苗床，此时也是"灭虫断毒"关键时期。淮稻 5 号、华粳 6 号、淮稻 6 号等品种，由于对水稻条纹叶枯病抗（耐）性较好，农户忽视对灰飞虱的严防死守。如 2007 年庆丰镇淮稻 5 号发病重的田都是对灰飞虱防治松懈的田，有的灰飞虱虫量高峰期 3～4d 用一遍药，有的用药品种不对路，含量低。2007 年在沿河镇调查，自强村邵伯华种植淮稻 5 号 0.33hm²，5 月 12 日浸种，15 日落谷，旱育露地秧，6 月 19 日移栽，秧苗揭膜后和武育粳 3 号一样，采取喷雾与毒土熏蒸相结合交替防治，7 月下旬调查，病穴率 4.8%，病株率 3.4%。相邻曹成松秧田，也是淮稻 5 号 0.4hm²，由于防治不及时，同期病穴率 57%，病株率 41%。

3 防治措施

水稻黑条矮缩病的防治同水稻条纹叶枯病一样，"灭虫断毒"是关键。坚持农业防治基础，综合运用各种措施，切断毒源是控制水稻黑条矮缩病和条纹叶枯病的暴发危害的有效途径。

3.1 合理选种抗病品种

根据近几年观察，目前大面积生产上尚未发现不发病的品种，但发病程度品种间有明显差异。如镇稻 99、武连粳 1 号、扬幅粳 8 号等品种相对较轻。生产上应淘汰淮稻 5 号等高感黑条矮缩病的品种。

3.2 及时收割灭茬，减少灰飞虱虫源

麦田是灰飞虱的虫源地，麦子成熟后及时收割，及时耕翻上水，破坏灰飞虱的生存环境，能杀灭大量灰飞虱若虫，减少成虫羽化率，能减少虫源基数。

3.3 实行轮作调茬

由于大面积籼改粳，建湖县稻田套播麦已连续 10 多年，加上近年直播稻面积扩大，收获迟。长期不耕翻，为灰飞虱创造了适生环境。虽然认真推广耕翻种麦，但收效甚微。近年我们通过产业结构调整，改稻麦连作为油菜、特经作物等轮作换茬，在西南沿荡乡镇，控制水稻条纹叶枯病重病区见到明显效果。

3.4 苗床覆盖防虫网

育秧苗床揭膜后用无纺布或尼绒窗纱覆盖。在盖网前和揭膜炼苗期分别防治 1～2 次灰飞虱，能有效预防黑条矮缩病和条纹叶枯病的发生。据建湖县植保站 2005 年和 2006 年试验，覆盖无纺布秧苗移栽大田，水稻黑条矮缩病病株率为 0，水稻条纹叶枯病病株率为 0.093%，露地秧移栽大田病株率 38%，预防效果极为明显。

2005 年建湖县引进示范水稻苗床覆盖防虫网，2006 年推广应用，2007 年秧田覆盖面积达 50%，2008 年达 70%。覆盖无纺布如选用每平方米 13～13.5g，2.2～2.5m 幅宽，667m² 苗床

需用 417~476m 长，每米市价 0.55~0.6 元，每 667m² 成本 250~262 元。早秧 667m² 可移栽 1~1.33hm² 大田，每 667m² 成本只有 18~20 元。苗床使用后，还可长一季无公害疏菜；如选用尼绒窗纱，用 3m 或 1.5m 幅宽拼接，覆盖 667m² 苗床约需 334m 长，每米按市价 3 元左右（1.5m 拼接价相同），覆盖 667m² 约需 1 000 元，移栽 1~1.33hm² 大田，可用 5~7 年，667m² 平均 10~15 元。露地秧按近 3 年的灰飞虱虫量，每 667m² 苗床平均日虫量达 100 多万头。从揭膜到移栽，时间 20~25d，几乎每天都要防治，高峰期上午药水喷雾，傍晚用敌敌畏毒土熏蒸，平均每天防治 1.2~1.5 次，每次药本达 4~10 元，平均 7 元。不计人工就达 140~180 元，且增加农药污染和残留。据观察，覆盖无纺布的苗床温度比露地高 2~3℃，秧苗比露地增高 5~7cm，秧根增加 3~4 条，单株鲜重平均增加 0.11g，干物重增加 0.05g。

3.5 抓好药剂防治

药剂防治是当前治虫防病的重要手段，选用有效农药，适当增加防治密度，坚持"治稻田，保麦田，治麦田，保秧田，治秧田，保大田，治前期，保后期，治田外，保田内"的五治五保措施，压低灰飞虱基数，是控制病害流行的有效措施。

麦田防治，在三麦穗期，第 1 代灰飞虱卵孵高峰到低龄若虫期，全面防治，压低虫源基数。

秧田防治。从 5 月下旬灰飞虱向秧田迁飞开始，到水稻移栽，露地秧连续用药防治，实行全程药控。虫量低时 2~3d 防治一次，虫量高峰要增加防治密度，选用击倒性强，药效高的速效农药防治。

移栽大田防治。秧苗移栽后，灰飞虱发生虽近盛末，但仍有尾期成虫迁入大田传毒。要在秧苗移栽后 4~5d 开始防治，5d 一次，连续防治 2~3 次。

田外杂草防治。特别是沟渠路边杂草是灰飞虱的栖息场所，要人工铲除或用灭生性除草剂防除，同时用药防治灰飞虱，减少向秧苗迁飞。

水稻穗期防治，9 月中下旬 10 月上旬是灰飞虱的自然繁殖期，基本不施加人为影响，此时虫量上升迅速，繁殖较快，为害稻穗常造成霉污穗。加强穗期灰飞虱防治，不但能减轻对水稻灌浆期的为害，而且能压低越冬基数，还能控制麦苗病毒病的发生。药剂选用上，麦田可选用吡蚜酮、硫丹，秧田和移栽大田可选用毒死蜱、敌敌畏、氟虫腈、吡蚜酮、扑虱灵、混灭威等轮换交替防治。

水稻苗床覆盖防虫网对秧苗素质的影响和防病效果

游树立[1]，王清泉[1]，朱如杰[1]，黄泽威[1]，
徐　红[1]，唐　玮[1]，卢径元[2]，吴俊杰[3]

（1. 江苏省建湖县植保植检站，224700；2. 建湖县蒋营镇农业服务中心，224762；
3. 建湖县钟庄镇农业服务中心，224741）

2007 年麦田灰飞虱特大发生。麦收前后，灰飞虱在秧田集中肆虐，为害传毒。为阻隔灰飞虱在秧苗上传播水稻条纹叶枯病毒，建湖县在往年试验、示范的基础上，大力推广无纺布、尼绒窗纱覆盖秧池苗床，秧池覆盖面积达 60%，使移栽大田水稻条纹叶枯病株率控制在 1% 以下，取得了防虫断毒的良好效果。

1　防虫网应用背景

近年来传毒媒介灰飞虱呈上升趋势，水稻条纹叶枯病在江苏全省成为流行的水稻重大病害。建湖县由于稻田套播麦历史长，面积大，麦田灰飞虱和水稻条纹叶枯病是全省重发县之一。2005 年建湖麦田灰飞虱越冬代虫量平均 667m² 达 16.5 万头，第 1 代虫量平均 667m² 达304.4 万头；2006 年麦田越冬代虫量平均 667m² 达 19.2 万头，5 月上旬第 1 代卵孵化高峰期虫量平均 667m² 达 689 万头，麦田防治后加权平均 667m² 仍达 448.5 万头。水稻苗床 5 月 20日查见灰飞虱成虫，5 月 25 日迁入盛期，高峰期一直持续到 6 月 15 日，累计迁入秧田虫量达平均 667m² 达 2 897.8 万头；2007 年 3 月下旬，麦田越冬代灰飞虱平均 667m² 虫量达 19.48 万头，5 月上旬，第 1 代卵孵高峰期平均 667m² 虫量达 1 100.16 万头。5 月 17 日普查，麦田平均 667m² 虫量达 571.8 万头。5 月底 6 月初，第 1 代羽化高峰秧池田平均 667m² 虫量达 282 万头。5 月 30 日至 6 月 10 日，迁入秧田累计虫量 3 682.9 万头，测报灯下累计 40 157 头（2006年同期 11 063 头）。普查杂草平均 667m² 虫量达 4.8 万 ~72 万头。部分农户用窗纱缝制拖网捕虫，67m² 苗床一趟捕虫 0.75kg。

由于麦子枯黄前后，灰飞虱大量持续迁入秧田苗床，时间长达 20 多天。农民多次连续用药防治，虫量高峰期不少农民上午用药水喷雾，傍晚还要用敌敌畏拌毒土熏蒸，常常用药后 1h，平均 667m² 灰飞虱虫量又达 80 万 ~100 万头；感病品种连续多次防治后，病株率仍达10% ~20%，用药频率高，用药量增大，因而导致农民产生厌战情绪，既浪费人力、财力，又污染环境。在此背景下，建湖县植保站 2005 年开始引进防虫网覆盖苗床，2006 年和 2007 年进行大面积示范，推广应用。

2 苗床覆盖防虫网对秧苗素质的影响及其防病效果

2.1 防虫网的用法

覆盖无纺布：苗床揭膜后，每667m² 苗床用15% 多效唑13～15g 对水5kg 左右，均匀喷淋苗床，防止秧苗长高；并用40% 毒死蜱10ml 和5% 氟虫腈5ml 在罩网前和盖网后防治灰飞虱。然后选用1.7～2m 幅宽、13～13.5g/m² 的无纺布，留高25～30cm 置于苗床上方（预留秧苗生长空间），基部3～5cm 用泥土封严压实，防止钻入灰飞虱。

覆盖窗纱：在苗床四周用棍棒钉桩，用塑料绳或铁丝牵引搭架，高度30～50cm，将尼绒窗纱覆盖棚架，四周基部用泥土封严压实，防止灰飞虱钻入。盖网前后使用多效唑控制秧苗长高和用药防治灰飞虱。

2.2 防虫网对秧苗素质的影响

秧苗移栽前，选择同一农户或虽非同户但播期一致，苗床相邻的盖网与露地秧苗，随机取5～10点，每点拔8～10株，合计80～150株秧苗考察，并截取地上部分测鲜重和干物重（100℃烘考8h）。

结果表明：覆盖防虫网秧苗除单株分蘖稍低外，其余各项指标均高于露地秧。秧苗单株高度平均增加7.5cm，叶片增加0.57张，根数增加3.2条，鲜重增加0.11g，干物重增加0.05g。秧苗分蘖单株减少0.092个（表1）。

2.3 覆盖防虫网苗床温度变化

分别选择晴天和多云天气测量露地秧和无纺布覆盖苗床地面向上5cm 气温，晴天以上午8时到下午2时网内气温比露地高2～3.5℃，向后温差缩小，日均温高1.6℃；多云天气以上午10时以后温差增大，以下午2时温差最大，网内比网外高近2.5～3.2℃，日均温增加1.7℃（表2）。

表2　防虫网与露地秧苗床温度比较　　　　　　　　　　　　　　　（2007年，建湖）

温度（℃）处理	时间	8：00	10：00	12：00	14：00	16：00	18：00	20：00
晴天	气象站	22.1	24.8	26.7	27.6	27.2	25.8	23.6
	防虫网	26.5	29.6	32.5	29.2	27.9	26.8	25.8
	露地	24.6	26.1	29.4	28.5	27.1	26.3	25.1
多云	气象站	23.7	25.3	26.4	26.8	26.3	25.0	24.7
	防虫网	25.2	27.5	31.1	32.4	30.9	26.2	25.1
	露地	24.4	26.9	28.7	29.2	28.0	25.3	23.9

注：晴天6月17日，多云6月20日测量。

表 1 覆盖防虫网秧苗素质考察表

（2007 年，建湖）

采样日期	地点	户主	水稻品种	育秧方式	落谷期	秧龄(d)	防虫网复盖类型		秧苗株高(cm)	叶片数张	分蘖数枝	根条数	鲜重(g/株)	干重(g/株)	栽后10d条纹叶病		栽后20d条纹叶病	
							防虫网种类	高度 cm							病穴率 %	病株率 %	条纹叶病 病穴率 %	病株率 %
6月12日	蒋营乔庄	陈国海	武育粳3号	旱育秧	5月12日	32	尼绒窗纱	25	23.2	5.56	0.43	19.05	0.491	0.103	2.8	0.52	3.5	0.47
6月12日	蒋营乔庄	陈国海	武育粳3号	旱育秧	5月12日	32	露地秧		21.38	4.66	0.075	15.3	0.322	0.077	20.4	6.5	20.8	2.25
6月12日	蒋营乔庄	陈国海	扬幅粳8号	旱育秧	5月12日	32	露地秧		24.41	4.83	0.174	12.19	0.384	0.097	4.7	1.09	5.1	0.53
6月12日	建阳金桥	孙万山	扬幅粳8号	旱育秧	5月22日	25	无纺布	22	20.76	3.82	0	10.66	0.169	0.033	1.8	0.41	2.3	0.36
6月12日	建阳金桥	孙一龙	扬幅粳	旱育秧	5月22日	25	露地秧		16.85	4.24	0.041	10.93	0.163	0.036	13.2	2.5	14.5	2.18
6月12日	近湖裕丰	刘正扣	武育粳3号	旱育秧	5月20日	24	无纺布	25	22.51	5.45	0.83	16.25	0.44	0.083	2.1	0.5	3.0	0.7
6月15日	钟庄刘岑	魏晓兰	武连粳1号	旱育秧	5月11日	36	尼绒窗纱	27	32.43	5.48	0.157	16.6	0.65	0.306	3.2	0.67	3.8	0.76
6月15日	钟庄刘岑	朱桃仁	武运粳21	旱育秧	5月11日	36	尼绒窗纱	28	30.76	5.45	0.126	22.86	0.641	0.118	1.5	0.3	1.5	0.29
6月15日	钟庄刘岑	朱桃仁	武育粳3号	旱育秧	5月11日	36	露地秧		17.9	4.13	0.264	11.96	0.372	0.0792	13.4	2.5	17.5	4.5
6月15日	钟庄刘岑	朱桃仁	镇稻99	旱育秧	5月11日	36	露地秧		27.19	5.74	0.53	13.3	0.758	0.156	1.8	0.3	2.5	0.64
6月15日	钟庄刘岑	朱普仁	徐稻3号	旱育秧	5月11日	36	尼绒窗纱	26	25.18	5.07	0.053	18.47	0.303	0.124	2.1	1.16	2.5	0.38
6月24日	蒋营虹夏	刁金扣	武育粳3号	旱育秧	5月20日	36	露地秧		17.07	4.57	0.69	14.09	0.292	0.081	37.9	14.5	41	8.3
6月24日	蒋营虹夏	顾学周	武育粳3号	旱育秧	5月20日	36	尼绒窗纱	25	29.33	5.12	0.361	12.26	0.473	0.128	26.7	5.34	28.5	4.3

2.4　防病效果

秧苗撤网前，调查取样苗床条纹叶枯病病株，移栽大田后 10d、20d 跟踪调查水稻条纹叶枯病和黑条矮缩病发病情况。

对水稻条纹叶枯病的防效：苗床揭幕后，用药防治已迁入苗床灰飞虱，及时盖网的秧苗，苗床栽前基本无病害，防病效果达 95% ~ 100%；秧苗移栽后，发病显著轻于露地秧。典型农户蒋营镇乔庄村陈国海苗床，30d 秧龄武育粳 3 号覆盖尼绒窗纱，移栽前无病苗，对照露地秧拔秧前病株率 2.9%。盖网秧苗栽后 10d 病穴率 2.8%，病株率 0.52%；露地秧苗剔除病株后移栽，病穴率 20.4%，病株率 6.5%。盖网秧苗病穴，病株减轻 86.7% 和 92%。钟庄镇刘岑村朱桃仁武育粳 3 号露地 34d 秧龄，移栽前病株率 1.88%，剔除病株后栽插，大田病穴率 13.4%，病株率 2.5%；盖网苗床无病株，移栽大田后 10d 病穴率 1.5%，病株率 0.3%，减轻 88.8% 和 88%。秧苗移栽后 20d 调查，覆盖防虫网秧苗病穴率和病株率仍显著低于露地秧苗。

对黑条矮缩病的防效：秧苗移栽后 20d 调查，覆盖防虫网秧苗移栽大田，病株率都在 1% 以下，平均 0.93%，露地秧苗病穴率平均 8.01%，病株率 5.5%，盖网秧苗比露地秧苗减轻 83%。

2007 年水稻条纹叶枯病稳定期调查，全县加权平均病穴率 1.88%，病株率 0.67%。

需要说明的是，也有部分农户秧苗揭膜后未能及时盖网，麦收前灰飞虱大量涌入秧田时，已间隔 5 ~ 6d 才购网覆盖，这类秧田防病效果明显差于及时盖网的田，典型农户如颜单镇虹夏村的顾学周和邻居刁金扣秧田相邻，揭膜后 6d 盖网，灰飞虱已在秧苗上传毒，秧苗移栽前病株率 19.05%，邻居刁金扣一直未盖防虫网的秧苗病株率 40.4%。都剔除病株后移栽大田，10d 病株率分别为 5.34% 和 14.5%，移栽后 20d 条纹叶枯病病株率分别为 4.3% 和 8.3%，黑条矮缩病病株率分别为 1.2% 和 4.7%。

3　覆盖网的注意事项

3.1　覆盖防虫网盖网前和罩网后，务必要认真防治苗床灰飞虱，防止已迁入的灰飞虱滞留传毒。

3.2　覆盖防虫网要在揭开塑料薄膜后迅速盖网，尤其不能在灰飞虱大量传毒时才购网覆盖，以免影响防效。

3.3　盖网时要留足秧苗生长的空间，避免随着秧苗长高叶尖穿破而露出网外，被灰飞虱传毒。

3.4　无纺布要选购 13 ~ 13.5g/m^2，避免强度不够，容易破损，影响防效。

3.5　盖网前后使用多效唑控制秧苗长高。

直播稻田病虫草鼠害的药控技术

周　艳[1]，咸　阳[1]，谷爱娣[1]，郭林永[2]

（1. 江苏省建湖县建湖病虫测报站，224700；

2. 建湖县建阳镇农业技术推广服务中心，224751）

近几年来水稻直播栽培措施，由于其省工、节本，在建湖县不推而广，全县直播稻面积，2007 年 0.67 万 hm² 左右，2008 年上升到 1.33 万 hm² 左右，估计 2009 年还会继续上升。与原来的育苗移栽水稻相比：一是直播稻农田生态环境发生变化，前期田间无水层处于干湿状态，幼苗易发生立枯病、青枯病，旱田湿地杂草（如：雀稗、马唐、早熟禾、千金子、鳢肠、竹节菜、异型莎草）混生竞出，后期抽穗时气温下降，阵雨天气增多，穗颈瘟、稻曲病发生重；二是直播稻用种量大，基本苗密度偏高，后期群体大，加之无行间通风透光能力差，纹枯病上升快，发生重；三是直播稻播种，出苗迟，灰飞虱和由其传毒引起的条纹叶枯病均较轻；四是直播稻生育期迟，后期叶茂肉嫩，容易诱集第 4 代稻纵卷叶螟产卵为害，直播稻田是后期卷叶螟重点防治对象田；五是直播稻生育期短，科学化调促早发、促早齐穗是夺取高产的又一关键措施，同时化调促壮又可提高植株抗病、抗倒伏能力。掌握直播稻的生育特性，了解直播稻病虫草鼠害的发生特点，有利于全面控制其有害生物的猖獗为害，夺取直播稻的丰产丰收。

1　播种期鼠、雀害的预防

直播稻播种粗放，露籽多，容易遭受鼠、雀害，用 35% 稻拌成 DS（丁硫克百威）进行拌种，可有效驱避老鼠、麻雀的为害，具体方法为：按每 667m² 大田的用种量（3～4kg），浸过的稻种将水沥干，未浸的干种用少量水拌湿，然后加入稻拌成 20～30g（10g/袋），来回翻动，充分拌和，使红色药粉均匀附着在种子表面，放置 0.5h 后播种。

2　直播稻病害的预防

2.1　苗期病害的预防

直播稻幼苗期处于干湿状态，容易发生立枯病、青枯病，用 3.5% 秧病灵 WP（咪鲜·甲霜灵）进行拌种可加以预防，同时可预防未用咪鲜胺浸种的干籽播种发生的恶苗病，具体方法为：在落谷前，将干种用少量水拌湿或浸过的稻种沥干，每 3～4kg 稻种（约 667m² 大田的用种量）用秧病灵 30g（30g/袋）掺拌均匀，便可播种，可与驱避鼠、雀害的稻拌成一起进行拌种。预防直播稻苗稻瘟，在水稻 3 叶期，每 667m² 用 75% 三环唑 WP30g，对水 30kg 均匀喷雾。

2.2　直播稻纹枯病的防治

直播稻田纹枯病查见较移栽田稍迟，但上升快，最终为害重。建湖县直播稻一般在 6 月

10~15 日播种，7 月 10 日左右纹枯病普遍查见，7 月底开始急速扩展，到 8 月 20 日左右直播稻田每年都会出现不同程度的"冒穿"，进入 9 月份气温下降后，移栽稻田纹枯病基本得到遏制，但直播稻田仍在扩展蔓延。针对直播稻田纹枯病的发生特点，防治上，前期见病后应及早控，急速上升期要重治，后期坚持防治，不能放松。7 月下旬防治，建议每 667m² 直播稻田，用 20% 井冈霉素 SP75g，对水 45~50kg 粗喷雾；8 月上、中旬防治，建议每 667m² 直播稻田，用 30% 爱苗 EC（苯醚甲环唑·丙环唑）20ml，对水 45kg 均匀喷雾，喷杆要压低，水稻植株中、下部病斑上都要喷到药液，爱苗抑制纹枯病蔓延扩展的效果优于井冈霉素；8 月下旬至 9 月上旬防治，建议每 667m² 直播稻田，用 20% 井冈霉素 SP100g，对足 50~60kg 水均匀喷雾，水稻植株上、中、下均要喷透。

2.3 直播稻穗颈瘟、稻曲病的预防

直播稻生育期迟，破口扬花期气温已经下降，且多阵雨天气，气候条件比移栽稻有利于穗颈瘟、稻曲病的流行，加之目前种植的粳稻多为易感病品种，因此特别注意穗颈瘟的预防。在穗颈瘟的防治上，一要适时，要改变过去移栽稻在破口期用一遍药的习惯，近几年穗颈瘟有加重的趋势，严重的田块病穗率超过 50%，直播稻穗颈瘟的防治，首遍药不能迟，建议在破口前 7~10d，与稻曲病的预防用药同步进行，第二遍药在破口期，第三遍药在齐穗期；二要足量，预防药剂常用三环唑 WP，市场上三环唑的含量和规格一般为 75% WP20g 袋装，20% WP75g 袋装，建议每 667m² 用 75% 三环唑 WP30g 或 20% 三环唑 WP100g。三环唑对稻瘟病没有治疗效果，一经见病，建议立即改用 40% 稻瘟灵 EC 防治，每 667m² 用商品量 80~100ml。在稻曲病的预防上，掌握在破口前 7~10d 用药，用 30% 爱苗 EC（苯醚甲环唑·丙环唑），按每 667m² 用商品量 20ml，对水 45kg 均匀喷雾进行预防，在破口期每 667m² 用 37% 纹曲必克 SP（井·腊芽）80g，对水 45kg 再预防一次。

3 直播稻田草害的防除

直播稻田有 2~3 个出草高峰，极易形成草荒。要根据杂草发生特点，选用适宜的除草剂，抓住适期用药，搞好"一封、二杀、三补"。田间平整、沟系畅通是化除安全高效的必备保证。

3.1 "一封"

"一封"是播后苗前的土壤封闭处理。直播稻田除草关键在于封，封得好，事半功倍，一封了之，节本又省心；封不好，错过适期，草龄大，防除成本高，效果差，甚至出现草荒。具体措施为：

3.1.1 旱直播田

整平田面，将未催芽的稻种播后盖浅土，灌水窨足（一般浸泡一夜），然后迅速排水落干，每 667m² 用 60% 福农 EC（丁·恶）100ml 或 40% 民生 EC（丁·恶）150ml，对水 45kg 均匀喷雾。注意"不能催芽；无露籽；药后田面不能有积水；遇雨即时排干"。

3.1.2 水直播田

整平田面，将已催芽的稻种落谷后踏盖泥浆，使田面吹干无积水时，播后 2~4d 内，每 667m² 用 40% 直播净 WP（苄·丙草）70~80g 或 30% 亮镰 WP（苄·丙草）100~120g，对水

30kg 均匀喷雾。注意"必须催芽，使幼根具有吸收（安全剂）能力的前提下才能用药；影响幼根吸收（安全剂）的环境条件下不能用药，如沿海盐碱土盐分较重的地域、用盐分含量较高的水源灌溉的田块；影响幼根吸收（安全剂）的气候条件下也不能用药，如骤烈的降温天气、低温霜冻天气；喷施不重复；药后墒沟灌平板水，保湿 3～4d；遇雨迅速排干田水；田水不能灌入水生作物田"。

3.2 "二杀"

"二杀"是在水层建立并稳定后，防除土壤封闭后仍残存的大龄杂草，兼顾控制第二个出草高峰。播种后土壤封闭除草效果不理想的田块，可在秧苗 3 叶期进行补治，方法为：秧苗 3 叶期排干田水，次日每 667m² 用 25% 稻农乐 WP（二氯·苄）60g 或 36% 禾业（苄·二氯）WP56g，对水 40kg 均匀喷雾，药后 1d 上 3～4cm 水层。注意"已用过多效唑和准备用多效唑的秧苗不能使用含二氯喹啉酸成分的除草剂，否则秧苗易形成葱管叶；田水不能排到水生作物田"。

3.3 "三补"

"三补"是在"一封"、"二杀"后，田间仍有一些恶性杂草发生时，采取挑治的方法来扫除残草。这时往往是一些大龄的千金子、雀稗等禾本科杂草，仅为稗草可用 2.5% 稻杰 OD（五氟磺草胺）防除；如有千金子可用 10% 千金 EC（氰氟草酯）防除。具体用量视草龄而定，每 667m² 直播田，如防除稗草，草龄在 3～5 叶期，稻杰用 60～80ml，草龄在 7～9 叶期，稻杰用 100ml；如防除千金子，草龄在 4～5 叶期，千金用 70～80ml，草龄在 7～9 叶期，千金用 120ml。每 667m² 用药量对水量要少，一般在 15～20kg，用小孔喷片细雾滴喷雾。注意"千金、稻杰都要求单用；施药前排干田水，让杂草茎叶充分接受药液"。如田间出草迟的野荸荠、三棱草等莎草科杂草较多，可在水稻 4 叶期后拔节前放水搁田时，用灭草松加二甲四氯混合喷雾防除，一般每 667m² 直播稻田，用 50% 灭草松 AS150ml 加 20% 二甲四氯 AS150～200ml，对水 30～40kg 均匀喷雾。注意"喷药前要排干水，药后至少 1～2d 再上水以确保防效；在水稻扬花期不能使用二甲四氯，否则易产生药害。"

4 直播稻虫害的防治

直播稻由于播种迟，前期第 2 代灰飞虱发生较移栽田轻，后期稻飞虱的发生与移栽田也没有什么异样，值得提醒的是后期稻纵卷叶螟（主要是第 4 代）的防治。由于移栽稻田在抽穗扬花后灌浆期，叶片老健，卷叶螟很少趋之为害，此时卷叶螟大部分到叶片较嫩的直播稻田产卵为害，因此直播稻田是第 4 代稻纵卷叶螟重点防治对象田。生产上选择速效性与长效性相结合的复配剂或混配剂防治，效果更佳，建议每 667m² 用 25% 阿维·毒 EC120ml 或 20% 氟铃·辛 EC120ml 或 31% 三拂 ME（氟虫腈·三唑磷）100ml 或 48% 毒死蜱 EC80ml 加 5% 凯强 WG（甲维盐）6g，对水 45～50kg 于卵孵高峰期均匀喷雾，提倡添加有机硅助剂，增强药液在水稻叶片上的展布性。

5 直播稻的生长调节

直播稻，生育期相对较短，前期由于除草剂的使用僵蹲不发，根系少、生长缓慢，后期气温降低，影响抽穗、灌浆，解决这些难题，关键在于前期促早发根、促早分蘖，中期促幼穗早发化，后期促早齐穗。直播稻群体偏旺，个体偏弱，抗逆性差，容易诱发病害，灌浆后有风雨容易倒伏，解决这些难题，关键在于促壮控旺。使用"稻如意"（一种新型植物营养调节剂）可化解上述这些不足，稻如意不仅有针对水稻需求特点所含的各种微量元素，同时还含有有机活力素成分，促壮抗逆，其内含两种生长调节剂"复硝酚钠"、"萘乙酸钠"，有利于促生根、促分蘖，提高抽穗整齐度。在直播稻立针期、分蘖初期和孕穗期各用一次，每次每 $667m^2$ 使用 100ml，可与防治灰飞虱、卷叶螟、褐飞虱的杀虫剂混用。

直播稻田杂草发生规律及其
综合治理措施

冯亚军，张开朗，于长涛，张成芝，蒋玉标

（江苏省建湖县上冈病虫测报站，224700）

近年来，直播稻栽培技术在建湖县不推自广，直播稻田种植面积不断扩大，产量水平越来越高，除了栽培技术不断完善之外，很重要的一点，就是研究了直播稻田杂草的发生和为害规律，建立了化学防治为主，协调各种农艺除草措施为基础的直播稻田杂草综合治理体系，较成功地对杂草进行了综合治理。

1 直播稻田杂草发生规律

1.1 数量大，种类多

直播稻按栽培方式分为水直播和旱直播两类，不同类型的直播田杂草发生情况有差异，主要取决于土壤中杂草种子数量及土壤水分、温度等因素。水直播稻田水分管理干干湿湿，前期以湿润为主，有利于湿生、沼生杂草发生，中后期建立水层，有利于浅水生、水生杂草发生，本地优势杂草种类为稗草、千金子、双穗雀稗、鸭舌草、节节菜、水苋菜、鳢肠、异型莎草、日照飘拂草等，据初步调查，建湖县水直播稻田杂草共有 16 科 37 属 44 种，一般田块有杂草 450 ~ 720 株/m²。旱直播稻田杂草种类较多，兼有湿性杂草和旱田杂草，除有上述水直播稻田优势草种外，还有马唐、铁苋菜、水花生等旱田杂草，其中马唐和碎米莎草发生较多。

1.2 直播稻田杂草的消长动态

水直播稻田杂草有多个出草高峰，水稻播后 5 ~ 7d，出现第一个出草高峰，以稗草、千金子、鳢肠为主；播后 15 ~ 20d，出现第二个出草高峰，主要是异型沙草、陌上菜、节节菜、鸭舌草等莎草科和阔叶类杂草；播后 20 ~ 30d 部分田块出现第三个出草高峰，以萤蔺、水莎草为主，还有少数阔叶草。而旱直播稻田杂草种类比水直播稻田多、兼有湿性杂草和旱田杂草。直播稻田，播种后 5 ~ 7d，土表杂草种子开始大量萌发；播后 10 ~ 15d，杂草进入萌发高峰期，也是重点防除时期；播种后 20 ~ 25d，残留在土壤深层的杂草种子萌发出土，发生量很少，此时水稻群体长势正强，杂草生长处于劣势，一般不构成为害。经过多年的观察发现，单子叶杂草比双子叶杂草萌发得快，其中以稗草萌发出苗最快，千金子其次，稗草及千金子在播后 5 ~ 7d 完成了第一个出草高峰，而双子叶杂草水苋、鳢肠等第一个出草高峰为播后 7 ~ 10d，播后 25d 为第二个出草高峰。第二个出草高峰双子叶杂草占总草量的 70% 以上，而单子叶杂草的第二个出草高峰同第一个出草高峰的出草量相当。

2 直播稻田杂草与水稻的竞争

2.1 直播稻杂草群体的发展速度

在直播稻这种稻作方式之下，杂草较水稻具有了较早的萌发条件，加上杂草的本身生长速度快于水稻，使得杂草群体的发展速度明显快于水稻群体的发展。在稻苗 3 叶期调查有苗 171 株/m²，而杂草 801 株/m²，杂草密度是水稻密度的 4.7 倍；稻苗的鲜重为 34.2g/m²，而杂草鲜重达 179.1g/m²，是稻苗鲜重的 5.3 倍。稻苗 3 叶期时，稗草处于 5 叶期，比水稻生长快 2 个叶龄。稻苗 3 叶期的盖度为 5%，而杂草的盖度已达到 50%，按照江苏省农田危害目测分级标准已达到Ⅲ级为害，形成了草欺苗的局面。

2.2 直播稻田杂草对水稻的为害作用

直播稻田杂草数量多，来势猛，且水稻生育初期对杂草的自然竞争能力差，很容易形成草欺苗，进而发展为草压苗的现象。危害作用首先表现在稻苗 3~4 叶期的生长受到抑制，降低了稻苗的素质，进而影响稻苗低节位分蘖的生长，使成穗减少，直播稻生产的关键在于要利用低节位分蘖成穗才能取得高产，如果直播稻生产的起点没有搞好，则注定要失败。其次，杂草同稻苗争夺肥、水、光照、空间，恶化了水稻群体的质量，加剧了纹枯病等病害的发生，造成每穗粒数、千粒重大幅度下降，减产相当明显。

3 直播稻田杂草的综合治理

治理直播稻田杂草是一个复杂的系统工程。它包括杂草的预防及杂草控制两个方面。防治直播稻田杂草必须坚持"预防为主，综合防治"的防治策略，预防就是防止杂草出苗，综合防治的主要内容是协调好系统内水稻栽培、肥水运筹、耕作、防草等方面的关系，以高产栽培为目的，建立起一个以化学除草为主的高效、节本、安全的系列配套除草体系。

3.1 协调农艺措施

3.1.1 种子处理

种子精选后不但提高发芽率，提高田间的出苗整齐度，为适时化除打下物质基础，而且能去掉混在其中的杂草种子。一般稻种有 1% 左右的杂草种子，通过筛选可有效切断稗草，千金子等杂草的扩散途径。

3.1.2 提高整地质量

水直播稻一般麦后或油后整地播种，季节较紧，因此抢腾茬、抢整地显得十分重要。一般在前茬机收后采用以旋代耕或以耙代耕的方式进行旱整，然后上水细整，达到每块田高低不超过 3cm。田间播前平整度直接影响到水稻出苗率，进而影响到化学除草措施能否及时贯彻及以后的安全性及除草的效果。

3.1.3 栽培措施及肥水运筹

直播稻幼苗期的栽培措施要尽量在田间创造一个理想的化除环境。水直播稻成苗技术中的药剂浸种、露白播种、混水盖谷、串心沟及围沟的开挖，一方面满足了水稻快速立苗的需要，另一方面缩短了水稻与杂草萌发的时间差，尽量使水稻与杂草同步生长，为及时化除创造时间，为提高化除效果创造条件。一叶一心至够苗前要以浅水层灌溉为主，这样可以延长除草剂的残效，起到"药杀水助"的作用，中后期搁田复水之后，要以水层灌溉为主，这样可以在一定程度上抑制第二个出草高峰期的出现，达到以水压草的目的。在肥料运筹上要施足基肥，早施分蘖肥，使水稻群体迅速扩大，增加水稻稻苗自然抗草能力。

3.2 化学除草技术体系的建立

直播稻田杂草化除的总原则是"一封、二杀、三补"。其基本点是防止杂草出苗。

3.2.1 "一封"

"一封"是播后苗前土壤封闭处理，这是直播稻田除草最为关键的一步。应选择杀草谱广，土壤封闭效果好的除草剂来全力控制第一个出草高峰期杂草的发生，否则会增加以后除草的压力。适合在直播稻播后苗前进行土壤封闭处理的除草剂品种很多，其中，有的主要针对千金子、稗草等禾本科杂草，如丙草胺、丁草胺、恶草酮、二甲戊灵（施田补）、异丙隆等；有的主要针对阔叶杂草和莎草，如苄嘧磺隆、吡嘧磺隆等。生产上宜将杂草谱不同的除草剂合理混用，以扩大杂草谱，全面防除田间各种杂草，或者直接使用由不同除草剂混配而成的复配制，如直播净（丙·苄）、新野（丁·恶草）、速除（苄·丙·异丙）等。

1) 旱直播稻田，一般在播种、盖籽后上齐苗水，水自然落干后立即喷药化除，适用除草剂有二甲戊灵、丁·恶乳油等；浸种催芽后播种的，水落干后可施用30%千重浪乳油（丙草胺）、40%直播净可湿性粉剂（苄丙草）等含丙草胺的除草剂。用药时和用药后5~7d内田面保持湿润，但不能有积水，喷药后遇雨及时排水，防止药害，影响水稻出苗和生长。

2) 水直播稻田，在播种后3~4d用药，适用除草剂有千重浪、30%扫氟特乳油（丙草胺）、60%新马歇特乳油（丁草胺）、苄嘧磺隆等。

同时值得注意的是播种时尽量减少露籽，以免影响出苗率。露籽多的田块可以选用安全剂含量较高的千重浪与苄嘧磺隆混合喷雾。施用含丙草胺的除草剂时，要求稻种的种子根已长出，有吸收功能。施用含恶草酮、二甲戊灵的除草剂时，不能播种芽谷，否则会严重影响出苗率。

3.2.2 根据草相"二杀"

"二杀"是在水层建立并稳定后，防除第一次化除后仍残存的大龄杂草，兼顾第二个出草高峰的杂草控制。应根据草相选择既有茎叶处理效果，又有土壤封闭作用的除草剂，适用的除草剂有二氯·苄等。如果田间千金子、大龄稗草较多，应选用千金乳油（氰氟草酯）进行茎叶处理（1周内不能施用苄嘧磺隆等磺酰脲类除草剂和二甲四氯除草剂）；如果田间没有千金子，而大龄稗草等杂草较多，可以选用2.5%稻杰（五氟磺草胺）等除草剂进行茎叶处理。第一次封闭处理效果好的，可以继续选用丙草胺、丁草胺、苄嘧磺隆、吡嘧磺隆等除草剂进行土壤封闭，控制第二个出草高峰期杂草的发生。野荸荠等莎草科杂草较多的田块，宜选用吡嘧磺隆等除草剂。

3.2.3 最后挑治扫残进行"三补"

"三补"是在"一封"、"二杀"后，田间仍有一些恶性杂草发生时，采取挑治的方法扫除残草。这时草龄往往较大，特别是对大龄的千金子，稗草等禾本科杂草，适用的高效又安全的除草剂较少，用药剂量也应适当加大。防除千金子可以选用千金乳油，百除（10%精恶禾·氰氟乳油）等；防除阔叶杂草和莎草可以选用使它隆（氯氟吡氧乙酸）、唑草酮（快灭灵）、灭草松等。防除野荸荠等莎草科杂草可以选用快灭灵或灭草松与二甲四氯混合喷雾。同时值得注意的是二甲四氯必须在水稻 4 叶期至拔节前使用，而且用量不能大，否则容易产生药害。

    总之，掌握好草龄，适时用药，正确选用化除配方并和农艺措施紧密配合，因地制宜建成直播稻田的化除技术体系，就能解决好直播稻田的"草难除"问题。

2007 年稻纵卷叶螟大发生原因及药剂防治实践

丁　栋，陈洪新，韩伟斌

（江苏省响水县植保植检站，224600）

响水县地处淮河下游，东濒黄海，属淮北沿海中粳稻区。稻纵卷叶螟是本地水稻重要的迁飞性害虫之一，近年来，由于诸多有利因素的影响，第五（3）代、第六（4）代稻纵卷叶螟连续大发生为害的频率显著增加，现浅谈 2007 年本地稻纵卷叶螟大发生原因及药剂防治实践。

1　大发生原因

1.1　第四（2）代迁入早

常年本地第四（2）代为迁入波及区，迁入蛾量少，发生为害轻，幼虫在水稻分蘖、拔节期危害。2007 年，灯下诱测第四（2）代 6 月 27 日始见，早于常年，6 月下旬末至 7 月上旬初有一迁入小峰，田间有少量虫卵量，7 月 17 日调查，平均百穴虫苞 3.8 个，百穴幼虫 1.7 头，轻发，但重于常年。

1.2　第五（3）代迁入量大，加之第四（2）代本地虫源的羽化，内外虫源汇合，导致第五（3）代特大发生

常年本地第五（3）代为迁入主降区，多数年份是主发世代，幼虫在水稻拔节孕穗至抽穗期危害。2007 年，田间系统赶蛾观察，7 月 26～28 日进入第五（3）代迁入始盛期，加之第四（2）代为早迁年份，田间残虫多于常年，第四（2）代本地虫源的发蛾期与第五（3）代异地虫源的主迁期基本吻合，7 月 31 日至 8 月 4 日第五（3）代田间蛾量高发，日均 $667m^2$ 蛾量为 705 头，8 月 6～9 日田间蛾量回落，日均 $667m^2$ 蛾量为 42 头，8 月中旬田间蛾量极少。8 月 14 日调查，自然虫情田，平均百穴虫苞 1 636.8 个，百穴幼虫 948.4 头，第五（3）代达特大发生。

1.3　第六（4）代田间蛾量大，自然发生程度达大发生

常年第六（4）代蛾源基本上由本地第五（3）代繁殖而来，幼虫在水稻穗期为害。2007年，因第五（3）代田间残虫量高，给第六（4）代的大发生奠定了本地的虫源基数。第六（4）代蛾量持续偏高，田间系统赶蛾观察，8 月 21 日蛾量明显突增，每 $667m^2$ 蛾量为 600 头，8 月 26 日至 9 月 3 日进入发蛾高峰期，日均 $667m^2$ 蛾量 1 240 头，9 月 5～15 日蛾量明显回落，日均 $667m^2$ 蛾量 150 头。9 月 17 日调查自然虫情田，平均百穴虫苞 169.5 个，百穴幼虫 117.3 头。

1.4　气候条件有利

稻纵卷叶螟生长发育需求的适宜温度为 22 ~ 28℃，阴雨多湿有利发生。2007 年，7 月、8 月和 9 月气温分别为 25.3℃、27.0℃和 22.0℃，7 月降水量 347.3mm，较常年多 115.4mm，8 月降水量 174.7mm，较常年少 7.9mm，9 月降水量 240mm，较常年多 151.2mm，总降水量明显多于常年同期，适温阴雨多湿的气候条件，十分有利于稻纵卷叶螟的繁殖和初孵幼虫的成活。

1.5　食料条件适宜

2007 年，本地种植的水稻品种较多，播栽方式多样，由过去的移栽稻为主，逐步演变为移栽、机插、抛秧和直播并存，特别是直播稻，种植面积近 50%，由于播种迟，播种量大，氮肥施用水平高，导致水稻生育期偏晚，群体偏大，长势偏嫩，十分有利于稻纵卷叶螟第五 (3) 代、第六 (4) 代的连续重发和为害。

1.6　农药市场比较混乱，使用农药不对路，防治效果不好

目前农药市场经营渠道多，销售点多，经营人员多，假劣品种多，加之部分不法商广告宣传过分夸大，农民容易上当，导致防效下降。

1.7　部分农户对稻纵卷叶螟适期主动防治的意识不强

稻纵卷叶螟适期用药的时间在初孵至 1 龄幼虫期，由于 1 龄幼虫不卷叶，往往不能引起农户的注意，从而错过防治适期，等到卷叶大量出现才开始用药，既造成了为害，防治效果又差。

2　药剂防治实践

2.1　明确主攻代次

常年本地稻纵卷叶螟第四 (2) 代迁入少，发生轻，不需要单独防治，第五 (3) 代是主迁代，加之本地第四 (2) 代虫源的羽化，第五 (3) 代田间蛾、卵量高，幼虫多，为害重，为主害代。20 世纪 90 年代中期前，本地推广的主要是杂交稻，播栽方式主要是移栽，水稻生育期偏早，食料的不适宜使得第六 (4) 代成虫多为"迁出型"，一般年份第六 (4) 代为害轻；20 世纪 90 年代中后期，本地逐渐形成了粳稻化的种植制度，而且播栽方式趋向多样化，水稻生育期明显推迟，植株生长旺盛，叶片嫩绿，食料优越，使第六 (4) 代成虫多表现为"滞留型"，第六 (4) 代也由原来的次害代上升为主害代。第五 (3) 代、第六 (4) 代成为本地的主攻代次。

2.2　抓住防治适期

2007 年，我们采取了"治早治小增次狠治"的防治对策，取得了显著的治虫控害效果，大面积治虫、保叶效果在 95% 以上。关键是要抓住初孵幼虫始盛期用好第一次药，初孵幼虫高峰期用好第二次药，对第五 (3) 代，我们在 8 月 1 ~ 2 日和 8 月 6 ~ 8 日安排两次用药，对

第六（4）代，我们在 8 月 25～27 日和 9 月 2～4 日安排两次用药，部分生育期偏晚的直播稻田，在 9 月 10～12 日安排了第三次用药。同时，我们推荐的用药量是常规推荐用量的 1.2 倍。

2.3 科学选用药剂

2007 年我们主要推广了毒死蜱加杀虫单复配剂、阿维菌素加毒死蜱复配剂及毒死蜱单剂，防治效果十分显著。对第五（3）代，我们安排了药效试验，试验于 8 月 1 日和 8 月 7 日两次用药，每 667m^2 对水量 50kg，采用手动喷雾器喷雾，试验结果：8 月 14 日调查，未用药对照区，百穴虫苞 1 406.7 个，百穴虫量 746.7 头，而每 667m^2 用 25% 毒·杀单 WP120g（江苏丰山集团产），百穴虫苞 29 个，百穴虫量 12 头，保叶效果 97.9%，治虫效果 98.4%；每 667m^2 用 25% 阿维·毒 EC100ml（江苏克胜集团产），百穴虫苞 15 个，百穴虫量 8 头，保叶效果 98.9%，治虫效果 98.9%；每 667m^2 用 40.7% 同一顺（毒死蜱）EC100ml（江苏红太阳集团产），百穴虫苞 33 个，百穴虫量 14 头，保叶效果 97.7%，治虫效果 98.1%。

2.4 提高施药质量

一要喷药均匀周到，不可漏喷。二要喷足水量，每 667m^2 用水量 50～60kg。三要喷细雾。四要待露水干后用药。五要药后保 3～5cm 水层 4～5d。

淮北沿海褐飞虱重发原因
及防治对策

陈洪新，韩伟斌，张步怀，魏栋梁

（江苏省响水县植保植检站，224600）

响水县地处淮河下游，东濒黄海，属淮北沿海中粳稻区。褐飞虱是本地水稻重要的迁飞性害虫之一，20 世纪 80 年代，大发生频率达 50%，90 年代，仅 1991 年特大发生，1992 年、1997 年和 1998 年中等至偏重发生，其他年份偏轻，以第六（3）代为主害代。本世纪以来，前期发生较轻，但自 2005 年起，连续 3 年大发生，特别是 2006 年达特大发生，且第七（4）代上升为主要为害世代，对水稻生产威胁极大，已成为水稻后期不可忽视的主要害虫。现将本地 2005 ~ 2007 年褐飞虱重发原因及防治对策探讨如下：

1 重发原因

1.1 第四（1）代褐飞虱迁入早，本地虫源基数积累多

据诱虫灯观察，常年本地第四（1）代始见期在 7 月上旬，迁入峰早的年份在 7 月上旬，迟的年份在 7 月中旬末，一般年份在 7 月上旬末至 7 月 15 日左右。2005 ~ 2007 年，第四（1）代始见期分别出现在 6 月 26 日、6 月 25 日和 7 月 1 日，迁入峰分别出现在 6 月 26 ~ 27 日、7 月 4 日和 7 月 2 日，峰期虫量分别为 6 头、7 头和 12 头。第四（1）代始见期、迁入峰比常年早 10d 左右，使得第五（2）代、第六（3）代发生期提前，十分有利于本地基数的积累，8 月下旬调查第六（3）代田间平均百穴虫量分别为 73 头、186 头和 8.5 头，奠定了第七（4）代大发生的虫量基础。同时，由于第七（4）代虫量上升早，上升快，为害期提前，为害时间拉长，第七（4）代发生为害程度重，9 月下旬调查未防治田平均百穴虫量分别为 5 433.4 头、22 164.3 头和 2 859.6 头，3 年均出现了不同程度的冒穿田块。

1.2 第五（2）代、第六（3）代褐飞虱补充迁入量大

据诱虫灯观察，2005 年，第五（2）代在 7 月 30 ~ 31 日出现 1 个迁入峰，峰期虫量 7 头；2006 年，第五（2）代在 8 月 13 ~ 14 日出现 1 个迁入峰，峰期虫量 44 头，第六（3）代在 8 月 26 ~ 29 日和 9 月 3 ~ 5 日连续出现 2 个大的迁入峰，峰期虫量分别为 8 606 头和 318 头；2007 年，第五（2）代在 7 月 26 日和 8 月 16 日分别出现 1 头和 3 头。第五（2）代的补充迁入，有利于第六（3）代本地基数的积累，第六（3）代的补充迁入，与本地虫源汇合，加重了第七（4）代褐飞虱的发生为害程度。

1.3 气候适宜褐飞虱的迁入、繁殖和为害

2005 ~ 2007 年，6 月下旬至 7 月上旬梅雨期间，雨日多，雨量大，总雨日分别为 10d、

12d 和 10d，较常年分别多 2d、4d 和 6d，总雨量分别为 169.3mm、244.1mm 和 341.7mm，较常年分别多 59.1mm、133.9mm 和 231.5mm，十分有利于第四（1）代褐飞虱的迁入。7 月中旬至 8 月中旬盛夏期间不热，日平均温度分别为 26.4℃、26.7℃ 和 26.6℃，较常年分别低 0.5℃、0.2℃ 和 0.3℃，十分有利于第五（2）代和第六（3）代褐飞虱本地基数的积累，加之连续遇上暖秋年份，2005 年 9 月中旬气温 23.2℃，较常年高 1.5℃，2006 年 9 月下旬至 10 月中旬旬温度分别为 20.3℃、20℃ 和 20.1℃，较常年分别高 0.3℃、1.7℃ 和 3.7℃，2007 年 9 月下旬和 10 月上旬旬温度分别为 21.9℃ 和 20.3℃，较常年分别高 1.9℃ 和 2.0℃，从而促成了第七（4）代褐飞虱的大发生。

1.4 食料适宜褐飞虱的发生和为害

一是品种的粳稻化，水稻生育期拉长。20 世纪 80 年代，响水县大面积种植杂交籼稻，90 年代后，大面积扩粳压籼，至 90 年代末，形成了以常规粳稻为主的种植格局。二是播栽方式的直播化，水稻生育期推迟。近年来，直播稻栽培技术在响水县不推自广，发展势头迅猛，2005 年仅小面积试种，2006 年约 0.27 万 hm²，2007 年约 1 万 hm²，2008 年约 1.6 万 hm²，约占水稻种植面积的 70%。粳稻化和直播化导致水稻成熟期明显推迟，非常适宜第七（4）代褐飞虱的发生和为害。

1.5 褐飞虱对吡虫啉类农药抗性上升

本地使用吡虫啉类药剂防治褐飞虱已有 10 多年历史，单一的长期的使用一种药剂必然会产生抗性，据南京农业大学测定，褐飞虱对吡虫啉类农药已产生了高抗，然而目前市场上仍有一部分经销商在推销、农户在使用吡虫啉类农药防治褐飞虱，导致防治效果下降。

1.6 第七（4）代褐飞虱防治不力

由于第七（4）代褐飞虱初孵若虫盛期（防治适期）在 9 月中旬，此时水稻已进入灌浆期，常年本地水稻最后一次用药时间在破口抽穗期，齐穗后很少用药，农民没有防治的习惯，对水稻后期褐飞虱为害的严重性认识不足，思想麻痹，主动防治的意识不强，有的农户适期没有用药，直到出现"冒穿"才用药，有的农户使用药剂不对路，防治效果不好。

2 防治对策

2.1 加强虫情监测

病虫测报是治虫控害的基础，要抓好褐飞虱的防治工作，虫情监测与预报工作的准确性、时效性十分重要。一要加强系统监测。通过灯诱、查虫、查卵等方式，系统掌握褐飞虱迁入、繁殖和发展动态，力求虫情及时、准确、可靠。二要扩大普查范围，增加普查频次，全面掌握虫情。

2.2 防治策略科学

由于近年来第七（4）代褐飞虱的连续大发生，第七（4）代褐飞虱的防治工作显得十分重要，为了有效控制水稻后期第七（4）代褐飞虱的大发生，压低水稻中前期褐飞虱的发生基数是主动之策，所以必须坚持"治二压三控四"的防治策略。

2.3 更换药剂品种

暂停使用吡虫啉类药剂防治褐飞虱，坚持速效与持效相结合，大力推广毒死蜱、噻嗪酮等杀虫剂混用技术，努力提高防治效果，延缓害虫抗性产生。近两年，我们采取每 $667m^2$ 用 40.7% 毒死蜱 EC100ml 加 25% 噻嗪酮 WP50g，对褐飞虱的防治效果达 95% 以上。

2.4 抓住用药适期

首次用药应掌握在褐飞虱卵孵化高峰期进行，充分发挥药剂的速效和持效的控制作用，首次用药后 10d 视虫情轻重考虑是否安排第二次用药。

2.5 注意施药方法

第七（4）代褐飞虱发生期水稻已进入生长后期，田间群体较大，褐飞虱主要集中在植株中下部活动，施药时，无论是采用手动喷雾还是机动弥雾机弥雾都必须注意用足药量和水量，保证植株上下喷匀喷透。用药前要上足水，用药后要保持水层 3d 以上，确保防治效果。

2.6 强化抗性监测

褐飞虱对吡虫啉极高的抗药性并不是突然产生的，只是过去没有注重这方面的工作，目前，毒死蜱、噻嗪酮、氟虫腈等褐飞虱防治药剂的大量使用，其抗性发展趋势如何，必须高度重视，强化害虫抗药性监测工作，及时发现和治理抗性问题。

直播稻主要病虫发生特点
及防治对策思考

韩伟斌，丁　栋，魏栋梁，张步怀，蔡苏进

（江苏省响水县植保植检站，224600）

近 3 年来，响水县水稻栽培方式发生了根本性的变化，由传统的人工育秧移栽向机插秧、抛秧、直播稻转变，而且直播水稻面积不断扩大，2006 年为 0.23 万 hm²，占水稻总面积的 10.8%，2007 年为 0.97 万 hm²，占水稻总面积的 42.6%，2008 年为 1.6 万 hm²，占水稻总面积的 70.5%。随着水稻栽培方式的变革，水稻病虫发生特点也发生了明显的变化，为了摸清直播水稻主要病虫发生特点，科学制定防治策略，我们在近 3 年中进行了认真调查研究，初步掌握了直播水稻主要病虫发生特点，并制定了防治对策，进行了大面积推广应用，取得了显著的效果。

1　主要病虫发生特点

1.1　纹枯病

发生期较迟，只有一个发病高峰，发病程度轻于移栽稻。

据 2006～2008 年调查资料分析，直播稻纹枯病发生期较移栽稻迟 9～23d，平均 16d；直播稻发病高峰只有一个，在 8 月底至 9 月初，而移栽稻一般年份有两个发病高峰，即 8 月上旬水平扩展高峰期和 8 月下旬末垂直扩展高峰期；直播稻最终病株率为 12.9%～21.4%，平均 16.33%，病指 4.72～16.7，平均 9.25，发生程度为中等偏轻发生，移栽稻最终病株率为 31%～39.4%，平均 36.17%，病指 18.3～32.61，平均 23.93，发生程度为中等至中等偏重。

其主要原因是直播稻播种期较移栽稻迟 20～30d，前期苗小而稀、空间大、荫蔽度低，通风透光条件好，不利纹枯病发生，因而见病迟、发生轻；后期由于肥水条件好，氮素水平高，较适宜纹枯病发生，出现一个发病高峰。但是也有个别直播稻田，播种密度过大，田间局部通风透光差，温湿度波动大，田间发病不平衡性大，易形成发病中心，严重度高。移栽稻植株高大，田间荫蔽，湿度相对较高，较适宜纹枯病的扩展蔓延，有两个明显的发病高峰，发病程度明显重于直播稻。

1.2　稻瘟病

直播稻叶瘟和穗瘟发生机率大于移栽稻。

据 2006～2008 年调查数据表明，直播稻叶瘟、穗瘟明显重于移栽稻，2006 年 8 月 2 日调查直播稻叶瘟病叶率 13.8%，移栽稻叶瘟病叶率 4.3%，9 月 20 日调查直播稻穗瘟病穗率 12.6%，移栽稻穗瘟病穗率 1.48%。2007 年调查同一品种在播栽方式上发病程度差异不大，但仍以晚抽穗的直播稻发病重于移栽稻。2008 年直播稻穗瘟明显重于移栽稻，淮稻 9 号，直播稻平均病穗率 23.6%，移栽稻平均病穗率 3.39%；泗稻 11 号，直播稻平均病穗率 17.54%，移栽稻平均病穗率 3.29%；中农稻 1 号，直播稻平均病穗率 43.2%，移栽稻平均病穗率 1.29%。

其主要原因是稻瘟病是典型的气候型病害，由于直播稻播种期偏迟，水稻秧苗 4 叶期、分蘖期正是梅雨季节，后期破口抽穗期晚，易遇上秋季的低温连阴雨天气，为稻瘟病菌侵入提供有利时机，导致穗瘟重发。

1.3 水稻条纹叶枯病及黑条矮缩病

水稻条纹叶枯病及黑条矮缩病发生程度明显轻于移栽稻。

据 2006~2008 年调查资料分析，水稻条纹叶枯病见病期，直播稻在 7 月上旬末至中旬初，移栽稻在 6 月中旬中至下旬初，见病期迟 20~25d，第一显症峰病株率，直播稻平均 0.37%（0~0.76%），移栽稻平均 1.27%（1.07%~1.45%）。黑条矮缩病直播稻基本不发生，而移栽稻平均病穴率为 1.53%（0.37%~3.8%）。

其主要原因是水稻条纹叶枯病及黑条矮缩病由灰飞虱为害传播的病毒病，本地麦田第 2 代灰飞虱成虫迁移盛期常年在 5 月底至 6 月中旬中，集中迁入秧田为害传毒，而直播稻早的出苗期在 6 月初，大部分田块出苗立针期在 6 月中旬末，因而错过了灰飞虱迁移为害高峰期，使得直播稻水稻条纹叶枯病、黑条矮缩病明显轻于移栽稻，但是也有过早播种的直播稻由于防治难以到位，导致重发的田块。

1.4 二化螟

第 1 代二化螟直播稻基本不受为害，第 2 代二化螟直播稻明显轻于移栽稻，差异显著，其虫伤株、残留虫量后者分别是前者的 5.56 倍和 4.54 倍。

据 2006~2008 年调查资料分析，第 1 代二化螟直播稻田只是零星查见为害，而且是早播田有为害，同时虫龄偏低，是第 1 代二化螟虫源田外的尾峰造成的；移栽稻田虫伤株率平均为 0.1%，每 667m² 残留虫量平均为 248.5 头（90~488.8 头）。第 2 代二化螟直播稻田虫伤株率平均为 1.6%（0.68%~2.86%），每 667m² 残留虫量 1 970.72 头（1 100~2 952.16 头）；移栽稻虫伤株率平均为 8.9%（6.28%~12.56%），每 667m² 残留虫量 8 949.3 头（5 008.3~12 240 头）。

其主要原因是第 1 代二化螟蛾峰在 6 月上旬初，而此时直播稻早的刚出苗，大面积正处于播种期，故不能造成为害。第 2 代二化螟为害轻于移栽稻是因为直播稻植株细小，而移栽稻茎秆高大粗壮有利为害。

1.5 大螟

第 1 代大螟主要为害田外寄主春玉米、野茭白和草蒲等；第 2 代大螟为害移栽水稻，直播稻基本无为害；第 3 代大螟为害直播稻重于移栽稻。

据 2006~2008 年调查资料分析，第 2 代大螟直播稻虫伤株率平均为 0.03%，每 667m² 残虫量为 4.56 头；移栽稻虫伤株率平均为 0.12%，每 667m² 残虫量为 18.97 头。第 3 代大螟直播稻田虫伤株率平均为 1.97%，每 667m² 残留虫量 4 800 头；移栽稻虫伤株率平均为 0.23%，每 667m² 残留虫量 180 头。

其主要原因是第 2 代大螟常年发蛾高峰期在 7 月中旬初，此时直播稻苗小，不适宜大螟产卵为害，而移栽稻处于分蘖高峰期，长势嫩绿，植株粗大，有利于大螟产卵为害。第3代大螟在直播稻上为害要比移栽稻重些，主要是第3代大螟蛾盛期在8月下旬，尾峰拖到9月初，此时移栽稻扬花已结束，而直播稻正处于破口抽穗期，有利于尾峰蛾子的产卵为害，故第3代在直播稻上为害时间相对较长，为害程度相对较重。

1.6　稻纵卷叶螟

第2代稻纵卷叶螟在移栽稻见为害，有发生，在直播稻上未见为害，未发生；第3代发生程度差异不明显；第4代发生程度直播稻明显重于移栽稻。

据2006～2008年调查资料分析，第2代在移栽稻上均能查见为害，2006年平均百穴虫苞3.8个，百穴幼虫1.7头，2007年平均百穴虫苞2.1个，百穴幼虫0.43头，2008年平均百穴虫苞3.4个，百穴幼虫1.17头；直播稻未见为害。第4代在直播稻上3年平均卷叶率为13.08%（10.7%～15.38%），每667m² 残虫量平均为6 806头；移栽稻上3年平均卷叶率为5.47%（2.14%～8.40%），每667m² 残虫量平均为2 960头。

其主要原因是前期直播稻生长势和个体发育都较移栽稻差，不利第2代稻纵卷叶螟发生为害；8月底至9月上旬直播稻处于孕穗至破口抽穗期，长势嫩绿，生育期适宜，食料丰富是第4代稻纵卷叶螟重发的重要原因。

1.7　稻象甲

直播稻田稻象甲发生严重，严重影响直播水稻的立苗。

据调查，直播稻平均667m² 成虫量为300～7 200头，平均1 650头，被害株率0.3%～16.4%，平均2.64%；移栽稻平均667m² 成虫量为0～1 200头，平均271.5头，被害株率0～4.0%，平均0.88%。

其主要原因是直播稻田上水早于移栽稻田，秧苗立针期干干湿湿有利于稻象甲羽化和成虫活动，同时秧苗立针至四叶期抗虫性弱，有利于稻象甲取食生存活动，被害后稻株易形成断苗或倒叶，上水后漂在水上。而移栽稻移栽迟，苗大只造成串孔伤叶，不造成断苗倒叶。

1.8　稻飞虱

稻飞虱发生量前期灰飞虱、白背飞虱、褐飞虱都是直播稻较移栽稻少；中期不明显；后期灰飞虱、褐飞虱发生量直播稻明显高于移栽稻。

2　防治对策

2.1　苗期

直播稻苗期主要是防治灰飞虱、稻象甲和稻蓟马，播后7～10d开始用药，6月20日前3～4d打药一次，6月20日后5～7d一次，连续打药2次。每667m² 用40.7%同一顺EC（毒死蜱）60ml或50%稻丰散EC60ml加70%宝贵WG（吡虫啉）6g，对水40～50kg常规喷雾。

2.2　分蘖期

主要防治稻瘟病、稻飞虱、第2代螟虫，兼治稻纵卷叶螟、纹枯病，在7月下旬至8月上旬用药防治。防治稻瘟病每 $667m^2$ 用 75% 丰登三环唑 WP20g；防治稻纵卷叶螟、第 2 代螟虫，每 $667m^2$ 用 25% 杀单·毒死蜱 WP100~120g 或 48% 奉农 EC（毒死蜱）80~100ml 或 50% 稻丰散 EC100~120ml；防治纹枯病每 $667m^2$ 用 37% 纹曲净 WP（井·腊芽）50g 或 20% 井岗霉素 SP75g 或 40% 博特 WP（井·腊芽）40g；防治稻飞虱每 $667m^2$ 用 70% 宝贵 WG4g 或 25% 勤杀 WP（噻嗪酮）40g。

2.3 拔节孕穗期

主要防治稻瘟病、纹枯病、稻纵卷叶螟、稻飞虱和螟虫，在 8 月下旬用药防治。防治稻瘟病每 $667m^2$ 用 75% 丰登三环唑 WP25~30g，防治纹枯病、稻曲病 $667m^2$ 用 40% 博特 WP40~60g 或 20% 井岗霉素 SP75g，防治稻纵卷叶螟、兼治螟虫 $667m^2$ 用 40.7% 同一顺 EC 或 25% 独特 EC（阿维·毒）100ml，防治稻飞虱 $667m^2$ 加用 25% 勤杀 WP40g 一并混用。

2.4 穗期

主要防治穗稻瘟、纹枯病、稻纵卷叶螟，兼治稻飞虱、第 3 代大螟、稻曲病等，以 9 月上旬为防治适期，早破口早打药，晚破口晚打药，坚持破一块用药防治一块。防治稻瘟病每 $667m^2$ 用 75% 丰登三环唑 WP30g，防治纹枯病、稻曲病每 $667m^2$ 用 40% 博特 WP40~60g，防治稻纵卷叶螟、兼治螟虫、稻飞虱每 $667m^2$ 用 40.7% 同一顺 EC 或 40.7% 奉农 EC80~100ml。

2.5 灌浆期

9 月下旬初对第 4 代褐飞虱及第 5 代灰飞虱进行防治，每 $667m^2$ 用 50% 稻丰散 EC 或 40.7% 奉农 EC100ml 加 25% 勤杀 WP60g。

直播稻田杂草化除存在的
主要问题及其对策

丁　栋，陈洪新，韩伟斌

（江苏省响水县植保植检站，224600）

近年来，直播稻栽培技术在响水县不推自广，发展势头迅猛，2005 年仅小面积试种，2006 年约 0.27 万 hm²，2007 年约 1 万 hm²，2008 年约 1.6 万 hm²，约占水稻种植面积的 70%。由于直播稻田杂草与水稻秧苗同步生长，共生期长，杂草种类多，出草速度快，发生量大，防除比较困难，若防除不及时，极易酿成草荒。针对近几年响水县直播稻田化学除草（化除）存在的主要问题，我们进行了认真的调查，并就防除对策进行了初步的探讨。

1　主要问题

1.1　播后苗前使用丁恶乳油容易产生药害

响水县直播稻播种方式多样，有水直播和旱播直之分，有浸种和干种播种之分，有撒播和条播之分。对旱直播稻田，播后苗前习惯上使用丁·恶 EC 进行土壤封闭处理，丁·恶 EC 杀草谱广，土壤湿度要求不高，成本相对较低，防除效果比较理想，生产上应用的面积也比较大，但丁·恶 EC 的缺点是：药后若遇畦面积水，容易产生药害，导致秧苗不出。事实上，这种现象非常容易出现，响水县直播稻集中播种期在 6 月中旬，也是常年的入梅期，遇上持续降雨和大雨天气，畦面积水比较普遍，2007 年和 2008 年连续两年小麦茬部分田块播后用药遇上降雨积水而出现不同程度的药害现象。

1.2　播后苗前使用丙草胺或丙苄技术要求较高

一是一般资料介绍，直播稻田使用丙草胺，稻谷须先浸种催芽，播种后 2~4d 用药。实际上，不少农户采取干种播种，不经催芽播种后究竟如何用药？目前不同厂家的产品介绍不一。如：江苏华农生物化学有限公司生产的 30% 丙草胺 EC 介绍，催芽后播种的直播稻田，在种子根系具有吸收能力（播种后 2~4d）时用药；浸种不催芽的直播稻田，在种子播后盖土可直接用药。江苏如东快达农化股份有限公司生产的 35% 丙苄 WP 介绍，谷种必须先催芽，干谷播种待秧苗立叶期用药。按照华南农业大学介绍，浸种不催芽的直播稻田，在种子播后盖土可直接用药，安全性究竟如何？按照如东介绍，秧苗立叶期用药，实际防除效果已明显下降。而生产上，干种播后及时用药的也有，但在调查中也未出现明显药害。由此看来，丙草胺或丙苄在播后苗前使用技术仍需进一步明确。二是直播稻田使用丙草胺或丙苄，必须保持田板湿润，田沟内最好有水，效果好，而实际生产中，因麦子收割进度不一，水稻播种进度不一，不少田块施药时因不能及时上水而影响防除效果。

1.3 苗后除草剂选择性较强，时常发生因除草剂选择不当而影响防除效果

直播稻田草相复杂，常见杂草有稗草、千金子、牛筋草、马唐、莎草、牛毛毡、鸭舌草、矮慈姑等。特别是对禾本科杂草的幼苗期，农民很难识别，常因除草剂选择不当而影响防除效果，错过防除适期。如：目前响水县推广使用的二氯喹啉酸对稗草效果较好，稻杰（五氟磺草胺）对稗草特效，但对千金子等其他禾本科杂草无效，而千金对（氰氟草酯）千金子、牛筋草、马唐效果较好，但对稗草效果差。

1.4 部分主要杂草对常用除草剂的敏感性下降

二氯喹啉酸与苄嘧黄隆复配剂用来防除稗草、莎草和阔叶杂草在响水县已有 10 多年的历史，每 $667m^2$ 用剂量在提高，但防除效果在下降。如：响水县植保站推广使用的 30% 二氯苄 WP（25% 二氯喹啉酸 +5% 苄嘧黄隆），每 $667m^2$ 用量由开始的 30～40g 提高到现在的 60～80g，增加了 1 倍。

1.5 苗后除草药害现象比较突出

主要表现：一是二氯喹啉酸施用过早（秧苗 3 叶期前施用），用量过大（每 $667m^2$ 纯量超过 25g），施药不均，重复使用，导致水稻发生葱管叶和僵苗，影响水稻正常生长。二是部分农户使用骠马及其复配剂防除大龄禾本科杂草，由于使用技术不当，造成水稻严重药害，出现死苗。三是盲目施药。2007 年有一农户先后用了 5 种药剂，用了 5 次药，每 $667m^2$ 成本花了130 元，最终草害没有被控制，水稻生长则受到明显抑制。此外，面上也出现个别田块因使用稻杰而出现短期叶片失绿、因使用双草醚而出现植株灼伤等现象。

2 化除对策

2.1 播后苗前封闭除草

水直播稻田一般选用丙草胺及其与苄嘧磺隆的复配剂，应播种经浸种催芽的种子，播后2～4d 施药，施药后 3～5d 保持田间土壤湿润，田沟有水，每 $667m^2$ 用量一般 30% 丙草胺EC100～130ml 或 35% 丙苄 WP100g。旱直播稻田可以选用丁·恶 EC，但稻种不能催芽，畦面要平，特别要防止药后大雨造成积水而产生药害，一般不提倡使用；旱直播稻田也可以选用丙草胺及其与苄嘧磺隆的复配剂，浸种露白后播种，然后上足水，待畈面自然落干后 1～2d 用药。因土壤干旱未及时封闭除草的直播稻田，在稻苗处于立针期、杂草还未出苗的情况下，可以选用丙草胺及其复配剂除草。

2.2 水稻苗后 2～3 叶期茎叶处理

杂草出苗后，应根据田间草相选用合适的除草剂进行茎叶处理。目前，响水县推广使用的主要有二氯喹啉酸、苄嘧黄隆、苄·二氯、稻杰和千金。二氯喹啉酸主要用来防除稗草，在水稻 2.5～3 叶 1 心期时用药，每 $667m^2$ 纯药用量不能超过 25g，以免用药量过大造成药害，施药时田间不能有水层，施药后 1～2d 内灌水，保持 3～5cm 水层 5～7d，以后恢复正常管理。苄嘧黄隆主要用来防除野荸荠、矮慈姑、节节菜等阔叶杂草及莎草，杂草 2 叶期内防除效果

好，每 667m² 纯药用量 2~4g。苄·二氯为二氯喹啉酸和苄嘧黄隆复配剂，主要用来防除稗草、阔叶杂草及莎草，防除技术同二氯喹啉酸。稻杰（2.5% 五氟磺草胺 OD）、千金（10% 氰氟草酯 EC）是近年来响水县推广的新药，虽然药本较高，但防除效果好。稻杰防除稗草特效，同时能防除莎草和阔叶草，稗草 1~3 叶期，每 667m² 用药量 40~60ml，施药前排水，用药后 2d 田间建立水层。千金防除千金子特效，同时能防除马唐、牛筋草等，千金子 2~3 叶期，每 667m² 用药量 50~70ml，施药前排水，用药后 2d 田间建立水层。注意：千金与苄嘧磺隆等防除阔叶杂草的除草剂有拮抗作用，两者应相隔 5~7d 施用。

2.3 杂草 5~7 叶期茎叶处理

经过两次化除后，一般田块应没什么杂草，但对部分化除效果不好或错过防除适期田块中的杂草，可以根据杂草种类选用合适的茎叶处理剂防除。对稗草、莎草及阔叶杂草，可每 667m² 用稻杰 80~100ml 防除。对千金子，可每 667m² 用千金 100~120ml 防除。

灰飞虱对水稻条纹病毒
传毒规律研究

孙朝晖[1]，吉学成[1]，孙长红[2]，周　杰[3]

（1. 江苏省射阳县植保植检站，224300；2. 射阳县长荡镇农技推广中心，224322；

3. 射阳县粮油作物栽培技术指导站，224300）

　　水稻条纹病毒（Rice stripe virus，RSV）是由灰飞虱（*Laodelphax striatellus* Fallén）传播的一种病毒，该病毒造成的水稻条纹叶枯病是近几年我国水稻上分布最广、发生量较大、危害较重的病害之一。RSV 侵染禾本科植物，通过灰飞虱以持久方式经卵传播，并且在植物及昆虫寄主中都能复制。

1　灰飞虱带毒能力影响因素

1.1　温度对灰飞虱带毒率的影响

　　灰飞虱传毒为害期主要集中在 20 ~ 30℃ 的夏秋季节。将带毒率为 30% 左右的灰飞虱在 17℃、21℃、25℃、29℃ 和 33℃ 温度条件下分别处理 10d、20d、40d 后，检测灰飞虱体内的带毒变化情况，结果表明，在 17℃ 较低温度范围内，灰飞虱的带毒率基本保持稳定，没有明显变化；随着温度的升高，灰飞虱的带毒率有明显下降趋势，而且温度越高带毒率下降越明显。究其原因可能有以下 4 个方面：①高温对灰飞虱体内的病毒起到了降解作用。②高温导致部分灰飞虱个体的死亡，而死亡的灰飞虱中以带毒灰飞虱为多，说明带毒灰飞虱的抗高温能力要比正常灰飞虱要弱，反之说明低温有利于灰飞虱保持带毒。③灰飞虱的传毒及获毒能力随着世代的传递而变化，带毒率高的子代随着代数增加，其带毒率下降。经过 40d 的处理，灰飞虱已进入下一代，高温条件对带毒灰飞虱的繁殖有一定影响，从而使后代的带毒率下降；在较低温度条件下，灰飞虱的生长发育时间明显延长，减少了病毒降低的速率，灰飞虱的带毒率始终比较平稳。④高温缩短了灰飞虱的生长发育周期，加剧了灰飞虱带毒率的下降速率（表 1）。

表 1　不同温度、不同处理天数后灰飞虱个体带毒率（%）

温度（℃）	10d	20d	40d	20d 比 10d 增减（%）	40d 比 10d 增减（%）
17	31.00 ± 2.62aA	1.93 ± 1.70aA	31.23 ± 1.30aA	+ 3.00	+ 0.74
21	30.97 ± 4.34aA	34.57 ± 1.17aA	23.27 ± 6.85bAB	+ 11.62	− 24.86
25	32.92 ± 1.69aA	33.82 ± 2.50aA	20.79 ± 0.56bAB	+ 2.73	− 36.85
29	33.23 ± 2.00aA	32.10 ± 3.37aA	16.13 ± 1.75bBC	− 3.40	− 51.46
33	2.02 ± 3.52aA	22.07 ± 1.94bB	7.33 ± 6.37cC	− 31.07	− 77.11

在江苏地区的水稻生产上，往往水稻生长前期尤其是苗期条纹叶枯病发生重，水稻生长中后期发生较轻，这与早春较低的温度以及第1、2代灰飞虱的带毒虫源也许存在很大关系。

1.2 灰飞虱带毒率的时间变化

1.2.1 年度间变化趋势

从现有的数据获知，2004年江苏省越冬代灰飞虱带毒率6.0%～47.9%，平均25.3%，2005年全省越冬代灰飞虱带毒率0.31%～58.0%，平均27.7%，2006年全省越冬代灰飞虱带毒率8.9%～46.3%，平均23.4%，2007年全省越冬代灰飞虱带毒率11.0%～39.0%，平均22.1%，2008年全省越冬代灰飞虱带毒率7.0%～30.0%，平均16.5%，从近几年全省的趋势看，灰飞虱带毒率是逐年下降的，今后水稻条纹叶枯病的防治压力相对减小，但从年度间灰飞虱越冬代带毒率情况看，部分地区的威胁反比大发生的2004年、2005年有增无减（图1～图8）。

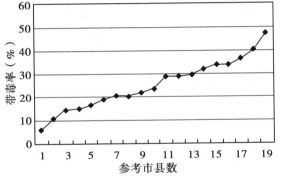

图1　2004年江苏省部分县市灰飞虱越冬代带毒率

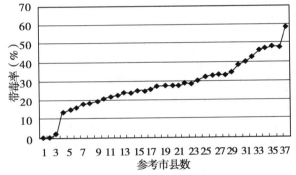

图2　2005年江苏省部分县市灰飞虱越冬代带毒率

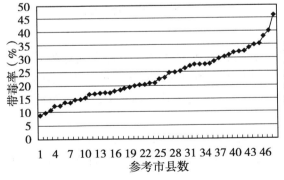

图3　2006年江苏省部分县市灰飞虱越冬代带毒率

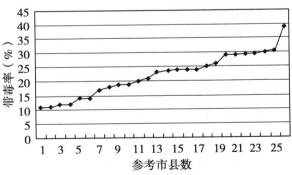

图4　2007年江苏省部分县市灰飞虱越冬代带毒率

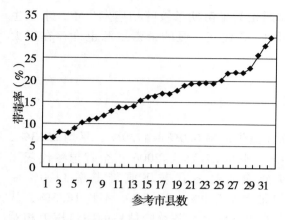

图5　2008年江苏省部分县市灰飞虱
越冬代带毒率

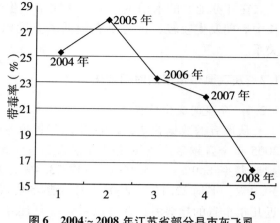

图6　2004~2008年江苏省部分县市灰飞虱
越冬代带毒率走势

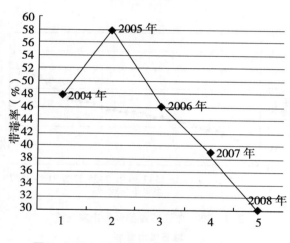

图7　2004~2008年江苏省部分县市灰飞虱
越冬代最高带毒率走势

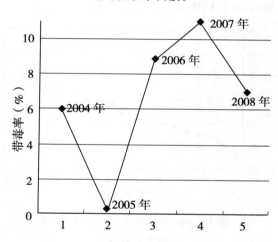

图8　2004~2008年江苏省部分县市灰飞虱
越冬代最低带毒率走势

1.2.2　各代次间灰飞虱带毒率的差异

从常州市越冬代、第1、2代灰飞虱带毒率数据分析，来年的越冬代带毒率归算为末代带毒率，可以看出，灰飞虱带毒率在一年中呈"V"型分布；在1983~1995年的13年中，仅1986年第1代灰飞虱高于越冬代；仅在1985年、1996年末代灰飞虱带毒率未反转，可能与这2年田间发病率最低有关系。

1.2.3　越冬代灰飞虱带毒率与上年水稻大田末期水稻条纹叶枯病发病程度关系密切

上年水稻大田末期条纹叶枯病发生重，越冬代灰飞虱带毒率高，并且呈正相关（$a=0.05$时，$r=0.5760$；$a=0.01$时，$r=0.7079$）。

1.2.4　灰飞虱在不同寄住作物上的带毒率

通过南京市2008年越冬代灰飞虱带毒率的测定可知，麦田边杂草灰飞虱带毒率明显高于麦田（表2）。

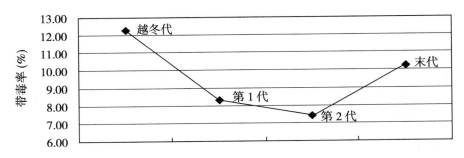

图9　越冬代、第1代、第2代、末代灰飞虱带毒率趋势

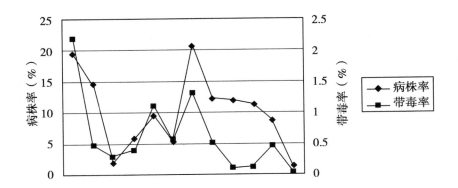

图10　越冬代灰飞虱带毒率与上年水稻条纹叶枯病发病率关系

表2　南京市2008年越冬代灰飞虱带毒率的测定

地　点		毒率（%）		草/小麦带毒率（倍）
		小麦	杂草	
浦口	石桥	18.0	25.0	1.39
	桥林	6.33	1.57	1.32
溧水	永阳	3.7	2.0	1.61
	晶桥	5.6	0.0	1.28
六合	百桥	6.0	8.0	1.13
	雄州	17.31	14.29	0.83

2　灰飞虱的传毒能力

　　灰飞虱的传毒及获毒能力随着世代的传递而变化，带毒率高的子代随着代数增加，其带毒率出现下降趋势。通过自然选择，灰飞虱的传毒率明显下降，意味着活跃的传毒介体与无毒虫源竞争时具有选择上的劣势。可见自然选择对介体传毒力这一性状的稳定起着重要作用，但对介体获毒没有影响。目前，江苏地区灰飞虱的带毒率一般在8%～42%，总体来看，苏北高于苏南。

　　病毒在灰飞虱体内循回期为10d左右，通过循回期后带毒灰飞虱可连续传毒30～40d，获毒灰飞虱在第6年的第40代仍有95%的个体具有传毒能力（日本，新海）。

2.1 不同传毒时间与发病关系

采用 3~4 叶无毒秧苗以带毒虫进行，结果表明，灰飞虱最快接毒 3min 就可将 RSV 传到健株，一般情况下灰飞虱的传毒时间为 10~30min。传毒 3min 发病率为 2.0%，0.5h 为 4.8%，2h、8h、16h 及 24h 发病率依次为 6.0%、20.0%、22.5% 及 22.5%。可见传毒时间越长，稻株感染病毒机会越多，发病率越高。

2.2 不同龄期灰飞虱对 RSV 传毒能力的比较

成虫期传毒，不论长翅型或短翅型，还是雌虫或雄虫都能传毒发病。据测定，长翅型成虫自然带毒率为 36.6%~44.2%，短翅型成虫为 55.3%，雌虫带毒率高于雄虫。

资料记载，3~5 龄灰飞虱若虫传毒力很强，至成虫传毒力有所下降，雄虫很少传毒。传毒力较强的雌虫往往具有较高的卵传力，例如传毒率为 80%~100% 的雌虫，其后代平均带毒率为 86.3%。而传毒率为 20% 的雌虫后代的平均带毒率为 40.6%。传毒率为 0 的雌虫，带毒率仅为 10.9%。由于后代没有带毒个体出现，因而一般认为未表现侵染力的雌虫及其后代群体已完全丢失了 RSV。无毒灰飞虱在 RSV 病株上饲毒后可以获毒，室内获毒率可达到田间自然获毒率的水平。

RSV 在灰飞虱体内的浓度因个体而异，并且其浓度高低反映了灰飞虱的传毒力和卵传率。一般而言，除非是已选出具有高卵传力的个体，RSV 浓度会随着灰飞虱代次的递增而递减。当雌虫从 RSV 病株获毒后，其卵传率一般较高。经卵传递的事实不仅为植物病毒在昆虫体内增殖提供了有力的间接证据，而且为病毒在昆虫体内的垂直传播提供了实例。

2.3 有毒虫与无毒虫不同配对组合子世代带毒及分离情况

2.3.1 无毒成、若虫获毒率比较

无毒成虫饲毒 4d 后经历循回期 15d 后测定，获毒率为 14.4%；第 1、2 代雌虫获毒率为 16.7% 及 50.0%；雄成虫获毒率为 11.1% 及 4.7%（杨家莺，1987）。

2.3.2 有毒雌雄成虫配对，后代分离情况

F1、F2、F3 分离率依次为 30.34%、31.94% 及 33.87%，平均 31.38%，可见分离变异较高（表 3，林莉，1992）。

表 3　灰飞虱带毒虫各子世代带毒分离情况

代别	毒虫	测子代	无毒虫	分离率
F1	8	46	105	30.34
F2	11	35	7	1.94
F3	6	62	1	33.87
Σx	25	743	233	31.38

2.3.3 不同带毒雌雄成虫配对后代带毒率情况

采用筛选的有毒和无毒成虫分别进行，即有毒♀×无毒♂，有毒♂×无毒♀，各 10 对繁殖，观察后代带毒情况，可以看出带毒雌虫传毒能力较带毒雄虫高，经卵传毒的能力也较强，

对水稻有较强的致病能力，因此，将灰飞虱雌虫消灭在产卵之前十分重要（表4、表5）。

表4　不同带毒雌雄成虫配对后代带毒率情况

组　合	成虫（对）	检测（头）	带毒虫	带毒率（%）
有毒♀×无毒♂	10	45	6	13.33
有毒♂×无毒♀	10	83	27	32.53

另有研究显示，无毒♀×有毒♂后代为无毒介体（曲志气，2002）。

表5　灰飞虱不同组合杂交亲本的传毒分析

组合即传毒率	不同组合和世代的带毒率（%）					
	F0	F1	F2	F3	F4	F5
有毒♀×有毒♂		13.0	14.3	12.8	24.1	
有毒♀×无毒♂		9.4	13.1	11.9	25.8	
无毒♀×有毒♂		0	0	0	0	
无毒♀×无毒♂		0	0	0	0	0
带毒率（%）	5.3	11.1	13.6	12.4	0.25	14.8

2.4　灰飞虱对RSV的亲和性差异比较

研究表明，从RSV病区采集灰飞虱，通过连续多代的人工筛选，构建了对RSV亲和性差异显著的两个灰飞虱群体，即高带毒率为活跃传毒者，低带毒率为非活跃传毒者。经生物学接种鉴定高亲和性灰飞虱群体的发病率从F0代的16.4%上升到F2代的93.0%，F3到F7代都维持在90.0%左右。低亲和性灰飞虱群体的发病率则一直维持在1.0%~2.5%。高亲和性的群体在经过3代无人工选择压力后仍可保持90%以上的发病率。说明构建的高亲和性群体不仅具有很高的带毒率而且具有较好的遗传稳定性。部分地区水稻条纹叶枯病连年暴发的原因之一是该地区灰飞虱存在RSV致病型分化。

3　施毒时间对灰飞虱获毒率的影响

将带毒率为40%左右的灰飞虱高龄若虫饥饿处理4h左右，接入分蘖期水稻植株，用笼罩上。每个塑料桶中栽稻苗3穴，每穴3枝，每桶接30头左右，2d后收回带毒灰飞虱，接入不带毒灰飞虱，分别于0.25h、0.5h、1h、2h、4h、8h后取出灰飞虱，每个处理取30头左右，检测其虫体带毒率。结果如图11所示，灰飞虱吸食带毒水稻植株时间越长，灰飞虱获毒的概率越大。

4　水稻不同生育期与灰飞虱传毒的关系

研究结果表明，水稻不同生育期接毒后，水稻条纹叶枯病发病率前期发病率高于后期。落谷后34d接毒，发病率为27.03%，落谷后49d接毒，发病率为9.34%，落谷后78d接毒，发病率为7.88%。水稻苗期，恢复能力强，而在水稻孕穗期、灌浆结实期受灰飞虱传毒为害后，基本不发生水稻条纹叶枯病。

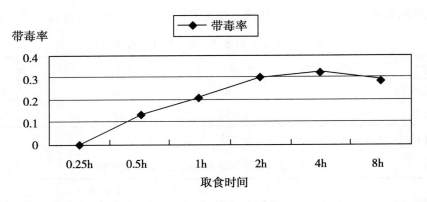

图11 灰飞虱获毒速率曲线图

5 水稻不同生育期对 RSV 潜育期的差异

5.1 不同秧龄与潜育期

采用培育的感病各龄无毒秧以带毒成虫进行传毒测定，结果表明，在 23.4~23.8℃ 条件下，2~3 叶龄的秧苗潜育期平均为 17.7~21.4d；4~6 叶龄秧苗平均为 23.3~24.3d，随着秧龄的增加潜育期有递增趋势（林莉，1990）。

5.2 不同分蘖期与潜育期

移栽无毒秧苗，分别于第 1、2 及 3 分蘖期进行接虫传毒，结果显示，在 23.5℃ 条件下，主蘖及 1、2 分蘖传毒发病的潜育期依次为 20.3d、16.3d 及 18.0d，第 1 主蘖潜育期最长。

6 结论

通过以上问题的探讨，有助于提高水稻条纹叶枯病的防治效果，达到节本高效的目的。

水稻黑条矮缩病发生规律初探

陈善国[1]，刘海南[1]，赵灵美[2]

（1. 江苏省射阳县植保植检站，224300；2. 射阳县农科所，224300）

水稻黑条矮缩病，是由灰飞虱为传播介体的一种病毒病。20 世纪 60 年代，水稻黑条矮缩病毒曾在华东沿海地区及安徽、江西、湖北等地病害广泛流行，水稻和玉米等作物受害严重，导致部分地区的种植业结构出现了重大调整。本地自 1994 年首次在玉米上查见病害以来，病害在玉米寄主上一直处于大流行阶段；2007 年在水稻上首次发现病害，2008 年该病呈上升势头，但总体上仍处于零星发生阶段。目前，有关病害的报道大多集中在玉米上，笔者对病害在水稻上的发生规律进行了初步研究。

1 症状

水稻植株明显矮缩，叶片浓绿僵直，叶背、叶鞘和茎秆出现蜡白色条状隆起，后转为黑褐色。病株分蘖增多，根系发育较差，发病早的不能抽穗，迟的虽能抽穗，但穗小结实不良。田间调查结果表明，植株的叶背、叶鞘和茎秆等部出现蜡白色或黑褐色条状隆起，是该病的典型症状。

2 病原物

该病的病原物为水稻黑条矮缩病毒（RBSDV）。水稻黑条矮缩病毒属于呼肠孤病毒科，斐济病毒属。

我国以往报道的水稻黑条矮缩病和玉米粗缩病，分别是以日本的 RBSDV 和意大利的 MRDV 来定名的。20 世纪 80 年代，根据国内两病的病原形态、寄主及其表现的症状、介体昆虫及其传病特征等相似的报道，提出了我国发生的水稻黑条矮缩病和玉米粗缩病病原的异同问题，近年来羊键等和方守国等对玉米粗缩病与水稻黑条矮缩病的分离物在实验条件下进行比较后认为，我国各地的玉米粗缩病病原同属于水稻黑条矮缩病毒（RBSDV），这与国外的报道不一样。方守国等研究认为，在自然条件下，水稻黑条矮缩病毒（RBSDV）只能由昆虫介体传播，侵染禾本科植物，并能在植物和昆虫体内复制。

3 寄主植物

水稻黑条矮缩病毒（RBSDV）的寄主种类很多。据报道，水稻、大麦、小麦、玉米、小米、高粱、看麦娘、早熟禾、罔草、稗草、马塘等都是水稻黑条矮缩病毒（RBSDV）的适生寄主，而水稻、大麦、小麦、看麦娘、罔草、稗草和马塘，同时也是病毒的传播介体——灰飞虱的适生寄主。蒋学辉和陈声洋等研究认为，玉米是病毒在上述寄主中最为敏感的作物。方守国等研究认为水稻黑条矮缩病毒（RBSDV）的寄主与 MRDV 的寄主存在差异性，在自然条件下，RBSDV 能够侵染水稻、玉米和高粱，而 MRDV 只能侵染玉米，不能侵染水稻和高粱。

4 传毒介体

灰飞虱是水稻黑条矮缩病毒的主要传毒介体。据报道，水稻黑条矮缩病毒的传播介体主要灰飞虱，白背飞虱也可传播，但作用不甚明显。方守国等研究认为，在自然条件下，水稻黑条矮缩病毒（RBSDV）的传毒介体是灰飞虱。王华弟等田间网罩接虫试验也证明，水稻黑条矮缩病是由带毒灰飞虱传播所致。

带毒昆虫可终生传毒，但不能经卵传递。报道普遍认为，灰飞虱个体一旦获得水稻黑条矮缩病毒（RBSDV），其体内就会终生带毒并能在病毒的适生寄主上进行传毒，但带毒昆虫不能通过繁殖过程把病毒直接传给子代。蒋学辉等研究认为，灰飞虱以 2、3 龄若虫获毒能力最强，获毒时间最短为 1h，多数在 24h 以上；灰飞虱获毒后最短的传毒时间为 2h，多数在 48h 以上。陈声洋等研究认为，灰飞虱不能从已经出现蜡白色隆起的玉米或水稻植株上获毒。

灰飞虱从体内无毒到能传毒要经过一段循回期。刘宗镇等研究认为，26℃下水稻黑条矮缩病毒（RBSDV）在灰飞虱体内的循回期为 9～15d，平均 12d。蒋学辉等研究认为，灰飞虱的循回期一般为 14～27d。

5 病害侵染循环

水稻黑条矮缩病毒（RBSDV）主要在灰飞虱若虫体内越冬，部分在大、小麦及禾本科杂草病株体内越冬，成为翌年发病的初侵染源。本地灰飞虱常年发生 5 代。1999～2008 年调查资料显示，本地灰飞虱以 3、4 龄若虫在杂草和麦田内越冬，翌年羽化为成虫，并在杂草和麦子植株上繁殖。第 1 代成虫在麦子成熟至收割期间（5 月下旬至 6 月上旬）陆续从麦田、杂草上迁入秧田和早栽大田传毒危害，高龄若虫和成虫也能就近迁入玉米田传毒为害。第 2 代成虫继续从杂草等田外寄主迁入本田，和水稻上滞留的成虫一起传毒为害。第 3、4 代灰飞虱主要集中在稻田传毒为害。第 5 代若虫在水稻收割后迁到田边杂草上，或滞留在稻桩并过渡到麦苗上越冬。刘宗镇等研究认为，灰飞虱能在玉米上为害并产卵，但卵不能孵化，不能完成整个世代演变。陈声洋等研究认为，由于灰飞虱无毒虫在玉米上获毒和传毒率不高（低于 8%）等因素，玉米不应是 RBSDV 流行的主要侵染源，但对于 RBSDV 种株的生存和发展的必经阶段还是起到一种寄主作用。

不同的水稻生育期，对病毒的易感程度不同。水稻从苗期到穗期均可感染 RBSDV 而发病，苗期和分蘖期最易感染，发病后受害较重，穗期发病则受害较轻。林凌伟等和丁新天等研究认为，水稻从 2 叶期到分蘖期都会感染病毒，最敏感期在 2～5 叶期（即水稻苗期）。室内灰飞虱带毒接种试验的结果表明，粳稻 2 叶 1 心期处理的发病率为 68.2%，4 叶期处理的发病率为 43.3%，6.5 叶期处理的发病率为 13.1%。

水稻感病后存在一定的潜伏期。蒋学辉等研究认为，常规稻发病的潜育期为 14～42d，一般在 14～25d，杂交稻的潜育期为 17～45d，一般在 21～28d。水稻在移栽前和拔节期间，常常各有 1 个显症高峰。

6 发病因素

水稻黑条矮缩病的发生与流行，受耕作制度、水稻抗病性、灰飞虱带毒量以及气候等因素影响。

6.1 耕作制度

稻-麦两熟制的水稻，发病相对较重，而油菜-水稻两熟制对病害有明显的抑制作用。2008年调查结果表明，本地稻-麦轮作的稻田已经零星发病，高的田块病穴率达0.3%，尤其是小麦-水稻轮作的稻田病害相对较重，而油菜-水稻轮作的稻田尚未查到病株。

6.2 水稻抗病性

水稻品种之间存在抗病性差异。丁新天等研究认为，粳稻的抗性高于糯稻，籼稻的抗性最低。2008年调查结果表明，本地种植的水稻品种中，武育粳3号的抗病性较好，一般田块基本查不到病株，而华粳6号、扬辐粳8号等品种病害相对较重。

6.3 灰飞虱带毒虫量

杨廉伟等研究认为，水稻黑条矮缩病的流行程度与灰飞虱的发生量关系不明显，而与灰飞虱的带毒率有显著的相关性。

6.4 气温

早春气温高，灰飞虱发育快，成虫迁入秧田危害时间早，传毒时间相对较长，因而发病较重；反之，早春气温低则发病较轻。

6.5 种植与管理方式

2008年田间调查结果表明，本地零星种植的稻田，水稻黑条矮缩病相对较重，田边杂草，尤其禾本科杂草丛生的田块，病害相对较重，而连片种植的、田埂清洁或种植双子叶作物的稻田，则病害相对较轻；秧苗嫩绿的稻田，病害也相对较重。

7 讨论

由于灰飞虱种群数量一直居高不下，目前水稻品种总体上对水稻黑条矮缩病毒的抗性较差，加之水稻黑条矮缩病的毒源不断扩大，水稻免耕栽培面积进一步上升，今后一段时期，水稻黑条矮缩病将呈加速上升趋势，摸索和制订一套较为完备的防治技术方案刻不容缓。防治上总体思路应是"治虫控病，切断毒源"，即在水稻苗期和分蘖前期扑灭田间灰飞虱，控制其传毒危害。同时，要积极寻求优质、高产、抗病的水稻新品种；要控制和减少免耕种植的面积，尽量降低田间及其周边的禾本科杂草的群体数量；加强田间肥水管理，培育壮苗。对于发病较重的地区，要实行轮作调茬。

正态分布模型在灰飞虱
防治中的应用

陈善国[1]，刘海南[1]，翟学武[2]

（1. 江苏省射阳县植保植检站，224300；2. 射阳县长荡镇农技推广中心，224322）

　　灰飞虱是水稻条纹叶枯病、水稻黑条矮缩病、玉米粗缩病等病毒病的主要传播媒介。自2004 年以来，由于灰飞虱连年暴发，本地水稻条纹叶枯病、玉米粗缩病一直大流行，失治田损失都在六成以上，重的甚至绝收，水稻黑条矮缩病也呈逐年上升趋势。在水稻条纹叶枯病防治上，目前有效的手段就是治虫控病，即采用各种防治措施扑灭灰飞虱的发生，尽量降低其传毒几率。在实践中，我们发现第 1 代灰飞虱成虫羽化的几率值，随时间呈正态分布变化。为能准确把握灰飞虱成虫的发生动态，我们于 2007 年应用正态分布模型对水稻秧田第 1 代灰飞虱成虫的发生趋势进行预报，并指导防治，取得了明显的效果。

1　材料与方法

1.1　基础材料

　　2007 年秧田第 1 代灰飞虱系统调查资料；2007 年第 1 代灰飞虱若虫发育进度调查资料；2007 年麦田第 1 代灰飞虱残虫量；2005 ~ 2006 年第 1 代灰飞虱成虫寿命观察资料。

1.2　方法

1.2.1　通过第 1 代若虫的发育进度，推算出第 1 代成虫羽化盛期的天数和羽化高峰的日期；根据推算结果，以羽化高峰的日期为 μ 值，羽化盛期天数的 1/2 为 σ 值，将标准正态分布的概率密度函数 ϕ (u)，换算成随时间变化的第 1 代成虫羽化的概率密度函数 f (Y)，并计算其概率分布函数 F_1 (Y)。

1.2.2　按第 1 代成虫寿命的天数，将羽化高峰期后延，得到第 1 代成虫自然死亡的高峰期；按 1.2.1 的方法，计算出随时间变化的第 1 代成虫死亡的概率分布函数 F_2 (Y)。

1.2.3　以水稻主要种植区的麦子面积为 m_1、其水稻秧池面积为 m_2，以麦田第 1 代灰飞虱残虫量为 A，则秧田应承担的第 1 代灰飞虱成虫基数 $B = A \times m_1 \div m_2$。

1.2.4　计算 F (Y) $= B \times [F_1$ (Y) $- F_2$ (Y)]。F (Y) 为秧田第 1 代灰飞虱成虫发生量随时间变化的函数。

1.2.5　经推算的理论虫量 F (Y) 与秧田第 1 代灰飞虱成虫的实际发生量进行比较。

2　结果与分析

2.1　根据 2007 年第 1 代灰飞虱若虫发育进度调查资料推算，第 1 代成虫羽化盛期为 9d，其羽化高峰期在 5 月 28 日。

2.2 2005~2006 年观察结果表明，第 1 代灰飞虱成虫寿命平均为 12d 左右。

2.3 根据 2007 年麦田第 1 代灰飞虱残虫量推算，每 $667m^2$ 秧田应承担的第 1 代灰飞虱成虫基数 B 值为 $17.3 \times 20.3 = 351.2$ 万头。

2.4 根据上述结论，推得秧田第 1 代灰飞虱成虫发生量随时间变化的函数 $F(Y) = 31.14 \times \left[\int_{-\infty}^{Yi} e^{-0.0247 \times (Y-5月28日)^2} dY - \int_{-\infty}^{Yi} e^{-0.0247 \times (Y-6月9日)^2} dY \right]$，见图 1。

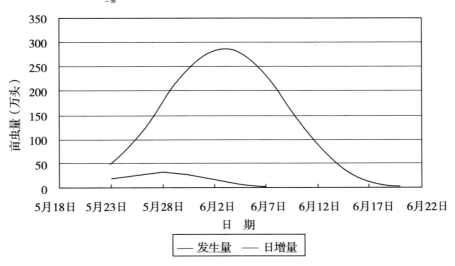

图 1　秧田一代灰飞虱成虫发生量模型

2.5 由于受到在田麦子的影响，前期灰飞虱成虫向秧田的迁移行为受到了抑制，秧田前期的实发虫量不能代表应该发生的虫量。经对成虫高峰期后的虫量进行方差分析，$\chi^2 = 2.95 < \chi^2_{0.05}$，说明实发虫量与理论虫量吻合（图 2）。

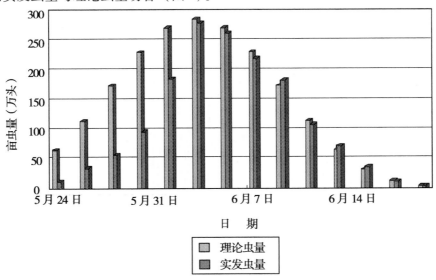

图 2　秧田一代灰飞虱成虫理论虫量与实发虫量对比

3 讨论

目前在防治灰飞虱、控制水稻条纹叶枯病上，主要采用全程药控的办法，即在灰飞虱发生期间通过全程施药控制其传毒为害。生产上，首次施药的时间一般较好制定，而结束时间却难确定。通过正态分布模型，可以准确把握稻田第 1 代灰飞虱的虫情，并可进一步掌握第 2 代卵的孵化进程，结合田间第 2 代若虫数量，根据防治指标，及时终止化学防治。这样，既可保证灰飞虱与水稻条纹叶枯病的防治效果，又能更好地节约农业生产成本。

水稻条纹叶枯病及其控害技术

杭　浩，顾金祥，陈乃祥，徐翠芳

（江苏省盐城市亭湖区植保植检站，224051）

水稻条纹叶枯病是由灰飞虱为虫媒传播的病毒病，近年来，在亭湖区的发生有逐年加重趋势，严重影响该区粮食生产和农民增收。为减轻病虫为害，提高种田的综合效益，我们对灰飞虱及其传播的水稻条纹叶枯病发生和防治技术进行了总结和研究，结果如下：

1　传毒介体灰飞虱发生规律

1.1　灰飞虱生物学特性

水稻条纹叶枯病是由灰飞虱传播的一种病毒病，目前尚无特效的植物病毒治疗剂。灰飞虱的传毒特点：①在水稻条纹叶枯病病株上最短获毒时间为 10~30s；②对水稻健康植株传毒时间为 10~30min，最短为 3min；③条纹叶枯病病毒在灰飞虱体内的循环期 3~30min，终身带毒；④病毒经灰飞虱卵传给下一代几率为 75%~100%；⑤水稻感染后，一般 7~10d 显症，秧龄越小，病毒潜伏期越短，症状越严重；3 叶期前被侵染，一般形成死苗；分蘖期被侵染，全株显症，个别分蘖枯死。

1.2　发生规律

灰飞虱在亭湖区发生 5 个世代，以若虫越冬，一般在 4 月上中旬羽化为成虫，产卵于三麦及看麦娘等禾本科杂草上，5 月初孵化，越冬代及第 1 代灰飞虱多在三麦或禾本科杂草上生活。5 月下旬羽化为成虫，时值三麦成熟，灰飞虱大量迁入水稻秧田产卵繁殖；第 2 代成虫羽化高峰在 7 月 15 日前后；第 3 代成虫羽化高峰在 8 月 15 日前后；第 4 代成虫羽化高峰在 9 月 20 日前后。

1.3　气候对灰飞虱发生的影响

灰飞虱耐寒怕热，最适宜的温度为 23~25℃，温度超过 30℃，成虫寿命短，4~5 龄若虫期延长，死亡率增加。在我区，灰飞虱第 1~2 代发生的迟早和数量大小，取决于 1~3 月越冬期间的气候条件。凡冬春气候温暖，少雨干旱，-5℃ 以下低温持续时间短，有利于越冬代和第 1 代灰飞虱的发生。一般年份 5~6 月份气温适宜，种群密度增加快，7 月中下旬进入高温干旱的盛夏，田间虫口数量迅速下降，秋后气温降低，种群数量又有回升，但因寄主不适，故种群数量不及 5~6 月份大。

1.4　不同生育阶段防治指标

以单位面积灰飞虱带毒虫量（带毒率×单位面积实际调查虫量）定防治指标。秧田第 1 代成虫防治指标为每 667m^2 有带毒虫 0.6 万~1.2 万头。大田第 2 代若虫防治指标，每 667m^2

有带毒虫 0.24 万 ~0.3 万头。大田如果成、若虫并存，并且成虫比例高，则防治指标应从严掌握；带毒率高，品种感病，防治指标取下限，带毒率低，品种较耐病，则取上限。

2　水稻条纹叶枯病发生和流行规律

2.1　发病症状

苗期发病，心叶基部出现褪绿黄白斑，后扩展成与叶脉平行的黄色条纹，条纹间仍保持绿色。不同品种表现不一，糯、粳稻和高秆籼稻心叶黄白、柔软、卷曲下垂、成枯心状。矮秆籼稻不呈枯心状，出现黄绿相间条纹，分蘖减少，病株提早枯死。病毒病引起的枯心苗与三化螟为害造成的枯心苗相似，但无蛀孔，无虫粪，不易拔起。

分蘖期发病，先在心叶下一叶基部出现褪绿黄斑，后扩展形成不规则黄白色条斑，老叶不显病。籼稻品种不枯心，糯稻品种半数表现枯心。病株常枯孕穗或穗小畸形不实。

拔节期发病在剑叶下部出现黄绿色条纹，各类型稻均不枯心，但抽穗畸形，结实很少。

2.2　发生规律

条纹叶枯病有三次显症高峰，第一次在 6 月下旬至 7 月初的移栽活棵期，第二次在 7 月 20 日左右的分蘖期，第三次在 8 月中下旬的抽穗期，其中以第一、二次危害严重，且造成大批死苗，对产量影响显著。

2.3　水稻不同品种、不同生育期抗病性差异

水稻条纹叶枯病发生程度在不同水稻品种之间的差异较大。一般糯稻发病重于晚粳，晚粳重于中粳，籼稻发病最轻。籼稻中一般矮秆品种发病重于高秆品种，迟熟品种重于早熟品种。根据亭湖区调查，目前生产上比较抗病的水稻品种有徐稻 3 号、盐稻 8 号和扬粳 9538。比较感病的有武育粳 3 号、武运粳、香粳等系列品种。

水稻条纹叶枯病发生程度在水稻不同生育期之间的差异较大。水稻的苗期到分蘖盛期最易感病，秧苗越小，被感染的可能性越大，在水稻幼穗分化后很难感染并导致发病。

3　重发生原因分析

3.1　传毒昆虫—灰飞虱发生数量大

这是近几年水稻条纹叶枯病重发的主要因素之一。由于灰飞虱对水稻等作物的直接为害小，间接（传毒）危害大，未引起人们重视，也就一直未进行专门防治。加之灰飞虱寄主复杂，范围广泛，难以防治，从而使前茬麦田、秧池和大田及田外寄主上灰飞虱发生基数逐年增多，形成了巨大的初始毒源。

3.2　水稻最易感病生育期与灰飞虱转移传毒高峰期吻合度高

水稻从发芽到幼穗分化前均属易感病毒期，一般苗龄越小，越易感病。水稻常年在 5 月上中旬播种，5 月下旬至 6 月上中旬大面积水稻正处于 3 ~6 叶最易感病生育阶段，此时正值麦子成熟收获，第 1 代灰飞虱大量迁移水稻传毒为害，两者高度吻合，而且水稻又是灰飞虱的适

生寄主，一旦迁入很少主动性外迁，这就形成了病害重发流行的又一个重要因素。

3.3 生态环境有利于传毒昆虫生存

一是水稻品种粳稻化，使收获期较杂交籼稻推迟 10~15d，为灰飞虱第 4、5 代发生提供了适宜的寄主条件，繁殖了较多的越冬虫量，冬后种群基数大；二是暖冬以及春季雨水偏少，用肥水平提高，麦子面积较大，为灰飞虱创造了越冬、春繁的优越条件；三是受暖冬影响，多种禾本科杂草因暖冬而基本不死，甚至缓慢生长，优化了灰飞虱越冬栖息场所；四是稻套麦、麦套稻的自行发展，为灰飞虱顺利发展提供便利条件。稻套麦田越冬代单位面积灰飞虱数量是耕翻麦田的 2.4~5.7 倍。此外，部分农户对水稻条纹叶枯病缺乏了解和认识，预防与联防意识淡薄，防治措施不力，某种程度上助长了病害的扩展、蔓延。

3.4 抗药性增强，灰飞虱生存度提高

20 世纪 90 年代，防治灰飞虱一般采用氨基甲酸酯类药剂，效果较好，后来被扑虱灵、吡虫啉类的高效药剂逐渐取代，但近几年灰飞虱对该类药剂已经产生耐药或抗药作用。以吡虫啉为例，每 $667m^2$ 用量已从开始的纯品 1.5g 上升到现在的 5~6g，即使提高用量仍难以控制局部发生。

3.5 施药不当，加重了灰飞虱的发生

2003 年受稻纵卷叶螟大发生影响，不少农户自发地使用菊酯类或有机磷类农药，对灰飞虱忽视防治或缺乏有效的防治，加上菊酯类农药杀虫谱广，杀虫活性高，用量少，对灰飞虱天敌杀伤力大，刺激灰飞虱繁殖，大大有利于灰飞虱种群生存。

3.6 水稻品种粳稻化，感病品种种植面积大

20 世纪 90 年代以来，随着水稻品种进一步调优，逐步实现了粳稻化，水稻条纹叶枯病在本地也就从无到有，由轻到重，逐年上升。尤其是武育粳系列等高感品种的大面积种植，满足了病害重发流行的寄主条件。

4 综合防治技术

4.1 农业防治技术

4.1.1 推广应用抗（耐）病品种

推广应用抗病品种，不仅成本低，而且风险小，效果好，应成为防治水稻条纹叶枯病的首选措施。2008 年条纹叶枯病发生较轻的粳稻品种，如徐稻 3 号、盐稻 8 号、扬粳 9538 等，可进一步扩大种植。但目前种植的水稻品种，还没有不发病的绝对免疫品种，大面积种植后仍要加强灰飞虱的防治，以免抗性不强，贻误防治而染毒发病，造成减收。

4.1.2 完善耕作制度

要大力推广秋熟水旱轮作，夏熟麦油（豆）轮作；倡导免耕和耕翻的周期轮换，缩小"稻套麦"和"麦套稻"的面积；避免早播早栽，因地制宜选用适合迟播迟栽早熟高产的稻、麦品种，适当推迟播、栽期，把麦子播种期推迟到霜降以后，粳稻播种期推迟到 5 月中旬，插

秧期推迟到 6 月中旬后期至下旬。努力创造不利于灰飞虱生存繁殖的农田环境，以减少传毒虫源的发生量，预防病害的大流行。

4.1.3 改革育秧方式

减少水育秧，扩大旱育秧。水育秧播种早，秧苗生长快，苗大而嫩，田间湿度大，既对灰飞虱诱集力强，第 1 代成虫迁入虫量多，也适宜其生存和传毒，条纹叶枯病发生相对严重；旱育秧播种迟，秧苗生长慢，苗小而老健，田间湿度低，对灰飞虱的引诱力和生存适宜度比水育秧差，条纹叶枯病发生相对较轻，因此，力争全面实现旱育化。

4.1.4 清洁田园

防除秧田和水稻大田田边杂草，恶化灰飞虱生存环境，降低灰飞虱发生量，减轻发病程度。

4.2 物理防治技术

要示范推广秧池覆盖防虫网技术，在灰飞虱第 1 代成虫始发期到盛发末期，秧池覆盖防虫网，不让灰飞虱进入秧池接触秧苗传毒，可避免或减轻条纹叶枯病的发生。2005 年在南洋镇新洋村二组设立秧田覆盖防虫网示范田 2 001m^2（大田用药 4 次），种植品种为徐稻 3 号，防虫效果达 95% 以上。大田平均病穴率 1.2%，病株率 0.1%。应用此技术，可有效避开灰飞虱传毒，降低了秧苗带毒株率，大田第一显症高峰不明显。

4.3 化学防治技术

4.3.1 药剂浸种

药剂浸种处理是防治早期灰飞虱刺吸秧苗传毒，控制早期条纹叶枯病的重要措施之一。经过氟虫腈、吡虫啉等药剂浸种处理，水稻秧苗在 1 叶 1 心到 2 叶 1 心阶段仍保持带有较高浓度的药剂，可防止灰飞虱刺吸传毒。在灰飞虱每 667m^2 虫量 10 万头以下的年份，浸种处理对秧苗期第一显症峰期的防效可达到 50% ~60%；大发生或特大发生年份，因第 1 代灰飞虱发生量大，发生期长，发生峰次多，药剂浸种对第 1 代灰飞虱成虫后期的控制效果较差。

4.3.2 狠治秋季灰飞虱残虫，减轻对麦苗传毒和压低灰飞虱春繁基数

秋收后，立即组织对所有水稻田及有禾本科杂草的农田、渠道沟边、堆坡荒地全用药，杀灭灰飞虱。其作用是减少对麦苗的传毒和危害，减少春季毒源，减少灰飞虱春繁基数，抑制灰飞虱带毒率的上升。

4.3.3 狠治灰飞虱第 1 代若虫，压低向秧池迁入的虫源基数

在结合麦子穗期病虫防治同时用药兼治的基础上，在第 1 代若虫初龄高峰期和夏收后，对所有麦田及有禾本科杂草的农田、渠道沟边、堆坡荒地再全面用药防治 2 次，杀灭第 1 代若虫羽化为成虫之前，以减少向秧池和大田迁入的虫源基数。

4.3.4 狠治水稻秧苗期和大田前期灰飞虱，压低传毒虫量

水稻秧苗期和栽后大田分蘖期扑灭灰飞虱，是控制水稻条纹叶枯病发生和流行的最后的唯一措施。在做好药剂浸种的基础上，从灰飞虱第 1 代成虫开始迁入起即用药防治，防治工作要持续到拔节期。在第 1 代成虫迁入期间，要全程药控，及时扑灭迁入成虫；防治第 2、3 代若虫，要抓住卵孵盛期用药，把若虫消灭在大量传毒之前的初龄期。在防治秧田和大田的同时，还要对有禾本科杂草的农田及渠道沟边和堆坡荒地一并进行防治。大力防治灰飞虱第 1 代成虫和第 2、3 代若虫，具有减少对稻苗直接传毒、降低发病率、降低产量损失的决定性作用。

单季粳稻病虫发生特点及其综合治理技术探讨

仇广灿[1]，仇学平[2]

（1. 江苏省盐城市盐都区病虫测报站，224005；

2. 盐城市盐都区植保植检站，224002）

盐都区水稻面积常年 40 000hm² 左右，从 20 世纪 80 年代到目前的近 30 年间，该区水稻品种布局经历了纯作杂交中籼稻——籼粳混栽——纯作粳稻的演变过程，水稻病虫的主害种类、发生规律随着水稻品种布局的演变而不断变化。20 世纪 80 年代，大面积种植杂交中籼稻，品种单一，二化螟、纹枯病是水稻上常发性的主要害虫，其他病虫发生相对较轻；90 年代初开始扩粳缩籼，粳稻面积逐年扩大，杂交稻面积逐年缩小，形成了籼粳混栽的品种布局，病虫发生种类增加，为害程度加重，二化螟、纹枯病仍为主要害虫，大螟、三化螟等明显回升，白背飞虱、褐飞虱、稻纵卷叶螟的发生程度也明显加重；2000 年以来，水稻品种布局演变为纯作粳稻，灰飞虱种群数量迅猛上升，成为水稻上的主要害虫，导致条纹叶枯病、黑条矮缩病大流行，白背飞虱、褐飞虱、稻纵卷叶螟的大发生频次增加，稻瘟病、纹枯病为害程度加重，二化螟、大螟、三化螟种群数量逐年减少，为害减轻。近年来，我们根据粳稻的生长特点，对纯作单季粳稻布局下，水稻病虫的发生危害规律进行了深入的调查研究，综合分析了导致水稻病虫种群数量变动的主要影响因子，经过几年试验研究，已探明了单季粳稻布局下水稻病虫的发生规律及其主要影响因子，形成了一套适合现行栽培方式、易于应用、安全有效的综合治理技术，经大面积推广应用，有效地控制了水稻病虫发生为害，保证了水稻的安全生长，减轻了损失，产生了显著的经济效益、社会效益和生态效益。

1 发生特点

1.1 灰飞虱种群数量迅速上升，已成为水稻的主要害虫

20 世纪 80、90 年代水稻秧田极难查见灰飞虱，移栽大田灰飞虱百穴自然虫量一般均在 100 头以下，发生极轻。2000 年以来，水稻田灰飞虱种群数量持续攀升，连续大发生，已上升为水稻上的主要害虫。灰飞虱种群在水稻田的虫量消长呈双峰型，第一虫量高峰出现在水稻苗期，2001～2003 年秧田第 1 代灰飞虱成虫每 667m² 自然虫量在 3 万头以下，2004～2006 年每 667m² 虫量上升到 50 万头左右，2007 年、2008 年每 667m² 虫量达 100 万头以上，其为害主要表现为灰飞虱成虫通过刺吸秧苗传播病毒病及高虫量秧田引起僵苗；第二虫量高峰在水稻穗期，粳稻生育期长，后期气温下降，适宜穗期灰飞虱的繁殖，虫量上升迅速。近年来，9 月中旬水稻田灰飞虱百穴自然虫量一般均在 200 头以上，10 中旬百穴虫量上升到 900 头以上，严重田块百穴虫量达 6 000 头以上，一方面灰飞虱若虫转移到穗部刺吸处于灌浆期的水稻谷粒，直接危害水稻，使有机物外渗发霉呈空瘪粒，结实粒数减少，降低产量和品质，另一方面增加

了冬前基数，为翌年灰飞虱的发生提供了虫量基础。

1.2 病毒病发生严重，进入大流行期

条纹叶枯病、黑条矮缩病在20世纪80、90年代均未见发生，2000年盐都区首次查见条纹叶枯病，随着传毒介体灰飞虱种群数量的上升，其自然发生程度逐年加重，2003～2005年达流行高峰，感病品种自然病株率在50%～80%，部分田块90%以上，引起绝收。黑条矮缩病于2005年开始发病，2007年、2008年达流行高峰，发生严重，一般水稻田病穴率5%～20%，部分感病品种病穴率达60%～90%，损失严重，严重影响了水稻的正常生长。

1.3 迁飞性害虫重发代次多、频次高，后期危害程度加重

褐飞虱：主迁峰偏迟，为害期迟，后期危害重。20世纪90年代，褐飞虱达中等偏重以上发生程度的有2年，常年以第1代迁入为主，第2代补充迁入，隔代危害。而2000年以来，褐飞虱达中等偏重以上发生程度的有4年，并且发生为害期明显偏迟，如2005年、2006年、2007年主迁入峰均在第3代（8月底、9月初），3年灯下峰期诱虫量依次为77头、3 708头、131头，为历史少见，同期田间迁入百穴成虫85头、343头、74头，第4代为害高峰在9月下旬，比常年迟15d左右，自然百穴虫量均达2万头以上，部分田块达4万头以上，均达大发生程度，自然为害严重。

白背飞虱：滞留时间延长，后期虫量高，为害重。20世纪80、90年代白背飞虱以第2代（7月下旬、8月初）为主害代，8月中旬田间虫量自然下降，一般年份为害较轻。近年来，白背飞虱的发生程度虽然相对较轻，但部分镇村水稻田后期虫量较高，为害重，8月底、9月上旬百穴虫量仍达3 000头以上，严重田块达2万头以上，滞留时间延迟了25d左右，水稻受害严重，生长停滞，不能正常抽穗，或刺吸处于灌浆期的水稻谷粒，空瘪粒增加，产量损失较大。

稻纵卷叶螟：第3、4代连续发生，大发生频次高。稻纵卷叶螟在杂交中籼稻上以第3代为主害代，水稻破口抽穗后一般均是蛾多卵多虫少，不造成为害，一年发生一个代次，据统计20世纪90年代仅1998年达大发生程度，其余各年发生相对较轻。进入21世纪以来，稻纵卷叶螟的大发生频率明显提高，尤其第4代的发生程度明显加重，2000～2008年的9年中，第3代达大发生程度的有4年，第4代有5年，第4代发生程度重于第3代的有5年，已成为水稻上的常发性的主要害虫（表1）。

表1 2000～2008年稻纵卷叶螟自然发生情况

年度	第3代		第4代	
	卷叶率（%）	百穴幼虫	卷叶率（%）	百穴幼虫
2000	1.2	13.7	7.6	97.4
2001	0.3	0.7	0.6	1.1
2002	6.3	105.3	28.3	313.7
2003	43.9	560.0	56.7	1 210.0
2004	0.6	12.4	23.2	213.0
2005	36.3	743.4	11.4	491.0
2006	6.1	88.0	3.7	46.2
2007	49.4	1 320.0	7.7	134.6
2008	34.7	615.0	19.3	540.0

1.4 纹枯病、稻瘟病发生程度加重

纹枯病：病株严重度级别高，为害重。与杂交稻相比，粳稻纹枯病垂直发生快，如果不及时防治，发病株的病斑均能上升到倒二叶、剑叶，造成冒穿，病株提早枯死，灌浆不足，空瘪粒多，千粒重低，发病严重的田块 7 月底拔节初期病斑即可上升到顶叶，田间呈枯红色，影响水稻的正常生长。

稻瘟病：穗瘟发生重。粳稻稻瘟病明显重于中籼稻，每年均有不同程度的发生，育秧期间长势偏嫩、密度高的秧床极易发生苗瘟，发病中心明显，秧苗成段枯死；穗瘟发生比较普遍，一般品种病穗率在 5% 以下，感病品种的病穗率可达 10%~30%，破口抽穗期偏迟的水稻田病穗率高达 50% 以上，严重发病田块近乎失收。

1.5 部分偶发性病虫局部发生较重

稻曲病、干尖线虫病、白叶枯病、细菌性基腐病、稻蠓甲等偶发生病虫大面积发生较轻，但有些年份局部发生较重。如 2008 年淮稻 5 号稻曲病发生普遍，平均病穗率达 9.3%，严重发病田块病穗率高达 32.5%，淮稻 9 号干尖线虫病病株率一般为 2%~10%，淮稻 11 号病株率达 34.5%；在部分老病区白叶枯病时有发生，发病田块发病中心明显，叶片提早枯死；细菌性基腐病每年均有不同程度的发生，部分田块发病较重，水稻成团枯死，产量损失较大；稻蠓甲在直播稻田发生普遍，一般稻田秧苗被害率为 6%~20%，严重受害田块达 30% 以上。

1.6 水稻螟虫种群数量回落，发生轻

水稻螟虫曾是 20 世纪 80、90 年代水稻上的主要害虫，尤其 90 代中后期籼粳混栽的过渡时期二化螟、大螟、三化螟三螟齐发，二化螟自然螟害率一般在 30%~70%，大螟自然枯白穗率一般为 5%~10%，严重田块可达 20% 以上，三化螟自然枯白穗率一般为 5%~20%，危害严重。2000 年以来，进入纯作粳稻时期，三种螟虫的种群数量均呈下降趋势，目前二化螟的自然螟害率在 1% 左右，大螟枯白穗只能零星查见，三化螟的枯白穗已 4 年未见。

2 影响粳稻病虫发生危害的主要因素分析

2.1 粳稻生育期偏迟，病虫的发生、为害、繁殖期延长，发生基数高，为害程度加重

杂交中籼稻常年于 9 月底、10 月初收割，灰飞虱发生 4~5 代，冬前虫量较低，而粳稻的收割期一般在 10 月 10~25 日，比杂交中籼稻迟 10~20d，灰飞虱发生 5~6 代，10 月中下旬田间虫量上升快，后期食料充足，虫龄高，个体壮，有效地增加了越冬基数和存活率。水稻生育期迟，冬前虫量高、越冬存活率高是导致灰飞虱种群数量逐年攀升的主要因素。粳稻生育期迟，气候适宜，亦有利于穗颈瘟的发生为害，第 4 代稻纵卷叶螟、褐飞虱幼（若）虫的成活率高，为害期延长，为害程度均明显加重。

2.2 粳稻的形态特征，对不同种类病虫的促控效应差异较大

粳稻的植株形态与杂交稻相比存在明显差异，①粳稻植株矮，叶间距短，株型紧凑，呈筒状，对纹枯病的垂直发展极为有利，一般均是整穴发病，发病中心明显，病害的水平、垂直发

展同步，严重度级别高，危害程度重；②杂交稻叶片长、宽，张力大，进入破口抽穗期，稻纵卷叶螟幼虫即不能将叶片卷起，基本不受为害，而粳稻叶片小、短、窄，张力小，即使进入灌浆期，稻纵卷叶螟幼虫均能将叶片卷起，自然危害严重；③粳稻茎秆的角质程度高于杂交中籼稻，不利于二化螟的转株为害，发生程度明显轻于杂交稻，导致种群回落。

2.3 品种感病，加重为害程度

2005 年前种植的武育粳 3 号、武运粳 8 号、武运粳 11 号、盐稻 9 号等品种均高感条纹叶枯病，近年来，大面积推广的镇稻 88、镇稻 99、淮稻 9 号等，虽耐条纹叶枯病，但均高感稻瘟病，淮稻 5 号、淮稻 6 号、华粳 6 号等品种亦耐条纹叶枯病，但易感黑条矮缩病，缺乏多抗品种，这些病害均是灾害性的，处于此伏彼起状态，一旦暴发，产量损失惨重。

2.4 稻套麦面积扩大，灰飞虱冬后虫量高，为害严重

2000 年以来，大面积的粳稻收割期迟，为了争取三麦的播种时间，稻套麦面积逐年扩大，2003 年秋播时盐都区稻套麦面积扩大到 15 333hm²，占三麦播种面积的 48.9%，稻套麦由于稻茬不耕翻，留茬高，稻桩完整未遭破坏，灰飞虱从稻茬自然过渡到麦茬，秋冬季生存的环境条件好，淘汰率低，存活率高，冬后虫量一般是旋耕麦田的 5 ~ 10 倍。如 2004 年 11 月 18 日调查，稻套麦田冬前每 667m² 虫量为 33 300 ~ 347 400 头，平均 124 596 头，旋耕播种麦田每 667m² 虫量为 0 ~ 45 600 头，平均 11 742 头，前者是后者的 10.6 倍；2005 年 5 月 22 ~ 23 日调查，稻套麦田每 667m² 虫量 638 337 ~ 1 385 006 头，平均 962 087.8 头，旋耕播种麦田每 667m² 虫量 43 334 ~ 135 001 头，平均 85 000.5 头，前者是后者的 11.3 倍。

2.5 药剂的杀虫效果降低，控虫期短，增加了防治的难度

由于吡虫啉等药剂的长期连续使用，稻飞虱对这些药剂产生了明显的抗药性，防治效果下降。2006 年试验，吡虫啉每 667m² 含 2.5 ~ 4g 纯品，对褐飞虱的防治效果为 80% ~ 90%，控虫期仅 15d 左右，防治效果比 4 年前下降了 10% ~ 18%，控虫期缩短 20 ~ 30d；2007 年试验，吡虫啉每 667m² 含 2 ~ 6g 纯品，对褐飞虱的防治效果降为 60% 左右，比上年下降了 20% 左右。目前大面积推广应用的毒死蜱等药剂对稻飞虱的即时效果可达 90% 左右，但残效期仅 3 ~ 5d，而且对稻田蜘蛛等天敌的杀伤大，一般药后 3d 蜘蛛的死亡率在 55% 左右，后期稻飞虱种群上升较快。常规药剂对稻纵卷叶螟的防治效果亦有所下降，控虫期短，防治效果理想的长效药剂较少，一个世代用药一次不能有效地控制其危害，残留虫量较高，加大了下代的发生基数。

2.6 适宜的气候条件有利于害虫的迁入、种群的繁殖和累积，加重发生程度

秋季、冬季、早春气温偏高，有效积温多，使灰飞虱越冬死亡低、冬后残留虫量高、繁殖快，发生代次增加，发生期明显提早。如 2006 年 9 月下旬、10 月上旬和中旬的平均气温分别为 20.8℃、20.3℃ 和 21.0℃，分别比常年同期高 0.7℃、1.9℃ 和 4.2℃，10 月中旬调查，水稻田每 667m² 虫量为 24 000 ~ 1 232 000 头，平均 353 120.0 头，是 2005 年同期虫量的 1.92 倍；2006 年 11 月到 2007 年 4 月，6 个月的平均气温分别比常年高 2.3℃、1.5℃、1.1℃、3.8℃、2.0℃ 和 1.0℃，2007 年 4 月 10 日调查，加权平均每 667m² 虫量 3.96 万，5 月上旬第 1 代灰飞虱每 667m² 虫量 36.48 万头，分别是 2006 年同期的 3.2 倍和 2.5 倍，发生比常年早 5 ~ 10d。

连续降雨或其他特殊气候形成的强下沉气流，有利于迁飞性害虫的大量迁入。迁飞性害虫主要随气流迁入本地，降雨、台风、静止式切变线等气候形成的强下沉气流是迁飞性害虫迁入的主要条件。如2006年6月下旬到7月下旬本地雨日29d，降雨量达566mm，是常年同期降雨量的1.96倍，连续降雨，第1代褐飞虱于7月4日、12日出现两个迁入峰，第1代诱虫量6头/灯，为近15年来同期诱虫量的第1位，迁入期比常年早20d左右；8月25日到9月初受高空准静止式切变线、副高热倒槽及地面弱冷空气过境而形成的强下沉气流的影响，使两广、福建、江西的褐飞虱成虫大量北迁，在本地降落，出现了历史罕见的褐飞虱成虫迁入峰，第3代于8月26日到9月1日出现迁入峰，峰期诱虫量达3 688头/灯，更是历史所罕见，导致当年褐飞虱大发生。2007年8月上旬的台风，使南方第3代稻纵卷叶螟大量迁入本地，第3代灯下累计诱蛾62头/灯，明显高于常年，田间蛾量高，盛发期长，使第3代达大发生程度，自然危害严重。

3　综合治理技术的探讨

近年来，针对单季粳稻病虫的发生危害特点，盐都区采取了"以农业防治为基础，药剂防治相结合，控上压下，治虫防病"的总体策略，全程用药狠治秧田期灰飞虱，"早治、狠治"迁飞性害虫，突出重点，选择优良药剂配方，把握适期，开展阶段性总体防治，通过防治，有效地控制了水稻全生育期多种病虫害的发生为害，减轻了病虫的为害损失。

3.1　应用综合配套措施，控制灰飞虱种群数量，减轻条纹叶枯病流行程度

缩减稻套麦，降低灰飞虱的发生基数。从2004年秋播开始，在全区大面积缩减了稻套麦，全面推广机旋耕播种，稻套麦面积逐年下降，2006年秋播降至2 000hm²，当年机旋耕播种麦田第1代灰飞虱每667m²虫量比稻套麦田低150万头，缩减1万667m²稻套麦，全区秧田每667m²虫量即可减少约137万头，有效地降低了灰飞虱的虫源基数，减少了秧田灰飞虱虫量，2008年稻套麦面积降至1 000hm²。

大力推广抗病品种，减轻重大病害的发生程度。抗病品种是控制病害发生程度，减轻损失的重要措施，近年来，我区大面积推广了多个抗病品种，淘汰了高感病品种，有效地减轻了条纹叶枯病、黑条矮缩病、稻瘟病的发生为害程度。如徐稻3号、徐稻4号、盐稻8号、连粳4号、扬辐粳7号、扬辐粳8号、武运粳21等抗病品种，这些品种条纹叶枯病、黑条矮缩病、稻瘟病发生均较轻，综合抗性较好，淮稻9号、镇稻99等品种条纹叶枯病、黑条矮缩病发生轻，但易感稻瘟病，淮稻5号、淮稻6号、华粳6号等条纹叶枯病、稻瘟病发生轻，但易感黑条矮缩病，各镇根据不同品种的特性搭配种植，均表现出了较好的防病、控病效果。

适期推迟播栽期，避免第1代灰飞虱成虫定居大田。近年来，盐都区大面积水稻于5月10～15日播种，6月15日开始移栽大田，比20世纪90年代推迟了10d，使麦田第1代灰飞虱成虫绝大部分转移到秧田而集中防治，第2代卵孵盛期出现在移栽期间，初孵若虫在拔秧、运秧、插秧过程中被淘汰，避免了灰飞虱直接转移到水稻大田为害、传毒、繁殖，7月上中旬灰飞虱百穴虫量均在100头以下，田间虫量极低，杜绝了条纹叶枯病的第二发病高峰，有效控制了水稻拔节期条纹叶枯病的发生危害，从而减轻全年的发生程度。

机械收割，及时灭茬，清除杂草，减少灰飞虱虫源，缩短秧田虫量高峰。麦子成熟后，全部用收割机突击收割，麦子收割后，及时耕翻灭茬，清除沟边、渠边、埂边杂草，淘汰了麦

秆、杂草上的大部分灰飞虱成、若虫，缩短了第 1 代成虫羽化期和转移期，减少虫源基数。

3.2 把握适期，分阶段开展总体防治

3.2.1 水稻秧田期

"主动出击，全程用药"，狠治第 1 代灰飞虱，兼治螟虫，杀虫防病保苗压基数。根据灰飞虱的发生、转移、传毒规律，在秧田期采取"主动出击，连续用药"的防治策略，从灰飞虱向秧田转移初期开始（5 月 20 日前后），到水稻移栽前（6 月 20 日前后），每隔 2~3d 用药一次，连续用药，将秧田虫量控制在经济允许范围内。

3.2.2 水稻分蘖到拔节孕穗期

稻飞虱、稻纵卷叶螟、纹枯病是该时段的主害病虫，杀虫防病，控制为害压基数是该时段的主要目标。在防治上，一是掌握在第 2 代稻飞虱低龄若虫盛期（7 月 20 日前后）用药防治，主治第 2 代白背飞虱、褐飞虱、第 3 代灰飞虱、纹枯病；二是掌握在第 2 代稻纵卷叶螟卵孵高峰到 1、2 龄幼虫盛期（7 月）。

3.2.3 水稻穗期

水稻穗期病虫防治的根本目的在于防病杀虫，保穗增重。首先根据不同水稻品种的生育进程、病虫发生情况以及天气状况，掌握在破口期、抽穗期间用药，主治稻瘟病、第 3 代褐飞虱、稻纵卷叶螟、纹枯病、兼治螟虫、稻曲病；其次掌握在第 4 代褐飞虱发生期间，依据前期的用药防治情况、田间虫情，分类指导，用药防治第 4 代褐飞虱、第 4、5 代灰飞虱。

3.3 选择高效、低毒、低残留的优良药剂、配方，用足药量，确保防治效果

由于稻飞虱等害虫对常用药剂产生了明显的抗药性，药剂的杀虫效果下降，如果仍按照常规的药剂配方、用量，已不能有效地控制害虫的为害。为了保证药剂的防治效果，有效控制病虫的危害，在药剂配方的选择上坚持"高效低毒，多药混配，用足药量，交替使用，速效长效结合"的原则，根据各种病虫害对不同药剂的敏感程度，选择相应的高效对路药剂和配方，在不同代次、不同阶段交替使用，以提高药剂的防治效果，延长使用寿命。如防治水稻田灰飞虱，每 667m² 用 40% 盖仑本（毒死蜱）乳油 80ml 加 25% 盛收（吡虫啉）可湿性粉剂 16g 或 25% 启旺（丙·辛）乳油 50ml 加 25% 乐心（噻嗪酮）可湿性粉剂 40g 等配方搭配使用；防治稻纵卷叶螟、螟虫，每 667m² 用 25% 稻喜（丙·辛）乳油 100ml 或 40.7% 同一顺（毒死蜱）乳油 80~100ml、5% 锐劲特（氟虫腈）30~40ml 等配方为主体。

3.4 试验、示范、推广防治效果优良的新药剂

近年来，通过连续的田间试验示范，筛选出了一些能够替代高毒农药、防治效果优良的新药剂，如 31% 三拂（三唑磷·氟虫腈）乳油、40% 速灭抗（丙溴磷）乳油掌握在稻纵卷叶螟 1、2 龄幼虫期施药，杀虫、保叶效果一般均在 90% 以上，每 667m² 用 30% 嘉润（苯醚·丙）乳油 15~20ml 于水稻拔节、孕穗期施药两次，对纹枯病的控制效果均达 80% 以上，25% 吡蚜酮可湿性粉剂于稻飞虱低龄若虫盛期用药，对稻飞虱的防治效果可达 80% 以上，这些药剂均具有较好的推广应用前景。

黑条矮缩病对水稻生长影响调查

仇学平[1]，仇广灿[2]，成晓松[2]，胡　健[2]，胡　毓[3]，张连成[3]

（1. 江苏省盐城市盐都区植保植检站，224002；

2. 盐城市盐都区病虫测报站，224005；

3. 盐城市盐都区龙冈镇农业中心，224011）

2007 年水稻黑条矮缩病大发生，部分村组、部分品种严重发病，对水稻生产造成较大影响，为了解黑条矮缩病在大发生年份的发病特点，对水稻不同品种的影响及发病率与产量损失的关系，我们对盐都区主要水稻品种黑条矮缩病发病情况进行了调查，同时对发病最严重的淮稻 5 号不同发病等级田块进行定田跟踪考察，现将调查结果报告如下：

1　调查方法

1.1　病情消长情况调查

采取定田调查与大面积普查相结合的方法进行，根据盐都区水稻栽培类型，分稻套麦和旋耕麦两个类型，各定两块稻田，从水稻移栽后第 3 天开始观察，一直到灌浆，每隔 3 天观察一次，记载发病情况。

1.2　不同品种发病情况调查

在病害发生基本稳定时进行，每块田 5 点取样，每点调查 100 穴。

1.3　产量损失考察

在水稻成熟收割前，选择淮稻 5 号轻病田、重病田各 1 块，徐稻 4 号 1 块，糯稻 1 块，每块取健株、不同发病程度的病株各 5 株，带回室内考察，测定株高、穗长度、每穗粒数、千粒重，计算结实率、产量、损失率。

2　调查结果

2.1　病症及病情消长情况

水稻黑条矮缩病于 6 月 23 日前后（移栽后一周）开始发病，极少数田块移栽时即见到零星病株，7 月初进入发病高峰，正常稻株已经发棵，分蘖增多，稻苗粗壮，生长旺盛，发病稻株虽已活棵，根系也较多，分蘖数略有增加，但稻苗未见明显生长，稻株矮缩、瘦弱，新生叶出生缓慢，叶枕重叠错位，叶片僵硬，叶基部皱缩，背面叶脉有短线条状突起。

分蘖期的矮缩稻苗后期分化较大，主要表现为 4 种类型：一是枯死，约 5%，于 8 月中旬后陆续枯死。二是不死但不能抽穗（万年青），约 15%，矮缩稻苗虽不提前枯死，但也没有恢复生长，一直呈矮缩状，不能抽穗，无经济产量。三是缓慢恢复生长，但生长量小，产量损失大（病株），约60%，为黑条矮缩病后期的主要表现症状，病株最终能够抽穗，但株高矮，穗长短，穗小粒少，结实率低，粒重轻，经济产量明显降低。四是恢复成正常稻苗（康复株），约20%，矮缩稻苗经过各种补救措施后有部分逐渐恢复生长，正常抽穗灌浆结实，株高、穗粒结构均与正常稻株无明显差异，没有产量损失，主要出现在重病田。

2.2 不同水稻品种发病情况

7月中旬对发病比较严重的稻套麦地区种植的12个水稻品种进行调查，不同水稻品种黑条矮缩病发病差异较大，其中以淮稻5号发病最重，平均发病率45%以上，严重田块病株率在90%以上；其次为杂交稻、华粳6号、淮稻6号、武运粳11，平均发病率在20%以上，其余品种发病则相对较轻。旋耕麦地区发病相对比较轻微（表1）。

表 1　主要水稻品种的黑条矮缩病发病情况

品　　种	稻套麦地区		旋耕麦地区	
	变　　幅	平　　均	幅　　度	平　　均
淮稻 5 号	8～98	48.8	0～18	6.3
淮稻 6 号	7～42	21.3	0～4	1.3
淮稻 9 号	0～7	1.9	0～2	0.2
华粳 6 号	10～46	26.1		
盐稻 8 号	7～13	9.3	0～3	0.6
盐粳 7 号	0～10	4.3		
徐稻 4 号	1～9	5.8	0～3	0.8
徐稻 3 号	6～11	8.0	0～3	0.5
扬幅粳 8 号	2～3	2.5		
武连粳 1 号	0	0		
武运粳 11	21			
特优 559	28～51	38.4		

注：调查时间为7月中旬，栽培方式为手工移栽稻，表中数据为病穴率（%）。

2.3 病株的产量损失情况

2.3.1 同一块稻田不同类型病株的损失程度比较

据水稻成熟期对不同株高类型病株考察，同一块稻田不同株高类型的发病株产量损失差别较大，水稻单株产量损失率与生长量、株高成明显反比关系。10月28日对淮稻5号病穴率在10%以下的轻病田进行调查，平均株高55.1cm（比健株低36.1%）的病株，与健株相比，穗长短1.6cm，每穗结实粒数减50.8%，千粒重低27.4%，减产率64.3%；平均株高44.7cm（比健株低48.2%）的病株，穗长短6.6cm，每穗结实粒数减76.8%，千粒重低37.8%，减产率85.5%；平均株高35.7cm（比健株低58.6%）的病株，穗长短8.5cm，每穗结实粒数减97.6%，千粒重低62.9%，减产率99.1%；平均株高28.1cm（比健株低67.5%）的病株，不能抽穗，减产率100%（表2）。

表 2　不同类型病株的性状及穗粒结构

品种	病穴率(%) 分蘖期	病穴率(%) 成熟期	类型	单穴穗(株)数	株高(cm) 平均	株高(cm) 变幅	比健株低(%)	穗长(cm) 平均	穗长(cm) 变幅	每穗粒数 总粒数	每穗粒数 实粒数	结实率(%)	千粒重(g)	百穗重(g)	比健株减(%)
淮稻5号	9	5	健株	12.5	86.2	82~92		15.3	13~17	129.9	115.1	88.6	25.9	297.9	
			病株	13.2	55.1	46~61	36.1	13.7	12~16	80.8	56.6	70.1	18.8	106.4	64.3
			病株	10.6	44.7	41~50	48.2	8.7	6~12	37.9	26.7	70.4	16.1	43.0	85.5
			病株	8.4	35.7	31~38	58.6	6.8	5~10	17.7	2.7	15.1	9.6	2.8	99.1
			病株	8.7	28.1	25~32	67.5	不抽穗							100
淮稻5号	97	68	健株	15.5	91.3	85~95		16.7	15~18	156.8	145.3	92.7	27.2	395.2	
			病株	16.2	48.2	42~55	47.2	12.1	11~13	86.5	68.5	79.2	21.7	148.5	62.4
			病株	9.3	43.3	38~45	52.6	7.8	6~11	63.5	48.5	76.4	21.9	106.3	73.1
			病株	20.7	39.6	36~43	56.6	6.4	4~10	57.9	37.3	64.4	19.9	74.0	81.3
			病株	37.1	37.2	34~39	59.3	5.3	3~8	26.3	1.8	6.4	10.3	1.9	99.5
			病株	18.4	23.2	16~27	74.6	不抽穗							100
徐稻4号	7	4	健株	11.4	94.9	88~101		19.3	17~20.5	153.9	143.2	93.1	25.1	359.4	
			病株	8.2	58.9	51~65	38.8	11	9~14	56.9	41.0	72.1	20.7	85.0	76.3
			病株	10.5	50.2	47~53	47.1	9.4	6~12	45.3	2.3	4.8	12.4	2.9	99.7
			病株	9.1	43.5	38~46	54.2	8.2	7~10	35.3	0.0				100
			病株	8.6	35.2	34~37	62.9	6.8	5~8	31.4	0.0				100
			病株	9.2	20.4	18~23	78.5	不抽穗							100
糯稻	89	62	健株	32.2	74.4	71~79		16.2	14~18	121.9	93.5	76.8	23.2	216.7	
			病株	18.6	48.2	44~53	35.2	12.4	11.2~14	106.3	76.5	72.0	15.8	121.3	44.0
			病株	23.4	38.6	32~43	48.2	8.8	6~10.4	37.5	24.3	64.8	20.8	50.6	76.6
			病株	21.4	28.1	23~33	62.2	3.5	2~5	14.8	0				100
			病株	16.7	15.2	12~20	82.4	不抽穗							100

2.3.2 同一品种，不同发病程度田块间病株的损失程度比较

同一品种、不同发病程度田块间群体的损失随发病程度的加重而加大，但株高相近病株个体的损失率以轻病田略高于重病田。重病田分蘖期发病率高，中、后期部分矮缩病株恢复生长，但田间大部分仍为矮缩病株，对已正常恢复生长的康复株而言，因具有较好的生态环境和明显的边际效应，光照充足，生长势较强，补偿能力强，个体没有产量损失。而轻病田的病株都处于群体的中下层，生态环境较差，光照不足，生长瘦弱，生长量较小，个体的损失相对较大；处于田埂四周的病株生长相对较好，损失要小于田中的病株。如严重发病［分蘖期病穴率达 97%（全田矮缩），成熟期病穴率为 68%］的淮稻 5 号，已恢复正常生长，能够正常抽穗的康复株每穴穗数、株高、穗长、每穗粒数、千粒重、百穗重等，均要高于同品种轻病田（分蘖期病穴率为 9%，成熟期病穴率为 7%）的健株，株高相近病株的损失率亦以轻病田高于重病田（表 2）。

2.3.3 发病程度相近、不同品种田块间病株的损失程度比较

株型紧凑，叶片挺直，穗直立的淮稻 5 号，处于中下层的病株透光条件相对较好，损失率相对较小，如病穴率在 10% 以下的轻病田，株高比健株矮 36.1%、48.6% 和 58.6% 的病株损失率分别为 64.3%、85.5% 和 99.1%，而发病程度相近的徐稻 4 号，株型较松散，叶片披垂，株高比健株矮 38.8%、47.1% 和 54.1% 的病株损失率分别为 76.3%、99.7% 和 100%，其损失率明显高于淮稻 5 号；严重发病的糯稻田不同类型病株的损失率亦略高于发病程度相近的淮稻 5 号（表 2）。

3 小结与讨论

3.1 正常播种移栽水稻，黑条矮缩病一般于移栽后一周开始发病，发病高峰在 7 月上旬，后病情基本稳定。

3.2 不同水稻品种黑条矮缩病发病差异较大，其中以淮稻 5 号最为感病，杂交稻、华粳 6 号、淮稻 6 号、武运粳 11 等品种次之。在稻套麦地区及灰飞虱发生严重的地区，种植上述品种一定要主动搞好灰飞虱防治工作。

3.3 同一块稻田不同株高类型的发病株产量损失差别较大，水稻单株产量损失率与生长量、株高成明显反比关系。

3.4 同一品种、不同发病程度的田块，群体的损失随发病程度的加重而加大，但株高相近的病株个体的损失率，以轻病田略高于重病田。

3.5 发病程度相近，不同品种田块间病株的损失程度不一样。同为轻病田的淮稻 5 号和徐稻 4 号田块，淮稻 5 号病株的损失率要小于徐稻 4 号；同为重病田的淮稻 5 号和糯稻田，淮稻 5 号的损失率要小于糯稻。这可能与不同品种的株型和光合效率有关。

直播稻田杂草发生特点
与防治技术

曹方元[1]，仇学平[1]，仇广灿[1]，程来品[2]，吴长青[2]，孙万纯[3]

（1. 江苏省盐城市盐都区植保植检站，224002；
2. 盐城市盐都区潘黄镇农业中心，224055；
3. 盐城市盐都区义丰镇农业中心，224022）

直播稻无需育秧移栽，具有省工、节本、降低劳动强度等优势，近年来在盐都区迅速发展。2006 年 0.13 万 hm^2，2007 年 0.7 万 hm^2，2008 年为 2.17 万 hm^2，占水稻面积的 50% 以上，部分镇达到 90% 左右。

1 杂草发生特点

1.1 种类多

移栽稻田主要杂草有：稗草、鸭舌草，少数田块有扁秆藨草、眼子菜。直播稻田主要杂草有稗草、千金子、球花碱草、扁秆藨草、杂草稻、鸭舌草、鸭跖草、眼子菜、鳢肠等，旱直播田还有马唐、牛筋草、小旋花等旱生杂草。直播稻田杂草种类明显多于移栽稻田。

1.2 杂草密度高、危害重

移栽稻田杂草较轻，一般每平方米十几株杂草；而直播稻田一般每平方米有杂草几十株到几百株，如不除草一般可减产 10%～50%，严重田块可造成草荒而绝收。

1.3 出草期长

直播稻在播种后 5～30d 内有多个出草高峰。播后 5～7d，出现第一个出草高峰，以稗草、千金子、鳢肠为主；播后 15～20d，出现第二个出草高峰，主要是球花碱草、陌上菜、节节菜、鸭舌草等莎草科和阔叶类杂草；播后 20～30d，部分田块出现第三个出草高峰，以萤蔺、水莎草为主，还有少数阔叶草。旱直播稻田杂草种类比水直播稻田多，兼有湿生杂草和旱生杂草。播种后 5～7d，土表杂草种子开始大量萌发，播后 10～15d 杂草进入萌发高峰期。播种后 20～25d，残留在土壤深层的杂草种子萌发出土，发生量较少，此时水稻群体变大，杂草生长处于弱势，一般不构成危害。直播稻田恶性杂草稗草和千金子发生早，发生期长，发生量大，可占出草总量的 30%～70%，出草期长达 25d 以上。

1.4 杂草稻逐年加重

2006 年偶尔查见，2007 年普遍发生，但危害较轻，2008 年不但普遍发生而且危害严重。据在大冈、潘黄、秦南、张庄等乡镇进行踏查和典型调查，田块发生率为 36.7%，一般杂草稻株率为 1%～8%，部分为 20%～30%，最高达 81%。盐都区杂草稻属籼稻型，植株高大，长势旺盛，分蘖性强，成熟早，易脱粒。株高 92～102cm，穗长 17～29cm，每穗实粒数 68～196 粒，糙米为红色。

2　主要化除技术

直播稻杂草种类多、密度高、危害期长，增加了除草难度。部分田块用一次药不能彻底根除草害。目前盐都区采用"一封、二杀、三扫残"方法。

2.1　"封"

播后喷药进行土壤封闭，是根除直播稻草害的关键。盐都区使用的除草剂配方有：丙草胺复配剂系列（如丙·苄等）、丁草胺复配剂系列（如丁·恶、丁·异等）、新马歇特（丁草胺）、施田补（二甲戊乐灵）等。现将主要配方介绍如下：

2.1.1　丙草胺复配剂系列

从除草效果和安全性等综合分析，丙草胺系列除草剂明显优于其他品种，一般除草效果达 95% 以上。主要方法为：每 667m² 用 30% 草消特（丙草胺）130～150ml 加 10% 苄嘧磺隆 20g，对水 40kg 喷雾。浸种催芽落谷，落谷后 2～4d 施药。施药后保持畦面湿润无积水、墒沟满沟水。秧苗 2.5 叶至封行前：浅水勤灌，田间不断水，以水控草。如长期缺水干旱，不但稗草等水田杂草效果下降，而且一些湿生、旱生杂草也将会严重发生。

2.1.2　丁草胺复配剂系列

主要用于旱直播田，每 667m² 用 36% 水旱灵（丁·恶合剂）150～180ml，对水 40kg 喷雾。2008 年播种期间雨水较多，少数田块出现药害。因此，用药后如遇大暴雨或连阴雨天气，要及时迅速排干水渠及墒沟水。

2.1.3　丙草胺在干籽落谷直播稻田示范应用

由于机械、人力等因素的限制，一般同一匡田要 2～3d 才能播种结束，统一上水，催芽播种常遇到先播种的稻种出现"回芽"现象，而影响出苗率。因此，2008 年在龙冈、郭猛等乡镇进行了丙草胺在干籽落谷直播稻田的示范应用，示范面积约 66.7m²。示范结果表明，在正常情况下，干籽落谷直播稻可以使用丙草胺，同时可加入苄嘧磺隆增加杀草谱。一般每 667m² 用 30% 丙草胺乳油 130～150ml 加 10% 苄嘧磺隆 20g，对水 40kg，进行常规喷雾。用药时间：播种结束，第一次上水后 3～4d。用药后至秧苗 2.5 叶要求畦面潮湿无积水，即田间水自然落干后，再灌上满沟水让其自然落干。如遇大暴雨或连阴雨天气，要及时迅速排干水渠及墒沟水；秧苗 2.5 叶至封行前：浅水勤灌，田间不断水，以水控草。

2.2　"杀"

于秧苗前期进行喷药杀草。针对第一次除草效果不理想的田块，作为一种补救措施。一般在秧苗 2～6 叶期，根据杂草种类选择相应的除草剂进行喷药茎叶处理。目前主要除草剂有千金（氰氟草酯）、稻杰（五氟磺草胺）、二氯喹啉酸、苄嘧磺隆、苯达松（灭草松）等。

2.2.1　千金

该药对千金子、稗草有较好的防除效果。于杂草 2～4 叶期，每 667m² 用 10% 千金乳油 50～60ml，对水 20～30kg 喷雾。随着草龄的增加，要适当增加用药量（每增加 1 叶，则用药量再增加 10ml）。排干水用药，用药后 24h 上水。该药不能与苄嘧磺隆等防除阔叶类杂草的药剂混用。该药对 6 叶以上的大龄稗草效果较差。

2.2.2 稻杰

对稗草及部分双子叶杂草与莎草科杂草有较好的防效。稗草 1 ~ 3 叶每 667m² 用 25% 稻杰 40 ~ 60ml；稗草 3 ~ 5 叶用 60 ~ 80ml；稗草超过 5 叶，再适当增加用药量。每 667m² 对水 20 ~ 30kg 喷雾。排干水层用药，用药后 24h 上水，保水 7d。

2.2.3 苯达松

对双子叶及莎草科杂草较多的稻田，每 667m² 用 48% 苯达松 300ml 或 20% 使它隆（氯氟吡氧乙酸）60ml，对水喷雾。如杂草较大时（秧苗 5 叶期后），则可再加 56% 二甲四氯 40g 混用。

2.2.4 二氯喹啉酸

只能防除稗草，对其他杂草基本无效。掌握在秧苗 3 叶期后、稗草 5 叶期前，每 667m² 用 50% 二氯喹啉酸 30 ~ 50g 加 10% 苄嘧磺隆 20g，对水 40kg 喷雾。排干水层用药，用药后 24h 上水，保水 7d。二氯喹啉酸成本较低，但杀草谱窄，用药适期短，不能超量使用，不得用机动弥雾机喷施，如使用不当秧苗易产生葱管状药害，同时二氯喹啉酸对后茬旱作物影响较大，一般不提倡使用。

2.3 "扫残"

水稻生长的中后期进行人工除草。在杂草种子成熟前，人工拔除田间残留杂草及铲除田边杂草，控制来年发生量。

3 存在问题

3.1 整地质量差，沟系不健全

直播稻前期对水层管理要求较高，要达到水能速灌速排的要求。实际生产中很多田块，整地质量差，田面高低相差太大，墒沟太浅。2008 年 6 月 22 日在郭猛镇西湖村 2 组调查，该组小麦茬口直播稻，6 月 11 日播种，13 日施药，每 667m² 用 30% 草消特（丙草胺）乳油 130 ~ 150ml 加 10% 苄嘧磺隆 20g，常规喷雾。6 月 13 日晚到 14 日上午降大暴雨，14 ~ 20 日为连阴雨天气，其中盖籽深、墒沟浅、没有及时排水的 6 块田出苗较少，基本苗为 13.5 ~ 51.3 株/m²。而盖籽浅、墒沟深、排水通畅、及时排水的田块出苗正常，基本苗为 101 ~ 153 株/m²。其中有一块田南头高，北头低，高低相差 15cm 以上，南头基本苗 101 株/m²，北头基本苗 13.5 株/m²。

3.2 部分农民对除草剂性能不够了解

调查中发现部分农民对除草剂性能不够了解，随意增加用药量造成药害。如超量使用二氯喹啉酸而产生葱管状药害，近 2 年均有一定的面积发生。

3.3 除草剂质量良莠不齐

多数除草剂质量较好，但 2008 年部分劣质除草剂流入盐都区市场。如秦南、义丰等镇农民使用的"大斯马"，秦南、楼王等镇农民使用的"水秀"（苄·二氯喹啉酸：总有效成分及含量36%，其中苄嘧磺隆4%，二氯喹啉酸32%）。凡使用过这类除草剂的稻田均出现不同程度的药害。每$667m^2$用"水秀"可湿性粉剂60g的田块，药后2d秧苗叶片逐步褪绿发黄，后出现褐色斑点；部分叶片从叶尖叶缘开始逐步枯死；部分植株叶鞘褪绿发白，呈半透明状；植株稍矮，生长慢，白根少，黄根多，呈僵苗状；严重田块出现死苗。

3.4 杂草稻日趋严重

按照目前发展趋势，在未来2～3年将成为盐都区发展直播稻的主要障碍，如何防除还有待进一步试验研究。

104

近几年滨海县二化螟轻发原因浅析

王永青[1]，刘寿华[2]，戴爱国[1]，王　标[1]

（1. 江苏省滨海县植保植检站，224500；2. 滨海县农业执法大队，224500）

二化螟是滨海县水稻生产上的重要害虫，但不同时期其发生程度差异较大，自 20 世纪 60 年代以来出现了 4 个明显不同的种群消长动态，90 年代以后发生量下降，近几年几乎绝迹。由于其不同时期发生的差异明显，在控害技术上则需作相应的调整，才能取得理想的防治效果。

1　群体消长动态

据滨海县植保植检站 1962～2008 年 47 年调查资料分析，二化螟种群发生了巨大的变化，经历了轻—重—轻—极轻的过程。

1.1　低水平发展徘徊期

20 世纪 60～70 年代，由于水稻生产水平较低，二化螟的发生量处于低水平发展徘徊阶段。

越冬代冬后基数：10.6～1 704.4 头/667m²，平均 301.9 头/667m²。

第 1 代秧池落卵量：39.6～152.1 块/667m²，平均 99.4 块/667m²。

为害程度：第 1 代为害造成的枯心率为 0～1.9%，平均 0.11%；第 2 代为害造成的枯孕穗和白穗率 0.03%～1.06%，平均 0.24%。

灯下蛾量：第 1 代累计 11～52 头/灯，平均 17.6 头/灯，第 2 代累计 19～114 头/灯，平均 39.2 头/灯。

1.2　急速增长重发期

20 世纪 80～90 年代中期，尤其是 1985 年以后，二化螟发生量急速增加。

越冬代冬后基数：666.7～2 908.64 头/667m²，平均 1 031.5 头/667m²，是上一时期的 3.4 倍。

第 1 代秧池落卵量：2 500～10 888.9 块/667m²，平均 3 191.1 块/667m²，是上一时期的 32.1 倍。

为害程度：第 1 代为害造成的枯心率为 0.8%～7.4%，平均 2.06%，是上一时期的 18.7 倍；第 2 代为害造成的枯孕穗和白穗率 0.55%～4.13%，平均 1.07%，是上一时期的 4.5 倍。

灯下蛾量：第 1 代累计 83～249 头/灯，平均 188.5 头/灯，是上一时期的 10.7 倍；第 2 代累计 152～621 头/灯，平均 295.3 头/灯，是上一时期的 7.5 倍。

1.3　急剧下降轻发期

20 世纪 90 年中期至 2004 年，田间二化螟发生急剧下降。

越冬代冬后基数：6.7 ~ 564.4 头/667m²，平均 93.1 头/667m²，是重发期的 9%。

第 1 代秧池落卵量：11.4 ~ 61.2 块/667m²，平均 32.3 块/667m²，是重发期的 1%。

灯下蛾量：第 1 代累计 8 ~ 74 头/灯，平均 11.8 头/灯，是重发期的 6.3%；第 2 代累计 10 ~ 79 头/灯，平均 27.1 头/灯，是重发期的 9.2%。

1.4　几乎绝迹难见期

2005 ~ 2008 年，水稻田间二化螟进一步下降，田间几乎无法查见，基本无为害，只能在诱虫灯下零星查见成虫。

灯下蛾量：第 1 代累计 0 ~ 2 头/灯，平均 1 头/灯，第 2 代累计 1 ~ 9 头/灯，平均 3 头/灯。

2　轻发原因浅析

排除自然条件的影响，在滨海县导致二化螟轻发的原因主有以下几个方面。

2.1　作物布局的改变，引致二化螟种群发生变动

二化螟属多食性昆虫，作物布局不同，二化螟种群将发生明显变化。20 世纪 60 ~ 70 年代，灌溉总渠南稻区河道纵横，茭白面积近 2 000hm²，水稻面积在 10 000hm² 左右，为第 1 代二化螟提供了初始食源；而灌溉总渠北无水稻，二化螟食物链断节，所以极难查见，发生程度较轻。80 ~ 90 年代中，旱改水面积迅猛扩大，大面积种植粗嫩秆型的常规中籼稻和杂交籼稻，为二化螟的发生发展提供了丰富而适宜的食料条件，二化螟发生量急剧增加。90 年代中期至 2008 年，滨海县大面积籼改粳，由于粳稻茎秆细而坚，不太适宜二化螟的取食，二化螟发生发展受到抑制。

2.2　水稻品种的改革，抑制了二化螟的发展

20 世纪 60 ~ 70 年代，水稻总种植面积 9 333 ~ 23 333hm²，当时滨海县大面积种植的单季晚稻花寒早、南京 11 号、井岗山 1 号等品种，由于生产水平低，水稻生长量不足，不适宜第 1 代二化螟的取食，大部分二化螟卵落入沟田边杂草和茭白田，所以稻田二化螟发生为害较轻；自 20 世纪 80 年代起，尤其是 1984 年后，大面积栽植单季中籼稻并逐步推广三系杂交中籼稻，同时籼粳混栽，架起了适宜二化螟生长繁育的食物桥梁，二化螟发展迅猛。第 1 代二化螟发蛾高峰期为 8 月 3 ~ 14 日，杂交籼稻和粳稻破口期正常为 8 月 20 ~ 30 日，极有利于第 2 代二化螟的取食和成活，收获前田间的部分幼虫发育到 3、4 龄，可安全越冬成为次年有效虫源，致使二化螟群体较重发生；20 世纪 90 年代后期至 2008 年，大面积单一粳稻的种植，其破口抽穗期一般在 8 月中旬后，迟于第 2 代二化螟的卵孵高峰期 8 月 10 ~ 21 日，未破口抽穗期的水稻因不利于幼虫取食、成活，食物链断节，抑制了二化螟的发展，二化螟发生量持续下降。

2.3 防治策略的调整，引起二化螟进一步轻发

近几年，滨海县灰飞虱暴发，为了切断条纹叶枯病、水稻黑条矮缩病、玉米粗缩病的毒源，在防治灰飞虱的策略上采取了"治秧田保大田，治前期保后期，全程药控"的策略。加之近几年迁飞性害虫大发生，稻田每年用药不低于12次，秧池用药不少于8次，而且每次药剂配方中基本上都含有对二化螟有杀灭作用的毒死蜱类等农药，秧池和稻田中的二化螟在轮番用药下被兼治了，因此全程药控后的稻田二化螟进一步轻发。

2.4 耕作制度的改变，导致第1代二化螟的无效虫源增加

直播稻的种植，使二化螟失去了适宜的产卵场所，很大一部分的卵成为无效卵。2004年滨海县直播稻面积为2 000hm^2，占种植面积的5.3%；2005年4 667hm^2，占种植面积的12.5%；2006年7 333hm^2，占种植面积的19%；2007年13 667hm^2，占种植面积的35.3%；2008年34 000hm^2，占种植面积的89.43%。常年滨海县越冬代二化螟发蛾高峰期为5月13~28日，而农民自发种植的直播稻播种期都在5月20日以后，越冬代二化螟产卵期间没有适宜的水稻，导致第1代二化螟产生了大量的无效虫源，使发生量进一步下降，几乎绝迹。

2008 年不同播栽类型稻田杂草发生情况调查初报

季丰明[1]，徐东祥[1]，单丽丽[1]，淤　萍[1]，姚亮亮[1]，李东明[1]，王维新[2]

（1. 江苏省阜宁县植保植检站，224400；2. 阜宁县三灶镇农业办公室，224402）

　　阜宁县位于江苏省苏北平原中北部，为苏北水稻主产区之一，近年来水稻播栽类型向多样化方向发展，据统计，2008 年阜宁县水稻总面积 5.63 万 hm²，旱直播稻种植面积达 2.1 万 hm²，旱育移栽、机插稻面积分别为 2.33 万 hm² 和 1.2 万 hm²。随着播栽类型的多样化，稻田杂草的草相、特点、发生程度也随之发生了改变。为全面指导面上杂草防除工作，2008 年 7 月份阜宁县植保植检站对旱直播稻田、旱育移栽大田、机插秧大田杂草发生情况进行了对比调查，初步摸清了当前阜宁县几种主要播栽类型稻田杂草的发生情况，现将调查结果初报如下：

1　调查与统计

1.1　草相普查

　　2008 年 7 月 15～22 日对阜宁县 20 个镇（区）284 块不同播栽类型稻田进行杂草发生情况调查，所调查直播田块前茬均为小麦，水稻播种时间在 6 月 13～18 日，播后均因连阴雨天气而未进行土壤封闭除草；旱育移栽大田、机插秧移栽日期在 6 月 18 日前后，所选田块均因各种原因而未及时实施化除；采取对角线 5 点取样法，每点取样面积 0.2m²，计数样点内各种杂草种类、株数。

1.2　参数统计

　　为量化田间杂草种类组成数量指标，取样数据结果分别运用田间密度、田间均度、田间频度、相对密度、相对均度、相对频度、相对多度等特征参数。其计算方法为，田间密度：某杂草的调查田块的平均密度之和与总调查田块数之比；田间均度：某杂草在样方中出现的次数占总调查样方数的百分比；田间频度：某杂草出现的田块数与总调查田块数的百分比；相对密度：某杂草的平均密度与各种杂草的密度和的百分比；相对均度：某杂草的均度与各种杂草的均度和的百分比；相对频度：某杂草的频度与各种杂草的频度和的百分比；相对多度：相对密度＋相对均度＋相对频度。

2　结果与分析

2.1　不同播栽类型稻田杂草发生情况

2.1.1　直播稻田

　　调查结果表明，阜宁县直播稻田杂草种类 30 多种，发生频率较高的有：禾本科杂草稗草、千金子；莎草科杂草扁秆藨草、异型莎草、碎米莎草、野荸荠；阔叶类杂草鳢肠、眼子菜、鸭

108

跖草、鸭舌草、矮慈姑等，其中稗草田间发生量最大，平均密度为 79.39 株/m² （0～1 321.21 株/m²），千金子平均密度为 5.28 株/m² （0～78.79 株/m²），扁秆藨草平均密度为 17.35 株/m² （0～72.73 株/m²），异型莎草平均密度为 13.31 株/m² （0～75.76 株/m²），鳢肠平均密度为 6.14 株/m² （0～39.39 株/m²），眼子菜平均密度为 4.59 株/m² （0～59.09 株/m²），野荸荠平均密度为 3.19 株/m² （0～50.13 株/m²），鸭跖草等其他类杂草发生密度较低，平均密度在 3 株/m² 以下（表1）。

表1　直播稻田杂草发生情况调查结果表　　　　　　　　　　（2008 年，阜宁）

杂草名称	密度（株/m²）	间均度（%）	间频度（%）	对密度（%）	对均度（%）	对频度（%）	对多度（%）
稗草	79.39	4.41	97.06	43.56	9.28	24.72	97.56
金子	5.28	2.35	38.24	4.65	8.80	9.74	23.19
马唐	0.27	3.82	8.82	0.24	1.50	2.25	3.99
扁秆藨草	17.35	43.24	63.24	15.30	17.01	16.10	48.41
异型莎草	13.31	27.06	38.24	11.74	10.65	9.74	32.13
碎米莎草	6.81	21.76	36.76	6.01	8.56	9.36	23.93
毛毡	1.18	2.06	2.94	1.04	0.81	0.75	2.6
野荸荠	3.19	10.59	16.18	2.82	4.17	4.12	11.11
鳢肠	6.14	22.06	45.59	5.41	8.68	11.61	25.7
鸭跖草	2.12	7.35	13.24	1.87	2.89	3.37	8.13
鸭舌草	0.21	0.88	4.41	0.19	0.35	1.12	1.66
矮慈姑	1.91	3.82	5.88	1.68	1.50	1.50	4.68
眼子菜	4.59	10.00	7.35	4.05	3.94	1.87	9.86
其他	1.62	4.72	14.70	1.44	1.86	3.75	7.05

2.1.2　旱育移栽稻田

据调查，阜宁县旱育移栽稻田杂草种类近 20 种，稗草、扁秆藨草、鳢肠、野荸荠、眼子菜等为主要优势种，其中稗草田间发生量仍为最大，平均密度为 9.75 株/m² （0～21.21 株/m²），千金子平均密度为 1.12 株/m² （0～9.09 株/m²），扁秆藨草平均密度为 5.19 株/m² （0～25.15 株/m²），异型莎草平均密度为 1.46 株/m² （0～12.12 株/m²），鳢肠平均密度为 3.16 株/m² （0～15.15 株/m²），眼子菜平均密度为 3.81 株/m² （0～20.02 株/m²）（表2）。

表2　旱育移栽稻田杂草发生情况调查结果表　　　　　　　（2008 年，阜宁）

杂草名称	度（株/m²）	间均度（%）	频度（%）	密度（%）	均度（%）	频度（%）	度（%）
稗草	9.75	33.51	70.27	2.98	7.80	45.60	116.39
千金子	1.12	8.11	14.71	3.86	9.15	9.54	22.55
扁秆藨草	5.19	15.14	23.53	17.89	17.07	15.27	50.23
异型莎草	1.46	4.32	5.88	5.03	4.88	3.82	13.73
野荸荠	3.65	5.41	7.35	12.58	6.10	4.77	23.45
鳢肠	3.16	11.35	16.18	10.90	12.80	10.50	34.20
鸭舌草	0.89	4.86	8.82	3.07	5.49	5.73	14.29
野慈姑	0.16	1.08	2.94	0.56	1.22	1.91	3.69
眼子菜	3.81	4.86	4.41	13.14	5.49	2.86	1.49

2.1.3 机插秧稻田

阜宁县机插秧田杂草发生频率较高的有稗草、扁秆藨草、异型莎草、鳢肠等，其中稗草平均密度为 11.03 株/m²（0～31.81 株/m²），扁秆藨草平均密度为 4.95 株/m²（0～15.15 株/m²），异型莎草平均密度为 7.30 株/m²（0～18.96 株/m²），鳢肠平均密度为 3.57 株/m²（0～12.00 株/m²）（表3）。

表3　机插秧稻田杂草发生情况调查结果表　　　　　（2008 年，阜宁）

杂草名称	间密度（株/m²）	间均度（%）	间频度（%）	对密度（%）	对均度（%）	对频度（%）	对多度（%）
稗草	11.03	38.92	78.38	30.22	37.11	43.94	111.28
千金子	1.05	4.32	8.82	2.89	4.12	4.95	11.96
扁秆藨草	4.95	14.05	23.53	13.56	13.40	13.19	40.15
异型莎草	7.30	20.54	29.41	20.00	19.59	16.49	56.08
野荸荠	3.73	5.41	10.29	11.33	5.67	5.77	22.77
鳢肠	3.57	10.81	11.76	9.78	10.31	6.60	26.68
鸭舌草	0.73	3.78	7.35	2.00	3.61	4.12	9.73
野慈姑	0.24	1.62	2.94	0.67	1.55	1.65	3.86
眼子菜	3.49	4.86	5.88	9.56	4.64	3.30	17.49

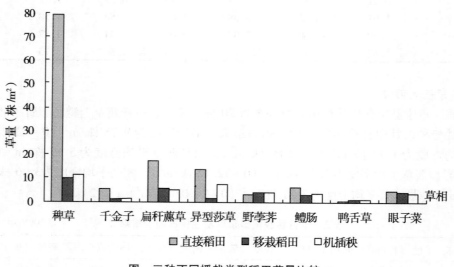

图　三种不同播栽类型稻田草量比较

2.2 不同播栽类型稻田杂草发生情况比较

2.2.1　稗草、扁秆藨草、异型莎草及鳢肠是所有播栽类型稻田中的主要杂草，发生较为普遍且发生量较大。

2.2.2　3 种不同播栽类型稻田中，直播稻田杂草发生密度明显重于移栽稻田和机插秧稻田，尤以稗草、千金子、扁秆藨草和异型莎草等较为明显，直播稻田这 4 种草密度和分别是移栽稻田、机插秧稻田的 6.58 倍和 4.74 倍。

2.2.3 机插秧稻田稗草、异型莎草重于旱育移栽稻田，两者之间其他杂草类型及发生量差异不大。

3 小结与讨论

3.1 播栽方式的改变极大地影响了稻田杂草的草相。直播稻田查见杂草种类较多，查见种类有 30 多种，主要种类有 10 多种，优势种主要有禾本科稗草、千金子，莎草科扁秆藨草、异型莎草、碎米莎草、野荸荠，阔叶类鳢肠、眼子菜、鸭跖草、鸭舌草、矮慈姑等；旱育移栽和机插秧稻田优势种主要有禾本科稗草，莎草科扁秆藨草、异型莎草、野荸荠，阔叶类鳢肠、眼子菜、野慈姑等。

3.2 不同播栽方式稻田杂草的发生差异性较大。旱育移栽和机插秧稻田杂草种群变化很小，田块间草相差异小、田块内杂草种群组合类型少；直播稻田杂草发生差异较大，田块间草相差异大、田块内杂草种群组合复杂，往往有多种杂草混生现象。

3.3 连续多年直播的稻田，由于特殊的耕作环境加之人工防除难度大、化除效果不理想等原因，除稗草、千金子发生严重外，扁秆藨草、异型莎草、碎米莎草、野荸荠、矮慈姑等根茎、球茎类杂草扩展蔓延趋势明显，阔叶类杂草数量也有明显上升，部分直播田块还查见旱地及沟塘边适生的马唐、牛筋草、游草、酸模叶蓼等杂草。

二、棉花特经作物有害生物发生与防治技术

棉盲蝽的发生演变规律

王瑞明[1]，丁志宽[2]，陈　华[3]，袁士荣[4]，张开郎[5]

（1. 江苏省盐城市植保植检站，224002；2. 东台市植保植检站，224200；
3. 大丰市植保植检站，224100；4. 射阳县植保植检站，224300；
5. 建湖县上冈病虫测报站，224731）

在盐城市棉区棉盲蝽以绿盲蝽和中黑盲蝽为优势种。近几年来，随着农村产业结构的调整，耕作制度与作物布局发生了一定的变化，就棉花而言，一是棉田夹种套种的面积逐步扩大，二是转 Bt 抗虫棉的种植比例逐年呈直线上升，加之气候条件有利，均为棉盲蝽的发生为害提供了有利条件，并且连年暴发，成为当地棉花的主要害虫。为持续有效地控制棉盲蝽的为害，盐城市植保植检站汇同各县级植保植检站协作攻关，共同探讨棉盲蝽在当地棉田内的演变规律，为指导今后大面积棉盲蝽防治工作提供科学依据。

1　棉盲蝽的演变过程与暴发机制

1.1　棉盲蝽发生与耕作制度、作物布局的关系

40 多年来，耕作制度与作物布局变化大致经历了 6 个阶段，①20 世纪 60 年代以前，主要实行麦棉两熟的耕作制度，不太有利于棉盲蝽的生存。②20 世纪 60 年代，为适应粮棉高产稳产的需要，从初期开始大面积扩种绿肥，绿肥面积从 1960 年的 3.3 万 hm^2 扩大到 1966 年的 14.67 万 hm^2，增加 3.4 倍。由于绿肥面积的逐年增加，十分有利棉盲蝽的为害，沿海棉区出现了以绿盲蝽为优势种，为害程度也逐年加重。③20 世纪 70 年代，一是在沿海棉区实行夏熟麦豆绿、秋熟粮棉绿的"五种三收"耕作制；二是在里下河地区实行稻-麦-稻-绿两年二熟耕作制；三是在苏北灌溉总渠以北的淮北地区，实行的粮棉油绿间套作，即棉花套种麦子，麦子间作绿肥、玉米、山芋等。此时绿肥面积稳定在 18.67 万 hm^2，其中留种苕子田面积保持在 2.67 万 hm^2 左右，约占棉田面积的 15%。以绿盲蝽为优势种在棉田的发生为害进一步加重且连年暴发。④20 世纪 80 年代，沿海棉区以粮棉油轮作制为主；里下河地区稻麦连作为主。绿肥面积大幅度减少，绿肥的品种也由苕子改种为蚕豆、豌豆；绝大部分蚕豆、豌豆在 4 月中旬扣青作基肥，留种蚕豆、豌豆 1.87 万 hm^2，6 月初全部收获，第 1 代棉盲蝽在其上不能完成一个世代。由于发生基地减少，繁殖场所恶化，加之综合治理措施，使得棉盲蝽发生为害的生存条件受到严重的限制。⑤20 世纪 90 年代，种植业结构有了较大的调整，苕子基本绝迹，特别是棉铃虫的连年暴发，用药防治次数频繁，对棉盲蝽的兼治效果良好，使本阶段棉盲蝽的发生频率和严重度都较 80 年代及以前下降并且趋于稳定。⑥2000 年以来，转 Bt 基因抗虫棉的推广普及，加之设施栽培面积的扩大、棉田复种指数的提高和棉田外寄主大幅度增加形成了多样化特征，导致了棉盲蝽发生为害的恢复上升。

1.2 棉盲蝽的暴发与气象因子的关系

棉盲蝽的发生主要受气象因子、作物布局与栽培制度的制约，因而在沿海、淮北和里下河3大生态棉区棉盲蝽的发生也有一定差异。其中气候条件是决定棉盲蝽在当地是否暴发的关键因子。棉盲蝽是一种喜温好湿性害虫，如绿盲蝽发生的适宜温度为18～29℃，相对湿度85%以上；中黑盲蝽发生的适宜温度为20～30℃，相对湿度80%以上。两种盲蝽卵在温度低于10℃或超过35℃，相对湿度75%以下，孵化率明显下降；如果相对湿度下降到50%以下时，则卵几乎不能孵化，同时，成虫、若虫的存活率显著降低，活动明显受抑。湿度对卵的孵化和若虫在田间的数量消长作用尤为明显，相对湿度高于70%才有利于成虫产卵；寄主体内含水量对盲蝽卵的孵化有很大影响，低于65%时卵不能孵化，需待含水量超过65%以后才能孵化，若含水量低于50%，卵会因失水而干瘪死亡；在高湿情况下棉盲蝽若虫行动活跃，为害加重。降雨量直接影响土壤含水量，也影响到棉株体内的含水量和空气湿度，这就是雨后棉盲蝽若虫大量增加，暴发为害的主要原因。所以6～8月间雨量大、雨日多，棉盲蝽为害重，反之则轻。

1.3 棉盲蝽的暴发与寄主的关系

一般情况下，早春适生寄主的多少直接影响第1代棉盲蝽若虫的存活发育与残存基数，而近年来棉田内外棉盲蝽适生寄主作物种类增多，且不重视其防治，导致虫源基数增加，是棉盲蝽在棉田得以逐年加重而暴发成灾的重要原因。第1代成虫期，若适生寄主丰富，田园清洁不到位，且不少寄主正值花期，则十分有利于第1代基数的积累，第2代则有可能大发生。棉花与田外寄主面积的比例，以及棉行内间套复种指数直接影响着有关代次棉盲蝽种群的消长。再如棉行间套种瓜类、豆类、蔬菜等作物，与棉花互为棉盲蝽寄主，成为棉盲蝽危害的桥梁寄主或避难场所，极易造成第3、4代棉盲蝽的大发生。近年来作物布局以及栽培方式的变更都有利棉盲蝽的发生。全市双膜栽培面积近10.67万 hm^2，占植棉面积的60%以上，棉花大面积早发；补钾工程的全面实施，棉花迟衰面积比常年增加20%；氮肥投入量大幅度提高，每667 m^2 施标氮比20世纪90年代增加40%；立体种植面积持续增加，复种指数不断提高，棉田外寄主多样化，加之棉盲蝽抗药性上升、Bt杂交棉的推广普及、管理粗放、防治技术差等，都给棉盲蝽暴发提供了基础条件。

2 棉盲蝽寄主适合度与区域性生态分布

2.1 棉盲蝽寄主适合度

根据近多年来的研究，主要寄主的选择性指数（I）与适合性指数（P）等，量化测定与评价不同寄主适合性程度的参数分析方法与估测模型。并据此划分寄主的适合性程度，即适合性指数值 P＞1 的适宜寄主，如绿盲蝽有胡萝卜花、刺果甘草、艾蒿、玉米、杞柳、棉花、大豆等；中黑盲蝽有刺果甘草、荠菜、棉花、苜蓿、苕子等。适合性指数值 P 介于 0.1～1 的较适宜寄主，如绿盲蝽有绿豆、扁豆、田菁、苋菜、湖桑、大白菜、乌蔹莓、桃树等；中黑盲蝽有向日葵、碱蓬、蕹菜、聚合草、苹果对等。适合性指数值 P＜0.1 的次要寄主，如绿盲蝽有一年蓬、野塘蒿、刺藜、婆婆纳、车前草、葎草、泽漆等；中黑盲蝽有小蓟、苦苣菜、反枝苋、枸杞、辣椒、黑麦草等。在此基础上，通过大面积系统调查，田间自然为害试验与罩笼接虫试验,对棉盲蝽主要寄主作物不同生育期适合度与表达影响因素进行了研究,结果表明:主要寄主作物对棉盲蝽的适合度都以生殖生长阶段优于营养生长阶段,不同生育期之间都以开花期适合度最高。棉盲蝽趋绿为害也与植株含氮有明显相关,据测定,Bt 棉嫩叶含氮(干重)25%、棉盲蝽为害 76%,老叶含氮 3% 不受害;幼铃、幼蕾含氮分别是 4.3% 和 4.1%,则受害重;大铃含氮 2% 不受害。影响同一寄主作物适合度的主要因素除生育期以外,还有品种、寄主生长势、棉盲蝽发生代次与种群数量、环境气候因素与作物布局等。嗜好植物品种、寄主生长势强、棉盲蝽主害代与发生基数大和环境气候适宜等,棉盲蝽寄主适合度表达程度就高。

2.2 棉盲蝽的区域性生态分布

以 204 国道两侧和苏北灌溉总渠为界,可将本农区分为沿海、里下河和淮北 3 个棉盲蝽生态区。在不同生态区间,因生态环境、植物寄主和耕作方式等不同,两种棉盲蝽的寄主种类和发生面积也不尽相同。将棉盲蝽在东部沿海旱作区、西部里下河水旱轮作区和北部淮北果蔬粮旱作区 3 大农业生态区的寄主数量进行比较,初步调查,绿盲蝽为 28 科 86 种、26 科 69 种和 26 科 82 种,中黑盲蝽则分别为 29 科 101 种、26 科 87 种和 26 科 91 种;再以棉盲蝽混合种群 2001~2006 年 6 年棉田发生面积的累计值比较,分别为 97.91 万 hm²、48.97 万 hm² 和 57.13 万 hm²。另外,棉盲蝽的发生为害亦呈明显区域性特征,其中在盐碱较重的东部沿海棉垦区的发生量远高于没有盐碱的西部里下河地区;西部里下河棉区主要是棉花和水稻,连片集中种植,作物布局单一,同样防治情况下,棉盲蝽被害株仅为东部的 30%~50%;淮北生态区因为生态条件复杂,该区受害程度也相对较重。据 2006 年 7 月中旬 3 大生态区棉田棉盲蝽发生情况的普查报告,东部沿海旱作垦区的百株虫量 0~136 头,平均 18.6 头;北部的淮北果蔬粮旱作区的百株虫量 0~84 头,平均 10.3 头;而西部里下河水旱轮作区的百株虫量只有 0~12 头,平均 2.4 头,比前两个生态区的虫量分别相差 7.75 倍和 4.29 倍。

2.3 棉盲蝽在寄主内的转移规律

棉盲蝽的若虫能在一定的寄主范围内活动,但它们在寄主间大规模迁移一般都要通过成虫的短距离迁飞才能实现,故而每出现一次成虫高峰往往都会带来一次虫量的再分配。据调查资料,两种棉盲蝽在棉田有 3 次迁入高峰与一次迁出高峰。第一次迁入高峰在 5 月底至 6 月初,时值麦子、蚕豆成熟离田暨棉盲蝽第 1 代成虫高峰期;第二次迁入高峰是在 7 月上旬,物候标志寄主胡萝卜花成熟与刺果甘草开花结荚期、两种棉盲蝽第 2 代成虫高峰期;第三次迁入高峰是在 7 月底至 8 月初,时值玉米、杂草成熟期、亦即第 3 代绿盲蝽成虫期,绿盲蝽陆续迁入棉田,所占比例上升到 70% 左右;9 月中旬以后棉花逐步老熟,至 10 月中旬棉盲蝽大量迁出,棉田内虫量大幅度下降。棉盲蝽的转移与寄主的生育期有关,两种棉盲蝽若虫和成虫的为害都有趋嫩、趋绿和趋花的习性,能应随寄主植物开花程序依次转移。因此,随着寄主生育期的变化,棉盲蝽在寄主间的分布也发生相应的变化。如据大丰市 2007 年在沿海棉区调查,凡棉花长势旺盛嫩绿、赘芽丛生或者氮肥施用过多的棉田,棉盲蝽的虫量与为害均高于长势瘦弱早衰的棉田;绿盲蝽在大麦始穗前只有少量分布,抽穗期虫量上升到 17 100 头/hm²,灌浆期下降为 10 680 头/hm²,黄熟期虫量仅剩 3 555 头/hm²。中黑盲蝽在苜蓿蕾期虫量 28 995 头/hm²,花荚期上升到 193 320 头/hm²,结荚期下降到 24 165 头/hm²。

3 两种棉盲蝽优势种群比例变化因子

两种棉盲蝽优势种群的消长动态初步分析，一是绿盲蝽主要是在棉田外寄主上产卵越冬，而中黑盲蝽产在棉田内棉秆髓部组织内越冬卵所占的比例较大，棉农有在冬前将棉秆带出田外的习惯，大量中黑盲蝽虫卵也随之离田。二是由于种植业结构调整，绿盲蝽的适生寄主多样化、复杂化且大量增加，棉农开展棉田外寄主的防治的积极性和实际防治比例很小。三是绿盲蝽趋棉花营养器官和中黑盲蝽趋繁殖器官为害的特性相对应；绿盲蝽明显趋含氮量高的植株幼嫩部位取食为害，嫩头、幼蕾受害重；中黑盲蝽生长发育需要适度偏高的糖分，因此明显趋含糖量高的繁殖器官取食为害，花、幼铃及棉蕾受害重；而 Bt 棉作为主栽品种，其营养生长旺盛吻合了绿盲蝽的需求。四是绿盲蝽发生期一般比中黑盲蝽早 7d 左右，并且早春先在棉田外寄主上繁殖第 1 代，一般不防治；而中黑盲蝽发育迟，由于其主要在棉田内越冬，早春一般以棉茬麦子为寄生，麦子用药治虫和收割，都将消耗大量虫源。五是绿盲蝽第 2 代仍有大量棉田外寄主，只有部分迁入棉田为害，而中黑盲蝽从第 2 代起就集中到棉田为害，经常被防治或兼治。六是棉田内间套作物多数是绿盲蝽嗜好寄主，有利于其种群扩大。七是当地棉田盲蝽的防治一般聚集在第 4 代期前，而绿盲蝽能发生 5 代，基本不再进行防治。八是防治的时间差，中黑盲蝽主要集中为害棉花繁殖器官，如棉蕾一经为害，很快就能形成"张口蕾"，棉农随即就要打药防治；而绿盲蝽为害所形成的"破头疯"、"破叶疯"等症状要等数日后才暴露，棉农发现并用药时往往虫龄已经较大，这就带来防效和残虫量差异。上述多种因素导致两种棉盲蝽优势种群比例发生变化，使绿盲蝽种群所占比例在 2001～2007 年 7 年间依次为 28.5%、21.4%、35.5%、60.8%、69.2%、72.3% 和 86.2%，年度间呈直线上升趋势。

近两年通过各地实践，基本掌握棉盲蝽的发生演变规律，在指导大面积棉盲蝽防治过程中，只要"狠治早春过渡寄主、主攻棉田主害代防治、兼治棉田四周寄主、强化统防统治"等综合控制技术，就可有效控制棉花主要害虫棉盲蝽的为害。

2008 年棉花枯黄萎病发生特点
与消长因子分析

陈长庚[1]，金中时[2]，王凤良[2]，姚晓丽[1]，丁桂云[1]

（1. 江苏省大丰市大桥镇农技站，224131；2. 大丰市植保植检站，224100）

2008 年大丰市棉花枯、黄萎病发生流行。苗期受 6 月份长时间低温阴雨的影响，枯萎病发生普遍重，蕾期因 7 月初出梅后持续高温，导致黄萎病发病一峰的发生列 20 世纪 90 年代以来最轻的一年；二峰在花铃期受"海鸥"、"凤凰"台风的外围影响，发病早，持续时间长，重病田、重病株多，损失重。

1 发生特点

1.1 苗期枯萎病发生重

大丰市自 2005 年以来棉花枯萎病在移栽大田苗期普遍发生，5 月下旬始病，6 月中旬进入发病高峰，重病株掉光叶片后死苗，致使农民多次移苗补缺才拿到全苗。2008 年 6 月 2 ~ 6 日日均温度 19.7℃，2 ~ 4 日降雨 17.4mm，病株大量显症；6 月 14 日入梅后至 17 日日均温度 19.3℃，降雨 94.9mm 后，进入发病高峰，重病株全部呈落叶型，加之 6 月 22 ~ 28 日长达一星期低温阴雨，日均温度 21.2℃，导致落叶型病株主茎失绿枯萎死亡。发病株稳定期的 6 月 25 ~ 26 日大丰市植保站在大中镇泰西村 1 组调查 80 个农户田次，发病面积占调查面积的 89%，病株率 0 ~ 18%，平均 4.45%；病情指数 0 ~ 14.5，平均 3.8；落叶型株率 0 ~ 9%，平均 2.63%，占发病株数的 59.1%。2008 年全市棉花种植面积 4.21 万 hm^2，其中东部旱连作棉区 3 万 hm^2，发生枯萎病的面积约 2.33 万 hm^2。

1.2 花铃期黄萎病一峰轻二峰重

棉花黄萎病是大丰市历年发生面积最大，受害损失最重的病害，第一峰常年于 6 月下旬始病，7 月上中旬为发病高峰，重病株呈落叶光秆型。2008 年因入梅早（6 月 14 日，比常年早一星期），出梅也早（7 月 4 日，比常年早 10d），这时棉花地膜覆盖移栽田大面积进入现蕾期，这类田 6 月底黄萎病普遍显症发病，病株为 1 ~ 2 级，少量见到 3 级。接麦、接油田，以及露地移栽田正处于刚现蕾，田间仅见到零星病株，加之出梅后的 7 月上旬持续高温，日均温度 28.9℃，比常年平均值高 3.3℃，仅低于 1988 年的 29.9℃，1994 年的 30.9℃，受持续高温的抑制，新显症病株很少出现，发病株全部恢复生长新叶，发生程度列 21 世纪以来最轻的一年。据大丰市植保站 7 月 13 ~ 16 日在东部旱连作棉区调查大中、万盈、小海、方强镇的 4 个村民小组的 217 个农户的田次，调查面积 48.37hm^2，发病面积 45.76hm^2，占 94.6%，发病株率 0 ~ 30%，平均 5.89%；病情指数 0 ~ 18，平均 2.86。据此分析，全市棉花黄萎病第一峰期的发生面积约为 2.67 万 hm^2。当棉花恢复生长两周后，进入蕾花期的 7 月 20 日因"海鸥"及

7月底"凤凰"两次强台风的外围影响，温度偏低，到8月初急性显症发病，重病株急发后即为4级，叶片几乎掉光。进入8月下旬随着温度降低，形成每降一次雨，病情加重一次，8月底9月初为第二峰的发病流行主峰，盛发期持续到9月中旬末，长达2个月时间。据大丰市植保站9月3~4日在大中镇泰西村1组调查51块田，病株率18%~100%，平均78.57%；病情指数11.5~90，平均57.88。西部稻棉轮作3年以上的棉田也显症发病。据此分析，全市棉花黄萎病第二峰期的发病面积约为3.47万 hm²。

2 消长因子剖析

2.1 苗期气候条件有利于枯萎病的发病流行

2008年大丰市6月份的气候条件有利于棉花枯萎病的发病流行。6月份日均温度21.9℃，比常年平均低0.9℃，先后出现3次连续低温时段，6月2~6日平均温度19.7℃，14~17日平均温度19.3℃，22~28日平均温度21.2℃；降雨250.9mm，比常年平均多93.3mm。其中6月14日至24日连续降雨量231.8mm，由于长时间的连续低温阴雨、寡照，导致枯萎病普遍发生，当6月中旬进入发病高峰时，由于当旬的日照只有9.1h，比常年平均值66.1h少57h，列我市1958年以来有气象资料记载最少一年。在掉光叶片的病株中，又受到6月下旬长达一周的低温影响，致使地下根全部坏死变黑褐色，主茎失绿后而全部枯萎死亡，仅有未掉光叶片病株能恢复生长。

2.2 棉花黄萎病第一峰因大面积未进入现蕾盛期，与致病气候不吻合而轻发

2008年大丰市棉花移栽以麦套棉为主，5月中旬移栽结束，部分面积接麦、接油菜的，在5月底、6月上旬移栽。地膜覆盖移栽面积占30%左右，6月中旬开始现蕾，6月底7月初进入现蕾盛期，与梅雨期的低温阴雨相吻合，这类田棉花因消耗营养过多，易诱发黄萎病发生。露地移栽及接麦、接油菜面积占70%左右，6月下旬现蕾，7月上旬末进入现蕾盛期，比地膜覆盖移栽棉迟10d左右。当6月下旬梅雨期的气候条件适宜于黄萎病发病显症时刚现蕾，正处于营养生长与生殖生长转换期，这类田黄萎病都是零星显症。据7月中旬在大中、万盈2个镇棉田调查结果看出，凡发病株率高的田均是地膜覆盖移栽及空田移栽的早发棉花。大中镇泰西村1组地膜覆盖移栽棉平均病株率8.83%，平均病情指数4.38，分别是移栽棉的3.5倍、4.2倍；万盈镇六里村6组地膜覆盖移栽棉平均病株率9.36%，平均病情指数5.13，分别是露地移栽棉的4.1倍、3.9倍。

2.3 花铃期的气候导致黄萎病二峰早发且发病重

2008年棉花黄萎病的发生，是伴随着低温阴雨气候的变化而消长，形成一峰不明显，二峰持续时间长，为害损失重。当棉花恢复生长，进入蕾花期后，随着台风暴雨出现一次，即黄萎病显症发病加重一次。7月20日受"海鸥"强台风外围影响，连续3d降雨15.5mm，天气转晴田间即显症发病，发病之早是历史上少见年份。据7月27日在大中镇泰西村1组黄萎病消长调查，5个品种平均病株率4.88%，病指1.39。7月29日至8月1日又受"凤凰"强台风的外围影响，降雨29.7mm，天转晴后棉株叶片呈水渍状急性发病，重病株上升为4级，叶片几乎掉光。8月5日调查平均病株率14.52%，病情指数5.16。发生期要比常年早10d以上。

进入花铃期的 8 月中旬降雨 81.7mm，下旬降雨 44.2mm，8 月底持续一周温度偏低，日均温度 23.6℃，病情扩散速度快，9 月 1 日调查平均病株率高达 93.59%，病指 70.47。这时棉花大面积一片黄叶状，重病株即成光杆型，尤其是 8 月初发生早的重病株致使上部 5~6 台果枝蕾铃几乎掉光成空顶。到 9 月中旬随着温度的降低，连续 6d 降雨 75.3mm，使病情进一步加重。9 月 18 日调查平均病株率 99.67%，病情指数 88.38，使东部棉区呈成片状的萎蔫黄枯，掉叶后上部铃纤维长不足，损失较重。

棉蓟马发生规律及综合
控制技术研究

臧　玲，朱秀红，孙艾萍，单丽丽，高　源

（江苏省阜宁县植保植检站，224400）

棉蓟马属缨翅目（Thysanoptera）蓟马科，主要有烟蓟马（*Thrips tabaci* Lindeman，又名葱蓟马）和花蓟马（*Frankiniella intonsa*，又名台湾蓟马），以花蓟马在阜宁县棉区发生较多。棉蓟马过去是棉花上的常发性害虫，多年来在该县一直处于轻发水平，在棉田害虫防治中只作兼治对象，近两年来随着作物结构调整棉蓟马对该县作物为害处于上升趋势。从 2004 年起阜宁县植保植检站开始对棉蓟马在棉田发生规律进行观测，并对棉蓟马的防治技术，有针对性地进行研究，现将有关情况报告如下：

1　形态特征

花蓟马雌虫体长 1.3mm，棕黄色、触角 8 节，第 3、4 节黄褐色，第 1、2、5 节（基部除外）及 6~8 节灰褐色，第 1 节淡于第 2 节。头宽大于长，头后部背面皱纹粗，两颊后部收缩，头顶前缘仅中央稍突出，单眼间鬃长，位于 3 个单眼中心连线上，前胸前角有长鬃 1 对，其余前缘鬃以中线向外第 2 对较长，后角有 2 对长鬃，前翅脉鬃连续，前脉鬃 20~21 根，后脉鬃 14~16 根。腹部背片第 8 节后缘梳完整。雄成虫小而黄，腹部腹片第 3~7 节有拟哑玲形腺域。卵乳白色，侧看为肾形，长 0.3mm，头方一端有卵帽。若虫全体桔黄色，触角 7 节。

2　为害症状

棉蓟马是棉花的重要害虫，以成、若虫用锉吸式口器锉破寄主表面细胞吸取汁液，为害部位主要是子叶、真叶、嫩头和生长点。嫩叶受害后叶面粗糙变硬，出现黄褐色斑，叶背沿叶脉处出现银灰色斑痕；生长点受害后可干枯死亡，子叶肥大，形成无头苗又叫"公棉花"，半个月后再形成枝叶丛生的杈头苗又称"二叉苗"和"多头苗"，影响蕾铃发育；花铃期被害，可使小桃提前开裂，造成产量下降和质量低劣。

3　发生现状

3.1　寄主作物增多，虫源田多

据 2004 年以来的普查结果，随阜宁县作物结构的调整，阜宁县的蔬菜特经作物的面积增多，棉蓟马在阜宁县的寄主分布变得更加广泛。主要寄主有棉花、玉米、瓜类、葱蒜类、茄果类、豆类，以及多种杂草、花卉。寄主分布区域的不同造成了地区间发生量差异较大，靠近特经蔬菜面积大的区域，棉蓟马的发生程度也就相对重于其他地区。

3.2 代次多，为害期长

棉蓟马在阜宁县一年发生 6~10 代，其中棉田内可发生 6~7 代，棉蓟马完成一个世代仅需 20d 左右时间，由于棉蓟马在本地的寄主种类多，生存空间大，有着丰富的食物链，对作物的为害持续时间较长，早春主要蚕豆花内为害，其次是十字花科蔬菜的花。5~6 月是对春播作物的为害盛期，到秋季当气温明显下降，食料恶化时，则转移到露地其他寄主及大棚内为害，并顺利越冬。

3.3 防治难度大

由于棉蓟马的寄主种类多，分布广泛，无论露地还是保护地，田内、田外都有其生存的空间，再加上棉蓟马虫体小、隐匿性强，成虫活泼善飞，药液难以接触到，想完全控制其发生不太可能。此外，农户在防治技术上存在诸多问题，一是忽视棉田外寄主的防治，使田外寄主上的虫源源不断地向棉田迁入；二是对其为害性认识不够，等到造成明显被害时才开始用药；三是统一防治难以保证到位。

4 棉田内消长动态

根据 2006 年大田系统观察，5 月 29 日（苗床）定株系统查始见，棉蓟马开始由田外寄主向棉田内棉苗上转移为害，直到 9 月中旬迁出棉田，在棉花上主要营孤雌生殖。棉花整个生育期间有 3 个为害高峰，第一个为害高峰在苗期（5 月下旬至 6 月上旬）；第二个为害高峰在花蕾期（7 月中旬）；第三个为害高峰在花铃期（8 月下旬），且后两个高峰期的虫量远远大于第一高峰期（见下图）。移栽后 6 月 5 日苗期始见，当日百株棉花有虫 12 头，6 月 10 日高峰，高峰期百株有虫 78.67 头。花蕾期 7 月 10 日见虫，7 月 15 日左右高峰，当日百株有虫 810 头，花铃期 8 月中旬时叶片上为若虫，花内多为成虫，8 月 14 日百株棉花有虫 161 头。8 月 24~28 日高峰，8 月 24 日当日百株棉花有虫 964 头。9 月 10 日左右棉株上基本不见虫。

5 发生与环境条件的关系

中温高湿有利棉蓟马发生为害。棉蓟马的发生还与棉田环境有关，凡邻近早春虫源田或与早春寄主间、套种的棉田发生早而重，反之则轻。

6 防治方法

6.1 防治指标

定苗后有虫株率 5% 或百株有虫 15~30 头。

6.2 药剂防治

一般与蚜虫兼治，防治棉蚜的药剂一般对棉蓟马也有效。2005 年 6 月 14 日用 10% 吡虫啉

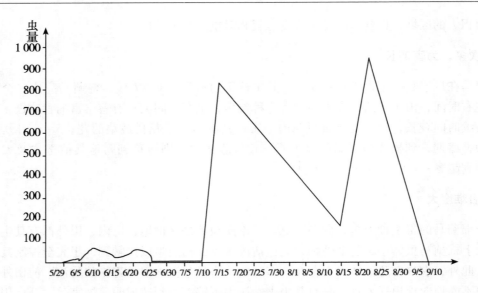

图 棉蓟马对棉花整个生育期间的为害示意图

WP450g/hm² 防治，药后 1d 防效 83.5%，药后 3d 防效达 95% 以上。

6.3 受害苗的补偿措施

定苗前受害，在定苗时拔除受害苗；定苗后受害的可对多头苗进行整枝管理，方法是 6 月中、下旬现蕾初期，将多头苗整去青嫩粗壮的营养枝（疯杈），留下 2 根细弱的枝条，待形成若干果枝后，提前摘心，作为开花结桃的主要枝条，可减轻受害后造成的损失。

气候因子对棉田主要害虫的影响浅析

朱秀红[1]，顾晓霞[1]，臧 铃[1]，高 源[1]，单丽丽[1]，周育成[2]

（1. 江苏省阜宁县植保植检站，224400 ；2. 阜宁县阜城农技站，224400）

棉田主要害虫有棉铃虫、盲蝽象，近几年来烟粉虱、棉蓟马也呈逐年上升趋势，自然灾害对棉铃虫等棉田主害虫的发生有着一定的影响。

1 棉铃虫

在具备了一定发生基数的条件下，气候条件有利是成为影响当年各代发生早迟与轻重的主导因子。气候因素影响棉铃虫种群因发育阶段及不同地理条件而异。成虫繁殖要求高温及高湿条件，卵及初孵幼虫易受风雨冲刷而死亡，幼虫入土作蛹室后，到成虫羽化出土前，如遇降雨多，表土层有积水则死亡增大，幼虫入土 3d 后对土壤水分十分敏感，土壤含水量高，则蛹和成虫羽化死亡率激增。

（1）温度：冬季不冷，棉铃虫越冬蛹死亡率降低，由于第 1 代棉铃虫一般不予防治，直接为第 2 代发生提供了充足的虫源。另外越冬气温高，也导致第 2 代棉铃虫发生期早，第 3、4 代也随之相应提早。反之，则发生量降低，发生期延迟。6、7、8 月份平均气温高，有利于第 2 至 4 代棉铃虫的生长生育，卵孵化率和幼虫存活率高，幼虫发育进程加快，发生期提早，繁殖能力增加，反之则延缓其发生。

（2）湿度：降雨是影响棉铃虫发生程度的一个关键因子，降雨量、降雨时段、雨日数均对棉铃虫发生产生显著影响，干旱对其发生有利，多雨则可抑制其发生。如 2003 年 1~7 月份累计降雨 920mm，雨日 104d，导致第 1 代棉铃虫发生量减轻，入梅以后连续降雨，梅雨期长达 1 个月，受降雨影响，卵孵化率和幼虫存活率低，第 2、3、4 代棉铃虫发生量受抑制。2005 年 5、6 月份两个月累计降水只有 73.7mm，梅雨不明显，对第 1~3 代棉铃虫发生非常有利，导致棉田蛾多，幼虫存活率高，田间虫量多，对棉花生长构成了影响，7 月下旬至 8 月上旬连降暴雨，降水量达 334.9mm，对第 3、4 代棉铃虫发生极为不利，卵孵化率低，幼虫存活率下降，发生量显著减轻。8、9 月份累计雨日达 46d，降水 675.4mm，对棉田后期棉铃虫发生产生了显著的抑制作用。

2 棉盲蝽

棉盲蝽为喜温好湿害虫。4~5 月份若温度较常年偏高，雨量充沛，有利于越冬卵的孵化和第 1 代发生，6 月份的雨量与第 2 代绿盲蝽的为害程度呈正相关。7~8 月份的气候条件一般适于棉盲蝽的发生，但如出现高温干旱天气，则影响第 3、4 代的发生量。8 月中下旬温度比常年偏低，天气又干旱少雨，是导致第 4 代中黑盲蝽发生期推迟，发生量减少和为害减轻的重要原因。如 2003 年梅雨期长达 1 个月，7、8 月份平均气温 26.3℃，对棉盲蝽的发生较为有利，造成棉盲蝽偏重发生。2005 年 5、6 月份干旱少雨，对第 2 代棉盲蝽的发生极为不利，7 月底 8 月初连降暴雨，田间湿度虽然较大，但相对气温偏低，仍没有为第 3、4 代的发生创造有利条件。

3 烟粉虱

喜欢无风温暖的天气，气温高于 40℃ 成虫死亡，相对湿度低于 60% 成虫停止产卵或死亡。暴风雨对其有抑制作用。5、6 月份气温偏高有利其发生。8、9 月份气候湿润温度偏高，对其产卵繁殖有利，如棉田与塑料棚室相邻会大大增加其越冬基数，对来年发生起一定影响。

4 棉蚜

苗蚜发生适宜温度 18～25℃，气温高于 27℃ 繁殖受抑制。伏蚜发生适宜温度为 27～28℃，温度高于 30℃ 时，虫口数量下降。大雨对棉蚜抑制作用明显，时晴时雨天气有利伏蚜的迅速繁殖。

5 棉红蜘蛛

高温低湿，干旱少雨的年份棉红蜘蛛的发生为害较为严重。一般年份入梅雨水较多，对红蜘蛛的发生具有明显的抑制作用，但如遇空梅干旱少雨，为害更为严重。

总之，气候条件对当年当代害虫的发生具有促进或抑制的作用。在棉花整个生育过程中，一般相对气温偏高，干旱少雨的年份对棉铃虫、棉蚜、红蜘蛛的发生较为有利；气候温和、湿度较大的年份对棉盲蝽、烟粉虱的发生创造有利条件。近几年来，阜宁县梅雨期间雨水一直较多，给棉花主要害虫的发生造成一定影响，总体为轻发生，以后几年如气候适宜有可能大发生。

棉花黄萎病的发生及综合防治措施

袁士荣[1]，吴树静[1]，吉学成[1]，顾婷婷[2]

（1. 江苏省射阳县植保植检站，224300；2. 射阳县新坍镇农技推广中心，224323）

射阳县是全国闻名的植棉大县，常年棉花种植面积在 5.3 万 hm² 以上，总产 7 500t 以上。棉花黄萎病在棉花生产上有"癌症"之称，防治难度和危害程度较大，一旦发生，轻则减产，重则绝收，棉农们经常"谈病变色"。2007 年射阳县棉花种植面积 5.7 万 hm²，黄萎病发生面积达 4.3 万 hm²，据该县植保部门 7 月中旬调查数据显示，全县棉花平均株发病率 18.8%，严重的田块株发病率 22% ~ 87%，平均达 38.4%，给当地棉花生产带来了较大的影响。下面笔者就棉花黄萎病的发生与综合防治问题谈几点浅见。

1 发生与为害特点

棉花黄萎病病原物为大丽轮枝菌（*Verticillium dahliae* Kleb），半知菌亚门轮枝孢属。棉花黄萎病在棉花整个生育期均可发病。自然条件下苗期基本不出现症状。一般在 3 ~ 5 片真叶期开始显症，棉花生长中后期特别是在棉花现蕾后田间大量发病，初在植株下部叶片上的叶缘和叶脉间出现浅黄色斑块，后逐渐扩展，叶色失绿变浅，主脉及其四周仍保持绿色，病叶出现掌状斑驳，叶肉变厚，叶缘向下卷曲，叶片由下而上逐渐脱落，仅剩顶部少数小叶，蕾铃稀少，棉铃提前开裂，后期病株基部生出细小整枝。纵剖病茎，木质部上产生浅褐色变色条纹。夏季暴雨后出现急性型萎蔫症状，棉株突然萎垂，叶片大量脱落。

棉花黄萎病的发生也有其自身特点，即区域性。在射阳县域内，因自然条件和耕作制度的不同，导致轮作换茬上的差异，使黄萎病发生程度有明显的区域分布，东部沿海棉旱粮地区重于西部稻棉区和中北部棉蒜区。轮作换茬少的地区发病较重，有明显发病中心；经常棉稻轮作的地区发病较轻，没有明显的发病中心。同时黄萎病发病也有阶段性，夏季低温是棉花黄萎病发生的有利气候条件，射阳县棉花黄萎病的发生受 8 月份高温气候的控制与阻隔，常年表现出两个发病高峰，分别在 7 月和 9 月。7 月下旬以后随着酷暑的到来，病株恢复生机，症状逐渐隐退。8 月下旬以后随着气温的降低，进入第二发病高峰，到 9 月中下旬棉花黄萎病症状表现最为严重，开始大量落叶，植株枯萎。

2 发病因素

2.1 天气条件有利

棉花黄萎病发病的最适温度为 25 ~ 28℃，低于 25℃ 或高于 30℃，发病缓慢，超过 36℃，即有隐症现象。一般初夏时阴雨连绵、气温不太高时，有利于发病。2007 年射阳县夏季的气候正好与此吻合，6 月 21 日至 7 月 25 日雨日多达 26 天，阴雨天气占 80% 以上，平均气温比常年低 2.3℃，这是导致 2007 年棉花黄萎病在射阳县发生早、发生普遍、危害重的关键原因。

2.2 长年连作，田间菌源充足

射阳县是黄萎病的老病区，特别是东南部长年连作棉区，田间菌源充足，病菌逐渐年积累，为大发生提供了条件。

2.3 棉株自身抗性差

由于射阳县域内梅雨期长，低温、寡照、降水的天气多，棉株自身生长发育受到严重影响，棉花抵抗黄萎病病菌侵入的能力下降，这也是黄萎病发生加重的原因之一。

2.4 病菌的致病性增强

棉花黄萎病致病性强的落叶型菌系在射阳县已逐渐形成主流，约占发病株的 30%，这将给该地区棉花生产带来重大影响。

3 综合防治

3.1 选用抗病、耐病品种，并采用精加工包衣棉种

不同棉花品种间对黄萎病的抗性有着显著差异，一般海岛棉抗病强，陆地棉次之，中棉较感病。选种耐病品种，棉花发病晚且发展缓慢，损失小。

3.2 实行大面积轮作

提倡水旱轮作，防病效果明显。

3.3 铲除零星病区，控制轻病区，改造重病区

开展种子产地检疫，严禁从病区调种。凡制种田棉花黄萎病病株率超过 0.1% 的，一律不得作为种子用，发病率低于 0.1% 的，应及时拔除病株带出田外集中处理。如从疫区调入棉种，要进行抽样检查，并将种子用 55℃ 温水浸泡 15min，再移入冷水中冷却，或用 50% 多菌灵 500 倍液浸种 1h，然后催芽播种，包衣种子除外。

3.4 采用无病土育苗移栽

无病土育苗移栽能避免苗期病菌侵染，推迟发病，增强棉苗抗病能力。没有无病土时，要做好苗床土壤消毒工作，在预备钵土时，可用 75% 五氯酚钠 100 倍液于制钵前 15d 喷施土壤消毒，用地膜覆盖来强化杀菌效果，并达到保墒作用。移栽前，结合整地每 667m^2 施 70% 敌克松（敌硫钠）750g。

3.5 加强棉田管理

清洁棉田，减少土壤菌源，及时清沟排水，降低田间湿度，使其不利于病菌滋生和侵染。严格控制氮肥过量施用，增施有机肥、磷肥、钾肥和微量元素肥料。在棉花蕾、铃期，应及时

喷洒缩节安等生长调节剂。

3.6 药剂防治

在发病初期，及时用50%多菌灵500倍液或70%甲基托布津（甲基硫菌灵）800倍液灌根，每平方米灌药液5kg；也可用70%甲基托布津200倍液、57.6%冠菌清（氢氧化铜）800倍液交替使用，同时药剂中加适量植物活力素，能有效控制或减轻病害的危害，每隔7d用药1次，连灌或连喷2~3次。

棉田甜菜夜蛾发生规律
及防治对策研究

刘海南，蔡文兵

（江苏省射阳县植保植检站，224300）

甜菜夜蛾（*Spodoptera exigua* Hübner）属鳞翅目，夜蛾科，为迁飞性、杂食性害虫。近年来在沿海棉区的发生区域扩大、发生程度趋重、防治难度加大。为有效地控制其为害，我们对其发生、为害规律和防治方法进行了研究，现报告如下：

1 发生概况

甜菜夜蛾在射阳县为间歇性、暴发性的食叶性害虫。1991 年、1993 年、1995 年、1999 年和 2002 年在合德、新洋农场、农牧公司、棉花原种场和果园场都曾出现百株千头以上的田块和地段。但都为局部地区大发生，2004 年呈全面大发生态势，全县 5.33 万 hm² 棉花有 2 万 hm² 受害，全县加权平均百株虫量为 12.2 头，其中发生较重的东部沿海棉区，平均百株虫量为 150.3 头。受害重的田块，植株仅剩网状叶脉和叶柄，沿海棉田有约 5.33hm² 棉田因甜菜夜蛾为害而造成棉苗成片死亡，导致绝产，对射阳县农业的安全生产构成了严重威胁。

2 发生为害特点

2.1 寄主作物种类多

据报道，甜菜夜蛾幼虫取食蔬菜寄主植物 32 种。在射阳县甜菜夜蛾幼虫主要可为害棉花、苞菜、玉米、大豆、花生及蔬菜。

2.2 发生量大，发生不平衡，危害重

甜菜夜蛾具有突发性，且虫量分布不均衡。据调查，沿海地区虫量高于内地，长势差的田块虫量高于长势好的，盐分高的地段虫量高于盐分低的。甜菜夜蛾在大发生年份，重发地区棉花百株虫量在百头以上，重发地段百株虫量在千头以上。甜菜夜蛾幼虫主要啃食叶肉，在棉花蕾、铃上为害也以取食苞叶为主，很少蛀食蕾、铃。受害严重的田块，植株仅剩网状叶脉和叶柄，甚至造成棉苗成片死亡。

2.3 为害时间长，世代重叠现象严重

射阳县甜菜夜蛾危害时间从 5 月下旬到 9 月中旬，长达 100 多天。在发生量大、为害重的 7 月中旬到 8 月底的一个多月的时间内，田间各龄幼虫和蛾、卵、蛹长期并存，世代重叠现象严重。

3 原因分析

3.1 种植结构的调整

棚室蔬菜的发展，为甜菜夜蛾提供了更加广泛的越冬场所，少免耕等轻型栽培技术的推广，农田间、套作作物品种的增多，面积的扩大，不仅为甜菜夜蛾提供了比过去更为丰富的食料条件，而且减轻了农事操作对甜菜夜蛾的控制作用，有利于甜菜夜蛾在不同寄主间迁移为害和种群繁衍增殖。

3.2 迁飞性

甜菜夜蛾虽然可以在本地越冬，但也可以远距离迁飞的害虫，具有突发性和区域性暴发的特点，这不仅使局部地区大发生成为可能，而且给准确测报带来了困难，导致防治准备工作不充分，防治不及时，为下一代的大发生积累了基数。

3.3 抗药性

对甜菜夜蛾的防治，射阳县仍以化学防治为主，大家沿用防治棉铃虫的常用有效药剂：菊酯类农药、有机磷类农药及这两类药剂的复配剂。但从调查、试验中发现，这类药剂对甜菜夜蛾低铃幼虫的防效在60%左右，对高龄幼虫的防效不到50%。甜菜夜蛾对菊酯类农药、有机磷类农药抗性的提升，增加了对甜菜夜蛾的防治难度，加重了为害损失。

3.4 生活周期短，繁殖率高

2004年7月，采集大龄幼虫，室内饲养表明，蛹期6d左右，每头雌蛾产卵量为104.8粒（83~136），卵孵化率为82%，卵历期约2d，夏季完成一个完整的世代仅28d，可以在短期内暴发成灾。

4 防治对策探讨

4.1 冬前及时耕翻灭茬，破坏甜菜夜蛾越冬场所

生长季节采取清洁田园、中耕除草，减少甜菜夜蛾产卵场所及适生寄主，消灭土壤中的虫蛹，创造不利害虫滋生的环境，减轻虫害。

4.2 人工捕捉幼虫，带出田外集中处死

甜菜夜蛾具有假死性，根据这一特点，我们可以利用倒置的雨伞或在地面上铺农膜，摇晃植株，使甜菜夜蛾幼虫跌落在伞内或农膜上，集中消灭，减轻甜菜夜蛾的为害损失。

4.3 药剂防治

甜菜夜蛾对菊酯类和有机磷类药剂有较高的抗性，用这类药剂防治甜菜夜蛾已经不能达到预期的防治效果。2004年，射阳县植保站对甜菜夜蛾进行了药剂试验，药后7d的校正防效分

别为：每 $667m^2$ 用 15%安打（茚虫威）16ml 校正防效为 96.6%，每 $667m^2$ 用 20%博星（虫酰肼）60g 校正防效为 95.0%，每 $667m^2$ 用 24%美满（虫酰肼）20ml 校正防效为 94.4%，每 $667m^2$ 用 0.2%保尔（甲维盐）30ml 校正防效为 92.1%，每 $667m^2$ 用 8%高大（氟啶脲·高氯）50ml 校正防效为 84.5%。近几年射阳县在大面积防治实践中在推广使用安打、美满取得了很好的防治效果。为了延缓甜菜夜蛾的抗性上升速度，建议在防治该虫时不同药剂要轮换使用。

甜叶菊主要病虫发生为害规律及防治技术

钱爱林[1]，梅爱中[1]，许　祥[2]，林双喜[1]

（1. 江苏省东台市植保植检站，224200；2. 东台市金东台农场，224237）

甜叶菊（*Stevia rebaudiana* Bertoni）是新型的天然甜味剂，具有高甜度、低热能的特点。随着甜菊糖的开发应用，甜叶菊市场需求呈不断增长态势。2008 年东台市甜叶菊种植面积超过 4 000hm²，成为全省最大的甜叶菊生产基地。东台地区种植甜叶菊已有 30 年的历史，随着栽培年限延长和重茬面积增多，病虫害发生呈逐年加重的趋势，严重制约着甜叶菊产量和品质的提高。为了有效地控制甜叶菊病虫害，确保甜叶菊正常生长，通过近年来对东台市甜叶菊病虫害种类的调查，对主要病虫发生为害规律进行了初步研究，积极试验示范，摸索出一套综合防治技术，并进行示范推广，较好地控制了病虫危害。现将调查与研究结果初报如下。

1　材料与方法

1.1　病虫害主要种类调查

选择不同类型（老产区和新扩区）田块的甜叶菊，分别在不同的生育阶段调查主要病虫害发生情况，并将采集的病害标本送检，进行病菌分离与鉴定，害虫进行室内饲养与鉴定，最后确定病虫害种类。

1.2　主要病虫发生规律

根据不同病虫发生与危害程度，确定以两病一虫（斑枯病、立枯病和盲蝽象）为研究重点。结合当时气候条件，在甜叶菊种植主产区曹丿镇、唐洋镇的重点村组，对种植的甜叶菊采用定点、定期的办法调查研究病虫发生特点与发生规律。

1.3　防治药剂的筛选

针对本地甜叶菊的主要病虫发生危害情况及甜叶菊主体品种种植情况，将目前东台市其他作物上普遍应用的杀虫杀菌剂及新药剂在苗床和大田甜叶菊上试验，确定其使用安全性、防效及使用技术。同时，对农户自发使用的品种进行跟踪调查，了解使用方法、安全性和防效等方面的情况。

2　结果与分析

2.1　病虫害主要种类

通过对甜叶菊苗床和大田生长期的调查，明确了东台市甜叶菊苗期病害有斑枯病、立枯病、菌核病等，大田期病害有斑枯病、白绢病、立枯病、枯萎病、病毒病等，以上病害中以斑枯病、立枯病发生较重。害虫种类有绿盲蝽象、中黑盲蝽象、蚜虫、烟粉虱、红蜘蛛等，上述害虫中以绿盲蝽为害较重。

2.2　主要病虫发生规律

对东台市甜叶菊造成严重为害的主要病虫有：斑枯病、立枯病和绿盲蝽象等。

2.2.1　斑枯病

斑枯病是日本石破知加子等人于1978年7月初在香川大学农学部实验场发现的，国内研究资料此前也作过大量报道。该病是本地甜叶菊生产的第一大病害，田间发生普遍，为害严重，一旦暴发流行，损失十分惨重。

症状特点：发病初期，叶片出现褐色小斑点，慢慢扩大成角斑或近圆形斑点，病斑中央黄褐色，边缘深褐色，发病后期，病斑上产生多个小黑点，为该菌分生孢子器。病斑周围黄化，病、健交界明显，可多斑联合。植株一般先从下部叶片开始发病，逐渐向中、上部叶片扩展，导致早期落叶，严重时整株叶片脱光。

病原菌：经鉴定为壳针孢属真菌，与日本报导的相似，故认定为 *Septoria steviae* Ishiba Yokoyama et. Tani，属半知菌亚门真菌。

发生与为害：斑枯病在甜叶菊生长各个生育期均可发病。秋季扦插育苗时，扦插苗可直接带病菌进入苗床，并扩展为害，由于气温较低，整个冬季甜叶菊苗床斑枯病发生为害较轻。春季甜叶菊定植后，随着气温的升高，病害呈加重趋势，5月中旬病害进入发病始盛期，6、7月份为该病扩散危害高峰期，据2008年6月中旬普查，甜叶菊斑枯病病田率100%，病株率79.3%（10%～100%），病叶率12.0%（1%～50%），7月上旬病情明显上升，病株率93.5%（4%～100%），病叶率30.2%（0.1%～80%），植株下部叶片出现大量枯死现象。品种间发病存在一定差异。分枝力强的守田2号等品种发病明显重于顶端生长优势强的守田3号。

2.2.2　立枯病

立枯病是甜叶菊苗期的主要病害，一般苗床均有发生。秋季和早春育苗阶段病害发生较重，出现大片死苗。

症状特点：甜叶菊立枯病症状因病菌侵染部位和发病时期的不同可分为2种类型：一是病菌直接侵染插穗伤口，出现黄色水渍状病斑，并向上逐渐扩大，导致幼苗呈褐色干枯腐烂死亡。二是在植株4～5对叶片时，茎基部初期呈水渍状黄褐色病变，病斑扩大后缢缩，呈黑褐色，病株干枯而死亡。天气潮湿时，病部表面可产生白色菌丝。

病原菌：经鉴定为立枯丝核菌（*Rhizoctonia solani* Kuhn），属半知菌亚门真菌。

发生与为害：病菌主要在土壤中越冬。床土带菌是苗床幼苗发病的初侵染源。扦插时，病菌直接侵染插穗伤口而发病，扦插后要不断进行补水，且采用黑色遮阳网覆盖，光照不足，发病条件有利，甜叶菊苗发病普遍，死苗较多。一般苗床发病高峰期死苗率10%～20%，严重田块死苗率40%左右。有时大田甜叶菊也会出现少数立枯病病株，茎基部缢缩死亡。

2.2.3　盲蝽象

盲蝽象主要发生在大田移栽后，以梅雨期间危害最重，常使甜叶菊嫩头扭曲并形成"破头疯"、"破叶疯"。

形态特点：经鉴定，甜叶菊上盲蝽象以绿盲蝽为主，学名 *Lygus lucorum* Meyer-Dur，也有中黑盲蝽，学名 *Adelhpocoris suturalis* Jakovlev，均属半翅目、盲蝽科。

绿盲蝽成虫体长 5~5.5mm，体色绿色，触角比身体短，前胸背板绿色，上有黑色小刻点，小盾片、前翅革片、爪片绿色，膜质部暗灰色。卵长约 1mm，长口袋形，端部钝圆形；卵盖黄白色，长椭圆形，中央稍凹陷，前后端高起，无附属物。若虫 5 龄，与成虫相似。初孵时绿色，复眼红色。2 龄黄褐色，3 龄出现翅芽，4 龄翅芽超过第 1 腹节，2、3、4 龄触角端和足端黑褐色，5 龄后全体鲜绿色，眼灰色，体上密被黑细毛，翅尖端蓝色，达腹部第 4 节。

发生与为害：绿盲蝽在本地一年发生 5 代，以卵在棉花、杂草等残体上越冬。早春 4 月越冬卵孵化，在附近寄主上生活，第 1 代即能在甜叶菊苗床或覆膜早栽的甜叶菊上为害。甜叶菊上绿盲蝽以第 2、3 代为主害代。据 2008 年 6 月 3~7 日调查，大面积甜叶菊绿盲蝽为害轻，部分胡桑、特经作物周围田块为害较重。唐洋镇胡桑周围甜叶菊平均新被害株率 11.83%（0~50%），重发田块百株盲蝽象 10 头以上。

2.3　防治药剂的筛选

经过试验和大量调查表明：博邦（苯醚甲环唑）、山达菌克（多·腐）、福星（氟硅唑）、甲基托布津、百菌清、多菌灵、氟虫腈、吡虫啉等药剂在守田 2 号、3 号上使用安全性较好。48% 毒死蜱 EC600 倍液苗床灌根和 500 倍液大田喷雾易产生药害。同时，甜叶菊不同品种对药剂的安全性表现有差异，如甜叶菊新光 3 号等部分品种对五氯硝基苯和代森锰锌等药剂敏感。

3　小结与讨论

3.1　东台甜叶菊主要病虫害为斑枯病、立枯病和盲蝽象等

栽培过程中一定要抓好上述两病一虫为主的各种病虫害防治，将病虫为害损失降到最低程度。

3.2　甜叶菊防病治虫过程中一定要注意选用安全高效的药剂

五氯硝基苯、毒死蜱等药剂易产生药害，同一药剂在不同品种上敏感性表现不一致。因此，药剂应用于甜叶菊病虫害的防治，每个甜叶菊品种、不同生育期均要考虑用药安全性，一定要先试验，后示范，再进行大面积推广使用。

3.3　甜叶菊病虫害综合防治技术

通过近年的试验示范和探索研究，根据无公害防治的要求，形成了以轮作换茬为重要预防措施，以加强管理为重要防控方法，以化学防治为主要手段的"防、控、治"相结合的技术体系。

3.3.1　轮作换茬

实践证明轮作换茬是预防病害和部分害虫最重要的农业措施。有条件的地区要实行水旱轮作，没有水旱轮作条件的要选择非重茬、连作田块种植，枯萎病和大棚蔬菜特经病害重的田块尽量不种植甜叶菊。同时，苗床一定要精心选址，减少菌源随苗土传播；大田周围尽量不种植盲蝽象、烟粉虱等害虫喜好的寄主作物。

3.3.2 加强管理

加强田间管理是控制病害发生的重要防控方法，可以有效控制病害的扩展，明显减轻病害造成的损失。具体做法：大棚苗床及时通风，大田开好田间"三沟"，降低田间湿度；合理灌水，以浇灌根际周围为主，切忌大水漫灌；深翻田土，使病菌不能萌发；田间发现少量病株时及时摘除病枝、病叶。

3.3.3 化学防治

化学防治是减轻病虫害损失的主要防治手段。发病前，提早施药保护；田间病害零星发生后，要连续用药进行防治。在苗期，可以选用40%多菌灵SC 20g加10%博邦（苯醚甲环唑）10g，或单用50%山达菌克（多菌灵·腐霉利）WP 20g，对水10kg进行喷雾，棚内湿度过大时，提倡使用15%腐霉利FU，每667m² 250~300g进行烟熏，预防苗期病害。大田期可以任选40%福星（氟硅唑）EC 2ml，10%博邦WG 10g，70%甲基托布津WP 15~20g，或75%百菌清WP 15~20g，对水10kg进行喷雾，可以有效控制斑枯病等病害。盲蝽象发生时，可以选用5%氟虫腈SC 5g、10%吡虫啉WP 10g，对水10kg进行喷雾，兼治其他害虫。

棉盲蝽灾变规律与可持续控制
技术调查研究

季丰明[1]，徐东祥[1]，周育成[2]，臧　铃[1]，朱秀红[1]

（1. 江苏省阜宁县植保植检站，224400；2. 阜宁县阜城农技站，224400）

为害棉花的棉盲蝽在阜宁县主要有绿盲蝽（*Lygus Lucorum* Meyer-Dur）、中黑盲蝽（*Adelphocoris Suturalis* Jakovlev）均属半翅目，盲蝽科。由于受气候条件、种植业结构调整，以及棉花品种改变等因素的影响，近几年来棉盲蝽在阜宁县的发生、为害有上升趋势。为了控制其为害，2001 年起从研究棉盲蝽发生规律入手，主要调查本地棉盲蝽发生和为害特性，以及研究更加有效的防治技术措施，现将结果报告如下：

1　棉盲蝽各代在阜宁县的发生概况

棉盲蝽在阜宁县主要发生 4~5 代，在棉花上主害代为第 2、3、4 代，均以卵越冬，其中绿盲蝽卵的发育起点为 3℃，有效积温为 188 日度，中黑盲蝽卵的发育起点为 5.4℃，有效积温为 217 日度，前者低于后者，故绿盲蝽越冬卵的发育较早，以后各代的发生日期亦比中黑盲蝽早 5~10d，3~5 世代有明显重叠现象。本地是绿盲蝽和中黑盲蝽混合发生地区，自 2001 年到 2007 年发生量为中等发生，地区间、田块间差异较大，凡棉区采取套种栽培模式的棉盲蝽为害偏重，同时棉区周围蔬菜栽培面积大的地区也呈偏重发生，2005 年、2006 年为本地棉盲蝽象为害偏重年份。2002 年本地主要以中黑盲蝽为害为主，绿盲蝽零星查见，2003 年起绿盲蝽发生量开始上升（见下表），开始形成绿盲蝽和中黑盲蝽混生为害。与 2001 年以前相比，本地棉盲蝽发生期近几年有偏早发生趋势。

1.1　第 1 代

4 月底 5 月初在棉田周围杂草及前茬为棉花的蚕豆等寄主上以及早栽棉田上调查，2001 年、2002 年几乎未查见，自 2003 年起，绿盲蝽、中黑盲蝽 1 代残虫扑查结果，以 2005 年基数最高，绿盲蝽每 667m² 残虫达 406 头，中黑盲蝽每 667m² 残虫达 2 192.5 头。

1.2　第 2 代

6 月下旬到 7 月初在棉田进行调查，在 2001~2007 年中，2001~2003 年绿盲蝽几乎未查见，2006 年为绿盲蝽百株残虫最高年份，中黑盲蝽在 2003~2007 年百株残虫呈上升趋势，2003 年为 0.82 头，2004 年 4 头，2005 年 1.6 头，2006 年 2.56 头，2007 年 4 头。

1.3　第 3 代

7 月底到 8 月初在棉田调查，绿盲蝽自 2001~2007 年百株残虫呈上升趋势，见下表，中黑盲蝽 2002 年、2005 年百株残虫较其他年份基数偏高。

表　2001~2007 年棉盲蝽各代残虫

年份	绿　盲　蝽				中　黑　盲　蝽			
	1代 （每 667m² 残虫）	2代 （百株残虫）	3代 （百株残虫）	4代 （百株残虫）	1代 （亩残虫）	2代 （百株残虫）	3代 （百株残虫）	4代 （百株残虫）
2001	—	—	—	—	—	—	1.33	—
2002	—	—	—	—	—	—	2.47	—
2003	5.05	0	1.53	0.30	15.1	0.82	1.5	0.59
2004	96.92	0.8	0.17	0.31	5.61	4	0.33	8.50
2005	406	0	0.4	4.62	2 192.5	1.6	1.6	13.85
2006	311.85	2.24	0.5	1	332.74	2.56	0.67	1.5
2007	107.79	1.2	3	2	350.29	4	1	0

1.4　第 4 代

8 月底 9 月初于棉田调查，2005 年为两种盲蝽残虫基数较高年份，2007 年中黑盲蝽残虫未查见。

2　生活规律及为害特点

棉盲蝽从越冬卵孵出第 1 代若虫，即在越冬寄主或越冬场所附近的寄主上取食。绿盲蝽和中黑盲蝽各代主要寄主植物各有侧重，为害棉花的主害代和生育期也不同，绿盲蝽从 6 月中旬至 7 月上旬虫口密度最高，主害代为第 2、3 代在盛蕾期为害，中黑盲蝽为第 3、4 代在花铃期为害。本地为绿盲蝽、中黑盲蝽混发区，前期绿盲蝽为害为主，后期为中黑盲蝽为害为主。

成虫白天停栖在叶背，夜晚活动取食和产卵，但阴雨天能整日活动，有趋光性和趋向现蕾开花植物转移产卵的习性。成、若虫均有趋嫩绿、顶端和繁殖器官为害的习性。绿盲蝽喜趋向棉花嫩头和幼蕾为害，而中黑盲蝽为害趋向蕾、花、幼铃。初孵若虫多隐蔽于棉株嫩头，蕾和叶背等处，高龄若虫比低龄若虫活动性大。

两种盲蝽均为多食性害虫，它们有很多共同性寄主，但也各有偏好，棉盲蝽在棉花上为害，主要以成、若虫刺吸棉株的幼嫩组织和繁殖器官造成为害，棉花子叶期，两种盲蝽均能为害顶芽，形成无头苗和多头苗，现蕾后表现出不同为害习性。绿盲蝽除为害蕾铃造成脱落外，还刺吸嫩头顶芽和嫩叶，开始出现小黑点，后随叶片伸展，坏死的部位形成破洞，使顶部叶片残缺不全，称为"破叶疯"或"破头疯"，中黑盲蝽则主要为害繁殖器官，几乎不为害营养器官，尤其是花铃期，对幼铃的为害所造成损失远重于绿盲蝽。幼蕾被害后，2d、3d 内苞叶发黄，后变黑枯死脱落，大蕾受害，花不能正常开放，受害重的会引起脱落，幼铃被害，铃壳上出现黑褐色斑点，有的脱落，有的形成畸形或僵桃，为害大铃产生黄褐色斑或引起流胶。

棉花受棉盲蝽为害后，导致营养生长和生殖生长的失调，由于营养生长过旺，枝叶丛生，而使伏前桃和总成铃率均比健株少，据为害损失率测定研究，棉花初花前受害，补偿力强，损失较小，初花后被害，补偿能力逐渐减弱，受害损失较大。

3 发生现状与外界因子的关系

3.1 耕作栽培制度

中黑盲蝽主要以卵在棉田表土越冬，棉麦、棉蚕连年套种，由于播麦、种豆时进行条播控翻，落在麦、豆幅中的棉叶不能被耕翻入土，棉田内外杂草又比较多，因此为中黑盲蝽越冬卵和早春繁殖创造了极有利的条件。随着高效农业的迅猛发展，不同的栽培模式和间套种方式的推广，加重了棉盲蝽的发生程度，尤其是棉花和蔬菜、瓜果间套作模式，更是加重了棉盲蝽发生及为害程度，尤其是目前的棉花与蚕豆、棉花与西瓜套作，棉花与花生、芝麻、大豆等套作，棉花与这些作物共生期较长，而这些套作物都是棉盲蝽的寄主，形成相对集中为害。

3.2 棉花的品种改变

抗虫棉在本地的广泛栽培，也增加了对棉盲蝽诱集为害，抗虫棉前期生长势强，发棵早，有效蕾铃期长，为各代棉盲蝽提供了丰富的食料条件，对棉盲蝽发展起到了推波助澜的作用。

3.3 气候条件

棉盲蝽适宜多阴雨天气和湿度大的环境下生存，本地 6~8 月均为多雨月份，空气湿度大，寄主生长旺盛，近几年，气候异常，如 2005 年、2006 年多为雨水多的年份，6~8 月降水比往年频繁，本地棉盲蝽发生也属偏重年份。

3.4 棉农对防治的重视程度

在 2002 年以前棉盲蝽在我地区一直属于轻发生，棉农对其为害重视不够，同时由于抗虫棉的推广，棉田用药量下降，使棉盲蝽田内、田外虫量处于积累上升趋势，形成了棉盲蝽在本地为害逐年加重。

3.5 天敌

捕食性天敌蜘蛛、瓢虫、草蛉等虫量在棉田中逐渐减少，对棉盲蝽的控制作用不明显。

4 防治方法

棉盲蝽的寄主种类复杂，虫源面广量大，发生与耕作制度，作物布局和栽培条件等因素密切相关。因此，在防治上应从恶化棉盲蝽发生的农田生态条件入手，采取控制虫源和棉田防治主害代相结合的对策。

4.1 农业防治

耕翻棉田，深埋中黑盲蝽越冬卵，清除沟边杂草。合理施肥，防止棉花旺长，及时清理棉花无效蕾和侧枝尽量创造不利棉盲蝽生长的生态环境。

4.2 化学防治

在早春虫源寄主上喷施化学药剂 50% 稻丰散或 40% 毒死蜱乳油,压低早春基数;在棉田盲蝽 2、3 龄若虫盛期用 50% 稻丰散或 40% 毒死蜱进行化学防治。

总之,在实际应用中,应根据棉盲蝽的发生程度、气候条件和天敌因素采取农业、化学与生物相结合的预防配套措施。

棉田盲蝽象灾变规律与可持续控制技术

袁士荣，蔡文兵，孙登娥

（江苏省射阳县植保植检站，224300）

射阳县棉田发生的棉盲蝽主要是绿盲蝽 *Lygus lucorum* Meyer-Dur 和中黑盲蝽 *Adelh pocoris suturalis* Jakovlev。在诸多因素的影响和制约下，射阳县棉盲蝽经历了轻-重-轻，又再度重发生的反复，其优势种群也经历了以绿盲蝽为主，演替为以中黑盲蝽为主，绿盲蝽又再度猖獗的轮回。近年棉盲蝽种群数量逐渐上升，已成为对射阳县棉花安全生产威胁最大的害虫。为持续有效地控制棉盲蝽的发生为害，射阳县植保植检站经过多年的调查、试验、探索，明确了棉盲蝽在本地棉田内的灾变规律，提出了切实可行的治理对策，并在生产中不断推广应用，取得了良好的经济效益和社会效益，现总结如下：

1 棉盲蝽的灾变规律

1.1 为害特点

盲蝽象以成、若虫刺吸寄主植物的嫩头、生长点或幼嫩果实体上的汁液。不同的盲蝽象，为害的主要时期和器官不同，棉株的不同生育期、不同器官，受害后的表现也不同。绿盲蝽为害的主要时期是苗蕾期，主要器官是嫩头、幼叶等营养器官，子叶期被害，顶芽焦枯变黑，形成仅剩两片肥厚子叶的无头苗；真叶出现后，顶芽被害枯死，形成枝叶丛生的"破头疯"；幼叶被害，出现黑褐色斑点，叶片展开后，残缺破碎，具大量孔洞，欲称"破叶疯"。中黑盲蝽为害的主要时期是蕾铃期，主要器官是幼蕾、嫩铃等繁殖器官，幼蕾被害，先由黄变黑，后干枯脱落；幼铃被害形成"歪嘴桃"。据 2007 年调查，防治区棉花平均单株成铃 27.7 个，平均单铃重 5.3g，对照区第 2、3、4 代完全不防治的棉田，平均单株成铃仅 5.7 个，平均单铃重 4.3g。

1.2 发生概况

射阳县棉盲蝽 1982 年以前发生较轻，1983～1989 年上升为棉田的主要害虫，据统计 1983～1989 年盲蝽象在棉田为害的 28 个主要发生代次（第 2、第 3 代）中，中等以上发生程度的有 23 次，占 82.1%，1990～1999 年发生较轻，几乎没有出现过中等以上发生的代次。2000 年开始再度上升为棉田的主要害虫。

1.3 年生活史

本地属绿盲蝽和中黑盲蝽混发区，绿盲蝽在射阳县一年发生 5 代，以卵在蚕豆、湖桑的断茬髓部、棉花枯枝断茎内、铃壳以及果树表皮组织内越冬。常年 4 月上旬前后越冬卵开始孵化，4 月中旬初始见若虫，2、3 龄若虫高峰出现在 4 月 27 至 5 月 2 日，平均为 4 月 30 日，第 1 代成虫羽化高峰在 5 月中旬，5 月底 6 月初进入产卵高峰；第 2 代 2、3 龄若虫高峰出现在 6 月 11～20 日，平均为 6 月 16 日，成虫高峰在 7 月初；第 3 代 2、3 龄高峰在 7 月 19～27 日，平均为 7 月 23 日，成虫高峰在 8 月初；第 4 代 2、3 龄若虫高峰在 8 月 17～27 日，平均为 8 月 23 日，成虫高峰在 9 月初；第 5 代 2、3 龄若虫高峰出现在 9 月下旬，10 月中下旬羽化为成虫。以第 4 代部分成虫和第 5 代成虫产卵越冬。

中黑盲蝽常年发生 4 代。越冬卵产在杂草及棉花叶柄、叶脉中，随叶片枯焦脱落在棉田或漂落到沟边、田边等地土表越冬。发生期比绿盲蝽迟约一个星期。2、3 龄高峰期，常年第 1 代在 5 月 6 日（5 月 2～9 日），第 2 代在 6 月 25 日（6 月 20～27 日），第 3 代在 7 月 30 日（7 月 28 日至 8 月 4 日），第 4 代在 9 月 2 日（8 月 29 日至 9 月 6 日）。

1.4　优势种群演替

1983 年以前一直以绿盲蝽为优势种，1984～1999 年中黑盲蝽取代绿盲蝽，演替为优势种，但代次之间有波动，2000 年开始绿盲蝽再度成为我县棉田的优势种群（图 1 和图 2）。

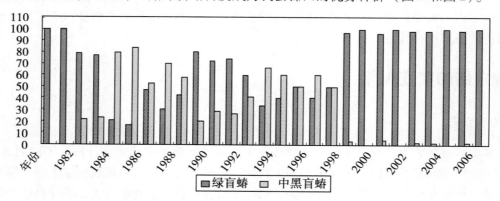

图 1　第 2 代盲蝽象种群比例图

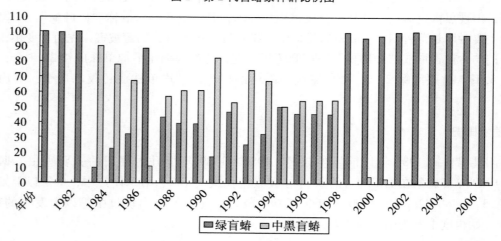

图 2　第 3 代盲蝽象种群比例图

2 盲蝽象重发原因分析

1993 年以前，棉盲蝽为射阳县棉田的主要害虫，1993 年棉铃虫暴发成灾，以后在不适的天气和频繁防治棉铃虫情况下，得到了有效控制，盲蝽象发生一直极轻，有的代次在棉田几乎查不到棉盲蝽，2000 年以后，盲蝽象开始回升，现在已成为对该县棉花生产威协最大的害虫，分析其原因，主要有以下几个方面：

2.1 适宜的气候

2.1.1 暖冬

棉盲蝽越冬卵成活率高，第 1 代基数高，发生期提前，与 20 世纪 90 年代相比，第 1 代基数高了 4 ~ 15 倍，2、3 龄高峰期平均早了 3d。

2.1.2 晚霜

霜冻来得迟，为第 5 代绿盲蝽象发育成熟提供了有利的气候条件，增加了棉盲蝽产卵的机会，增加了越冬卵量。据调查，近几年棉茬田冬后淘卵量，是 20 世纪 90 年代的 5 ~ 10 倍。

2.1.3 夏梅雨

夏季雨水多，湿度大，盲蝽象产卵量大、孵化率高，虫量多，在有利于棉盲蝽发生的同时，又影响了化学防治效果，加重了为害损失。2001 年以来，有 5 年 6 ~ 8 月份降雨频繁，阴雨天气偏多，极有利于棉盲蝽的发生为害。

2.2 有利的环境条件和栽培措施

2.2.1 适生寄主面积加大

随着农业产业结构的调整，射阳县在盲蝽象适生寄主面积扩大的同时，还加大了蚕豆、马铃薯、西瓜、大豆、花生等盲蝽象适生寄主的间套种面积，这不仅为盲蝽象种群繁衍提供了食料条件、栖生场所，还为盲蝽象就近迁移提供了便利，为盲蝽象生存提供了避难所，因为除棉花外，其他寄主作物上是很少用药防治盲蝽象的，这为盲蝽象第 1 代成虫早下棉田创造了条件，拓展了盲蝽象在棉田繁衍为害的时间，增大了向棉田转移的虫量，导致了盲蝽象在棉田内发生期早、发生量大、为害重。

2.2.2 越冬有效卵量增加

随着液化气的大量使用，棉花的秸秆被遗弃或旋耕还田，使过去随秸秆离田的绿盲蝽越冬卵，得以在棉田内保留，增加了越冬有效卵量。

2.2.3 用氮水平提高

随着杂交棉的推广，棉花密度由过去的每 667m² 达 3 千多株，降低到现在的不到 2 千株，施氮量有过去的每 667m² 达 30 个左右，提高到现在的 40 多个，棉花长势旺，含氮量高，有利于盲蝽象的发生为害，特别是棉花后劲足的田块，后期赘芽丛生，为第 4、5 代绿盲蝽象的繁衍和种群数量扩张，提供了食料条件。

2.2.4 兼治作用减弱

在 20 世纪 90 年代，棉铃虫大发生期间，单防治棉铃虫，棉田用药每年都在 8 遍以上，农民的实际用药量，每 667m² 次在 80 ~ 200ml 不等，以有机磷和菊酯类复配剂为主，时间上，可以覆盖盲蝽象在棉田为害的所有世代，对盲蝽象有很好的兼治作用。1999 年以后，棉铃虫发生量逐年下降，棉田害虫以蚜虫、红蜘蛛为主，用药次数少，用药量下降，用药品种对盲蝽象的兼治作用也大幅度减弱。

2.2.5 转基因抗虫杂交棉的全面推广

目前射阳县栽培的转基因抗虫杂交棉，不但对盲蝽象发生没有抑制作用，反而在一定程度上，对盲蝽象的发生起到了推波助澜作用。抗虫杂交棉前期营养生长旺，植株发棵早，易诱集棉盲蝽提前迁入棉田为害，抗虫杂交棉植株高大，果枝多而散，不利于施药防治。后期抗虫棉田施药结束期，比常规棉田早，一般在9月初结束防治，而棉盲蝽在射阳县棉田内发生可持续到10月上中旬，造成了后期残留虫量高，越冬卵量多。

3 可持续控制技术

综合治理棉盲蝽的关键是合理运用农业措施，创造不利于盲蝽象生存的环境条件，抓住棉盲蝽薄弱环节，运用化学防治的方法，直接消灭害虫，同时对受害棉株进行整型改造，提高棉株补偿能力，减轻为害，减少损失。

3.1 农业防治

3.1.1 清洁田园

将棉盲蝽消灭在棉田外，降低越冬基数，棉花采拾结束后，及时将棉秆拔出田外，减少越冬虫源；棉麦套作田，空幅推广冬耕春翻，在盲蝽卵孵化前，翻挖结束，减少早春虫源；及时防除路边、田头、田内杂草，恶化棉盲蝽的生存环境。

3.1.2 合理运筹肥水

实施配方施肥，增磷补钾 合理施用氮肥，以防棉花生长过旺和贪青迟熟，恶化食料条件。

3.1.3 培植理想株型

适时少量多次化调，及时整枝、摘心、打顶，及时做好受害棉株的整型改造工作，塑造理想株型，增强棉田通风透光能力，降低湿度，促进生殖生长，抑制营养生长，及时做好后期田间"四清理"，减少无效花蕾和侧枝、赘芽，尽量创造有利于棉花高产，不利于棉盲蝽生存的生态环境，抑制其发生程度。

3.2 化学防治

在各代盲蝽象若虫发生盛期，开展化学防治，是控制其发生为害最迅速的措施。针对我县绿盲蝽的防治策略是：巧治第1代，狠治第2、3代，兼治第4、5代。要在准确测报的基础上，确定防治适期、防治对象田、用药品种和用药次数。

3.2.1 巧治第1代

巧治第1代就是要抓好早春虫源田和棉花苗床的防治。在第1代盲蝽2、3龄高峰期，重点防治蚕豆、梨树、桑树、马铃薯以及田边、沟边杂草等虫源田，压低早春基数。苗床防治，在棉花齐苗后，用敌敌畏毒土薰蒸，并在棉苗2叶1心期，结合防病加用杀虫剂兼治。

3.2.2 狠治第2、3代

要根据当年各代预报的防治适期，对所有棉田，及时全面用药防治，中等以下发生代次，在 2、3 龄若虫高峰期前后用药 1~2 遍，重发代次，从 1、2 龄若虫高峰期开始，隔 3~4d 用 1 遍，连续用药 2~3 遍，对盲蝽象若虫期进行全程药控。

3.2.3　选用高效药种用足药量

　　根据近年来的试验示范和大面积实践，每 667m² 用 5% 氟虫腈 20~35ml，48% 毒死蜱 50~80ml，40% 氧化乐果 60~100ml，对盲蝽象的防效较好。用药的重点部位是嫩头和边心。

三、蔬菜作物有害生物发生
与防治技术

西瓜病虫草害发生规律及综合控制技术研究

陈永明[1]，林付根[1]，李　瑛[2]，丁志宽[2]，陈　华[3]，吴树静[4]

（1. 江苏省盐城市植保植检站，224002；2. 东台市植保植检站，224200；
3. 大丰市植保植检站，224100；4. 射阳县植保植检站，224300）

西瓜是盐城市重要的瓜果作物，常年种植面积 2.67 万 hm²。近年来，随着种植业结构调整力度的加大和抗虫杂交棉的大面积推广，大棚西瓜和棉套西瓜种植面积逐年扩大，但由于种植年限的延长，设施栽培小气候条件高温、高湿化，重茬连作机会加大，西瓜病虫草害发生日趋严重，已成为制约西瓜优质高产的重要因素。20 世纪 90 年代末，盐城市有关县就开展西瓜病虫草害的田间调查和防治技术的研究，2003 年盐城市植保站又组织相关县市开展研究，现将近年来的研究结果报告如下：

1　西瓜种植基本情况

盐城市西瓜种植面积主要在东台、大丰、射阳三县（市），三地区的西瓜种植面积占全市种植面积的 85.5%。目前西瓜种植方式有 3 种：一是大棚西瓜，主要集中在东台，西瓜种植面积 1.4 万 hm²，其中大棚西瓜面积 1.3 万 hm²，占西瓜种植面积的 93.2%，占全市种植面积的 79.6%，以春西瓜为主。春西瓜定植时间一般在 3 月上中旬，最早的在 2 月下旬，最迟的在 3 月下旬；秋西瓜定植时间一般在 7 月下旬至 8 月上中旬。种植品种以小果型为主，主体品种有早春红玉、小兰、特小凤、秀丽、秀雅等。二是露地地膜西瓜，主要集中于大丰，西瓜种植面积 0.49 万 hm²，其中露地地膜西瓜面积 0.41 万 hm²，占该地西瓜种植面积的 84.9%，其余为小拱棚西瓜，西瓜定植时间一般在 4 月上中旬，种植品种以中果型为主，主体品种有京欣 1 号、京欣 2 号、京欣 4 号等。三是棉套西瓜，主要集中于射阳，西瓜种植面积 0.65 万 hm²，全部为棉套西瓜。西瓜定植时间在 5 月上旬，种植品种以中果型为主，主体品种有抗病苏蜜、京欣 1 号等。

2　主要病虫草害发生为害规律的研究

2.1　西瓜病虫草害发生种类

西瓜上病虫草害种类很多，根据近几年对西瓜有害生物疫情进行多次拉网式普查，病害有猝倒病、立枯病、菌核病、枯萎病、病毒病、白粉病、疫病、灰霉病、炭疽病、叶斑病、叶枯病、蔓枯病、根腐病、绵腐病等，以及沤根等生理性病害，其中大棚西瓜以枯萎病、菌核病、病毒病、猝倒病为主；露地地膜及棉套西瓜以枯萎病、炭疽病、病毒病和叶枯病为主。虫害有蚜虫、红蜘蛛、瓜绢螟、甜菜夜蛾、斜纹夜蛾、烟粉虱、潜叶蝇、小地老虎、蓟马、黄斑大蚊、蝼蛄以及软体动物蜗牛等，其中大棚西瓜以瓜绢螟、红蜘蛛、蚜虫、烟粉虱、甜菜夜蛾为主；露地地膜及棉套西瓜以蚜虫、红蜘蛛、蓟马、蝼蛄和烟粉虱为主。草害有灰绿藜、苋、凹头苋、反枝苋、马齿苋、野西瓜苗、铁苋菜、卷耳、鲤肠等阔叶类以及马唐、狗尾草、稗草、牛筋草、画眉草等禾本科杂草，大棚西瓜以灰绿藜、铁苋菜、鲤肠、马唐、狗尾草为主；露地地膜及棉套西瓜以小藜、铁苋菜、马齿苋、鲤肠、马唐、狗尾草为主。

2.2 主要病虫草害发生规律

西瓜病虫草害发生种类、发生程度因茬口布局、栽培方式、季节不同差异性较大，一般春西瓜以病害为主，秋西瓜以虫害为主，露地地膜及棉套西瓜以虫害和草害为主。

2.2.1 病害

枯萎病：是一种毁灭性的土传性病害，病原称西瓜尖镰孢菌。种子带菌也能引起幼苗发病而死苗。幼苗期发病较少，主要发生在座果期。发病初期，叶片由根部逐渐向前呈失水状萎蔫，中午明显，早晚复原无明显症状。其后，发病叶片向前增多，萎蔫状不可恢复；茎基部缢缩，纵裂，部分病部出现褐色病斑或琥珀色胶状物。病株根部腐烂，微管束变为褐色。空气湿度大时，病部表层有粉红色霉层。常年一般在4月上中旬始见，即大棚西瓜开花结果初期，4月下旬和5月上旬，随着西瓜的膨大，并遇连阴雨天气，病害发生加重，造成大棚西瓜在4月底5月初出现明显发病高峰。生产上遇有日照少、久阴暴晴、土壤粘重、地势低洼、管理粗放，枯萎病发生较重。

菌核病：病原为核盘菌，2000年盐城市发现此病。该病为害叶、叶柄、蔓、花、果实，以大棚西瓜发生最重，病症有急性湿腐型和慢性干枯型两种。高温高湿环境，病害表现为急性腐烂，并密生白色棉絮状菌丝，4~5d后病部产生大量菌核，发病后如遇干旱少雨天气，形成枯白色的枯死斑，但髓部不变色，病部以上部分不萎蔫。病菌以菌核随植物病残组织在土壤和种子中越冬、越夏。子囊孢子借助风、雨、灌溉水传播蔓延，主要侵染花瓣。菌核也可以萌发长出菌丝，直接侵染叶片和茎基部。病株产生的菌丝体在田间多次重复侵染，引起病害流行。菌核病发生为害程度与温度、湿度和栽培管理水平关系密切。本市春季大棚西瓜定植以后，棚内气温一般均可满足发病，只要有阴雨天气，或棚内浇水，湿度即可达到发病要求。发病高峰一般在4月中、下旬，此时，春季大棚西瓜正处于初花期，温、湿度适宜，棚内枝蔓密集，有利于子囊孢子萌发和侵染花瓣，染病花瓣脱落于叶、茎蔓处，使病害向茎、叶蔓延。另外，连作瓜田、氮肥过量、地势低洼以及棚膜破漏处容易发病。

炭疽病：病原称葫芦科刺盘孢。炭疽病是本市西瓜移栽大田后叶片上发生较普遍的一种病害。小拱棚西瓜5月下旬拉小拱棚后开始零星发病，露地西瓜6月初开始零星发病，6月下旬至7月上中旬梅雨后进入侵染高峰。为害严重年份造成果实大量腐烂，瓜叶早枯，提前败藤。病菌以菌丝体或拟菌核在土壤中的病残体上越冬，附着在种子表皮粘膜上的菌丝体也能越冬。遇到适宜条件产生分生孢子梗和分生孢子，落到植株或果实上发病，潜伏在种子上的菌丝体，可以直接侵入子叶引起幼苗发病。分生孢子主要通过虫害、风雨和灌溉水等农事操作进行重复侵染。湿度是诱发本病的主要因素，相对湿度为90%~95%时最易发病。

猝倒病：病原有瓜果腐霉和德里腐霉，是西瓜育苗前期引起死苗、倒苗的主要病害。苗床土壤湿度大时，病害发生迅速，幼苗成片猝倒，病部产生白色絮状菌丝。低温对西瓜苗生长不利，但病菌尚能活动，尤其是育苗期出现低温高湿条件，利于发病。当幼苗子叶养分基本用完，新根尚未扎实之前是感病期，这时真叶未抽出，碳水化合物不能迅速增加，抗病力弱，遇有雨、雪连阴天气或寒流侵袭，气温低，光合作用弱，瓜苗呼吸作用增强，消耗加大，因此该病多发生在幼苗出土后真叶尚未展开前，真叶长出后，发病较少。病菌以卵孢子或菌丝体在土层中越冬，再侵染主要靠病菌上产生孢子囊及游动孢子，借助灌溉水或雨水溅射传播蔓延。

叶枯病：病原称瓜链格孢。西瓜叶枯病主要危害西瓜的叶部。近几年来在棉套西瓜上发生日趋严重。西瓜生长中后期，特别是多雨季节或暴雨后，往往发病急且发展快，使瓜叶迅速变黑焦枯，失去光合作用能力，严重影响西瓜的品质和产量。该病菌以菌丝体和分生孢子在病残体、土壤、种子上越冬，成为第二年初侵染源。生长期间病部产生的分生孢子通过风雨传播，进行多次重复再侵染，传播蔓延很快。多雨天气易流行或大发生。连作地、偏施或重施氮肥及土壤瘠薄或积水，植株抗病力弱发病重。

病毒病：西瓜病毒病是由西瓜花叶病毒、黄瓜花叶病毒及烟草花叶病毒侵染引起的。病株呈系统花叶症状，顶部叶片呈黄绿相间的花叶，病叶窄小，或皱缩畸形。轻病株尚能结瓜，但瓜小，重病株结瓜少或不结瓜。该病最先由桃蚜、瓜蚜等刺吸为害进行初侵染，再通过整枝等农事操作接种进行再次侵染传播。天气干旱、气温高，植株群体抗逆力下降，为西瓜病毒病的暴发流行提供了有利的条件，加之田间蚜虫发生量大，传毒率高，发病就重，反之则轻。一般是秋西瓜重于春西瓜。

2.2.2 虫害

蚜虫：西瓜上蚜虫为瓜蚜，属同翅目蚜科害虫。在苏北沿海地区其生活史属于全周期型。冬季以卵在瓜田附近的路边木槿、树皮裂缝处或车前草根际处越冬，还可以以成、若蚜在瓜田附近温室蔬菜上继续繁殖为害。5月中旬小拱棚西瓜开始破棚整蔓，露地西瓜刚移入大田，瓜蚜开始陆续向西瓜田迁移为害，特别是露地西瓜，刚移入大田，抗病力较弱，受害较重，到6月下旬后进入梅雨季节后，因降雨冲刷和高温高湿，为害程度有所减轻，但一直到收获时都有为害。

红蜘蛛：是西瓜上为害期较长的一种害虫。主要种类是朱砂叶螨，属蛛形纲真螨目叶螨科害虫。冬季以成、若螨群集潜伏于向阳处土块、枯叶、婆婆纳、小蓟、繁缕等杂草根际、树皮裂缝内越冬。此外，温室、大棚内的蔬菜苗圃地也是重要越冬场所。5月中下旬随着夏熟作物的收割离田，朱砂叶螨大量从附近的蚕豆等虫源田向瓜田迁移为害，5月底6月上中旬进入为害高峰，一块田，开始时点片发生，后借风力扩散蔓延。一株上，一般先为害基部老叶，再逐步扩散。一叶上，喜群居于西瓜叶的叶背面近叶脉处刺吸西瓜汁液，被害叶正面呈黄白色小点，并逐渐变黄枯焦，最后脱落。一般干旱年份为害较重，大雨对其有明显的冲刷作用，减轻为害。

蓟马：是本市瓜类蔬菜上的常发性害虫，过去一直处于轻发生水平，但近两年对露地西瓜的为害愈来愈重。本地蓟马属缨翅目蓟马科，称台湾花蓟马。冬季以成虫潜伏在土缝下、枯枝落叶中越冬，也有少数以若虫过冬，待5月中旬西瓜移栽大田后，即转移至瓜苗为害，此时对西瓜的为害影响最大。花蓟马以成、若虫锉吸西瓜幼苗嫩叶汁液，受害后叶片正面失去光泽，叶背有鱼鳞状的小亮点，到后期整张叶脉呈现明显的锈色。生育期晚，长势较弱的瓜田受害最重。

蝼蛄：属直翅目蝼蛄科害虫，主要以成、若虫夜间出来直接取食育苗棚内刚播下的种子或咬断幼苗根茎，将其咬成乱麻状。更重要的是蝼蛄还在育苗钵中开挖隧道，使幼苗根系与土壤分离，最后脱水干枯死亡。

瓜绢螟：属鳞翅目螟蛾科害虫，主要在大棚秋西瓜上为害，幼虫主要为害西瓜的叶片和果实，严重时仅存叶脉，啃食瓜皮，蛀入果实，造成减产降质。7 月中旬始见成虫，7 月下旬始见第 1 代卵，进入 8 月后，田间卵、低龄幼虫不断增加，8 月中旬后期为卵、低龄幼虫高峰期，9 月上旬为第 2 代卵、低龄幼虫高峰期，世代重叠严重，高温干旱年份发生重，损失大。

甜菜夜蛾：属鳞翅目夜蛾科害虫，主要在大棚秋西瓜上为害，间隙性发生，初孵幼虫群集叶背吐丝结网，在其内取食叶肉，留下表皮，3 龄后将叶片吃成孔洞或缺刻。以第 3、4、5 代为害，从 7 月中旬至 10 月初，田间幼虫不间断，各种虫态均有。

烟粉虱：属同翅目粉虱科害虫，为外来入侵有害生物。以卵、若、成虫在冬季大棚蔬菜繁殖越冬，自然状态下不能存活。2003 年首次在东台发现，近几年来扩散分布迅速，发生程度加重，表现在一方面重发区域由 2004 年的东台、射阳，到 2007 年的东台、大丰、射阳、亭湖、盐都，另一方面各类蔬菜发生面积逐年扩大，由 2004 年的 0.93 万 hm²，猛增到 2007 年的 7.57 万 hm²，近 3 年发生程度均为中等偏重以上发生。烟粉虱在春季大棚西瓜上为害较轻，但大棚揭膜后对露地西瓜、秋季西瓜和其他蔬菜危害很大。烟粉虱主要以成、若虫取食西瓜叶片汁液，叶片迅速出现褪色斑，虫口密度高时叶片变黑干枯脱落，影响光合作用，从而降低西瓜品质和产量。靠近蔬菜大棚园区的西瓜在 5 月下旬即可查见烟粉虱为害，其后烟粉虱迅速扩散，虫量猛增，9 月上中旬进入为害高峰。

2.2.3 草害

大棚西瓜种植区为提高大棚地温，缩短瓜苗移栽缓苗期，栽培上通常采用在瓜苗定植前 7~10d 抢墒平铺地面地膜的方法增温。棚内高温高湿的小气候，对杂草种子的萌发和生长十分有利，因而一般在瓜苗定植前就形成出草高峰，并迅速生长。据调查，西瓜活棵生长时，禾本科杂草已达 3~4 叶，杂草高度一般在 20cm 以上，杂草生长势明显强于西瓜，形成草欺苗。大棚西瓜大多以鸡粪、灰杂肥等农家有机肥作为基肥，掺杂各类杂草籽，加之沿海地区特有的草相，膜下杂草密度一般在 100 株/m² 左右，多的在 1 000 株/m² 以上，恶性杂草的滋生，不但与西瓜争水、肥、光，而且加重西瓜病虫害的发生。2001 年 4 月上旬至 5 月中旬，东台大棚西瓜疫病、菌核病暴发流行，与藜类杂草普遍发生关系极为密切，凡是杂草密度大的田块，疫病、菌核病蔓延快、发生重。反之，发病轻。

小拱棚加地膜双膜西瓜在 3 月下旬，地膜西瓜在 4 月下旬就抢墒铺地膜增温保湿，以提高移栽瓜苗的存活率，缩短瓜苗移栽缓苗期。一般在瓜苗移栽后不久就形成出草高峰。据调查，本市西瓜田杂草有 20 多种，主要是禾本科和阔叶杂草，少数莎草科杂草。禾本科杂草主要有马唐、狗尾草，阔叶杂草有小藜、灰绿藜、马齿苋、铁苋菜和鲤肠。

3 综合防治技术的研究

西瓜田病虫草发生种类多，药剂防治是不可避免的，关键是如何采取综合措施，达到既要控制病虫草发生为害，又要确保生产无公害和绿色农产品的目的。

3.1 病虫草害防治药剂的筛选

3.1.1 病害

菌核病：①喷雾：2002 年东台试验设 50% 速克灵（腐霉利）WP 1 000 倍液、25% 使百克（咪鲜胺）EC 1 500 倍液、40% 禾枯灵（多菌灵·三唑酮）WP 500 倍液和清水对照，于 4 月 25 日和 5 月 1 日连续施药 2 次，在第 1 次药前调查，各个处理西瓜正常生长，未有菌核病发生。但第 1 次施药后，出现了连续阴雨天气，从 4 月 27 日至 5 月 7 日，雨日 11d，雨量 82.2mm，日照时数 20.6h，致使西瓜菌核病大面积暴发流行。5 月 8 日调查试验结果表明，以速克灵防效最好，速克灵处理区病蔓率 18.3%，禾枯灵 25.8%，使百克 37.5%，清水对照 48.3%。②熏烟：东台 2002 年 4 月 23 日和 4 月 28 日使用 15% 腐霉利 VP 每 667m² 250g，连续 2 次放烟，5 月 8 日调查，病蔓率只有 1.7%。试验结果表明，在菌核病的防治上，一是要及早预防；二是遇连阴雨天气熏烟效果好于喷雾。

枯萎病：2002 年 5 月 25 日大丰试验设 50% 咪鲜胺盐 WP 1 500 倍液、1 000 倍液、800 倍液，12.5% 治萎灵（水杨酸多菌灵）AS 250 倍液和清水对西瓜根颈部进行喷灌处理，每株的喷灌量控制在 100ml 左右。结果表明，西瓜第 1 次药后 10d 并未发病；第 2 次药后 10d 病指校正防效分别为 50%、63.33%、73.33%、64.44%，第 3 次药后 10d 病指校正防效分别为 66.67%、79.90%、84.31%、75.53%，其中高剂量处理咪鲜胺锰盐 WP 800 倍液的防效显著。西瓜枯萎病一要及早防治，最好是在移栽大田后结合浇活棵水就开始用药；二要连续用药，间隔 7~10d 用 1 次药，连用 3~4 次为好。

炭疽病：大丰多年来一直为筛选出防治西瓜炭疽病的有效药剂进行了大量的试验。筛选出 25% 菌威（咪鲜胺）EC、20% 灵福合剂（拌种灵·福美双）和 40% 拌种双（拌种灵·福美双）DP，对西瓜炭疽病具有较好的防治效果，菌威 750 倍液、灵福合剂 250 倍液和拌种双 500 倍液处理防效分别达 59.74%、48.39% 和 45.58%。另外，西瓜炭疽病的防治时间宜早不宜迟，第 1 次喷药在入梅前，或在炭疽病发病前或发病初期，以后每隔 7~10d 喷 1 次，喷药次数可视西瓜的成熟时间而定。

病毒病：治蚜是预防西瓜病毒病发生的一项有效措施。用 20% 吡虫啉 SL 2 000 倍液对准叶片正反面均匀喷雾，可达到很好的治蚜效果，防效可达 90% 以上。防治时间宜早不宜迟，等到病毒病暴发已成定局时才用药防治，收效甚微。1998 年大丰用 83 增抗剂（混合脂肪酸）和 20% 病毒 A（盐酸吗啉胍·铜）进行喷雾防治西瓜病毒病试验，结果表明，1 次药后两种药剂对西瓜病毒病都有一定的防治效果，以 83 增抗剂防效最好，83 增抗剂 1 500ml/667m² 处理防效达 58.33%，20% 病毒 A 140g/667m² 处理防效达 41.67%。如增加施药次数，每隔 5~7d 用 1 次，连喷 2~3 次效果更佳。

3.1.2 瓜绢螟及夜蛾类害虫

2002 年东台试验设 15% 安打（茚虫威）SC 3 750 倍液、10% 除尽（虫螨腈）SC 1 500 倍液、24% 美满（一种昆虫蜕皮抑制剂）SC 1 500 倍液、20% 米满（虫酰肼）SC 1 500 倍液及空白对照 5 个处理，田间虫龄 2~3 龄。药后 3d 调查，其校正防效分别为 98.6%、98.6%、83.5%、64.7%。药后 5d 调查，除米满的校正防效为 85.5%，其他 3 个药剂校正防效均达 98% 以上。

3.1.3 大棚西瓜杂草的防除

从大棚西瓜使用除草剂的历史看，20 世纪 80 年代以氟乐灵为主，但使用后瓜苗根茎部膨大中空，管理粗放、使用浓度过高往往造成 5%~10% 畸形苗，20 世纪 90 年代初以地乐胺为主，1996 年开始引进都尔（异丙甲草胺）进行试验示范，1997 年示范推广，1998 年大面积推广，取得较好的防除效果。2004 年东台又试验示范了 96% 金都尔（异丙甲草胺）EC。试验设每 667m² 96% 金都尔 EC 40ml、50 ml、72% 都尔 EC 100 ml，土壤封闭处理。试验结果表明，金都尔 EC 每 667m² 用 40 ml、50 ml 对大棚西瓜田禾本科杂草有显著防效，并且随着用药量的增加，防效提高。40ml 用量株防效和鲜重防效分别达 95% 和 99% 以上，50 ml 用量株防效和鲜重防效高达98%和99%以上，金都尔同时对阔叶杂草有一定鲜重防效，防效达55%以上。

3.2 农业措施的探讨

3.2.1 品种的抗病效果

近5年菌核病、枯萎病大发生时田间调查表明，本地种植的西瓜品种，没有发现特别明显的抗病效果。

3.2.2 轮作换茬的防病效果

调查结果表明，西瓜枯萎病以棉花茬、瓜套棉、西瓜重茬田块发病率高，为害损失大，这类田块一般发病株率20%～30%，严重的达70%以上。水旱轮作茬口轻，一般在1%以下。系统监测，棉花茬口大棚西瓜（品种为京欣一号）发病重的田块，从发病至毁棚一般为25～30d。

3.2.3 温湿度调控防病效果

温湿度的调控主要作用表现为大棚西瓜病害的发生和控制。一是猝倒病的防治：低温高湿是诱发猝倒病的主要因素，在出苗期平均地温低于15℃，播前浇水量10m²超过100kg或苗后遇有连阴雨天气时，猝倒病的病株率一般在5%～10%。二是西瓜菌核病的防治：及时通风降湿防病效果显著。据调查，育苗期和定植缓苗后，遇有连阴雨天气，连续2d以上不通风，大棚内就查见西瓜菌核病病株，一般发病株率在2%～3%，严重的达10%～15%，而每天坚持通风的大棚，发病则很轻。

4 综合防治配套技术

根据西瓜田病虫草害各项技术的多年研究，围绕无公害农产品生产的技术要求，我们组建了适合本地的、具有较强操作性的、以农业防治为基础、药剂防治为重点的病虫草害综合防治体系，并在生产中得到应用。

4.1 病害防治

4.1.1 农业措施

种子处理：一是晒种；二是温水浸种，用55℃温水浸种15min，捞出后催芽。

轮作换茬：这是防治西瓜枯萎病的主要方法，与非瓜类、茄果类寄主作物如水稻、玉米、大豆等实行轮作，重病田至少轮作5年以上。水旱轮作，可缩短到2～3年。

健全水系：在育苗期和大田定植期，要求达到深沟高畦，沟畦配套，排水畅通。

清除病残体：病害发生后要及时将病茎、病果等病残体带出田外，集中销毁，减少菌源积累，控制病害扩展蔓延。

4.1.2 化学防治

种子和床土消毒：主要防治西瓜猝倒病、立枯病等病害。育苗时，用8%灵福（拌种灵·福美双）WP或75%百菌清WP或50%多菌灵WP，按种子重量的0.3%拌种；床土消毒用50%多菌灵WP与干细土按1:200的比例混匀，在播种时2/3垫底，1/3盖种用。

药液灌根：主要防治西瓜枯萎病。定植时和初花期，用65%喷枯（百菌清·多菌灵）WP或46%瓜枯清（敌磺钠·福美双）WP 500倍液，每穴250ml灌根，或50%咪鲜胺锰盐WP 800倍或12.5%治萎灵AS 250倍，每穴100ml灌根，及早用药预防，在根部周围土壤形成无菌保护层；发病初期，继续选用喷枯、瓜枯清、咪鲜胺锰盐和治萎灵灌根，可以有效地控制病害扩展蔓延，减轻病害的发生程度。

药液喷雾：在育苗期选择晴好天气，用8%灵福WP 500倍液，于子叶平展期喷雾，预防猝倒病和立枯病。在大田生长期，防治西瓜菌核病可选用50%速克灵WP 1 000~1 500倍液或25%使百克EC 1 500~2 000倍液进行喷雾（西瓜座果前不能使用）；西瓜生长中后期防治西瓜白粉病和炭疽病等叶斑病可选用10%世高（苯醚甲环唑）WG 1 000倍液或40%杜邦福星（氟硅唑）EC 5 000倍液喷雾；防治西瓜疫病、绵腐病，选用72%杜邦克露（霜脲氰·代森锰锌）WP 600倍液或58%雷多米尔（甲霜灵）WP 600倍液喷雾；防治西瓜病毒病，于发病初期用3.95%病毒必克Ⅱ号（三氮唑核苷·烷醇·铜·锌）500倍液或83增抗剂1 500ml/667m² 或20%病毒A 140g/667m² 对水40kg喷雾。上述病害的用药间隔期5~7d，连用2次。

烟剂熏蒸：主要防治西瓜菌核病、疫病、炭疽病，兼治其他叶斑病等病害。在连阴雨期间或大棚内湿度大不宜作喷雾时，选用15%腐霉利VP每667m² 250~300g，于傍晚燃放并关闭大棚熏蒸防治，连用2次。

药液涂抹：当田间出现西瓜菌核病、绵腐病、疫病的烂茎、西瓜蒂部腐烂等症状时，于发病初期挖去病组织，然后用70%甲基托布津WP或40%禾枯灵WP或50%多菌灵WP 50倍液，拌和部分面粉成糊状，涂抹于病部。

4.2 虫害防治

4.2.1 瓜绢螟及夜蛾类害虫

交替选用15%安打SC 3 750倍液或10%除尽SC 1 500倍液或30%蛾除尽（灭多威·毒死蜱）EC 500倍液或5%高大（高氯·氟啶脲）EC 2 000倍液，于卵孵高峰期及低龄幼虫期用药喷雾，用药间隔期5~7d，连用2~3次。

4.2.2 蚜虫

当田间有蚜虫发生时，结合防病，加用20%的吡虫啉SL 2 000倍液喷雾，或每667m²用80%敌敌畏EC 100~150ml拌干细土于傍晚闭棚前均匀撒于大棚内进行熏蒸。

4.2.3 红蜘蛛

当田间有红蜘蛛发生时，选用15%扫螨净（哒螨灵）EC 1 500倍液或10.2%满园清（哒螨灵·阿维菌素）EC 2 000倍液喷雾防治。

4.2.4 蓟马

当田间有蓟马为害时，可用阿维菌素加吡虫啉2 000倍液均匀喷雾；当为害较重时，可选用40%乐果EC 800~1 000倍液或25%快杀灵2号（硫丹·氰戊菊酯）EC 1 500倍液均匀喷雾。

4.2.5 蝼蛄

在苗床盖土后，每亩用5%二嗪磷GR 700g撒施后覆膜，可确保幼苗不受损害。

4.2.6 烟粉虱

5月中、下旬烟粉虱迁入后，每667m²用10%楠宝（啶虫脒）WP 10g加1%阿害素盐（甲胺基阿维菌素苯甲酸盐）EC 15ml对水30kg均匀喷雾，每隔5~7d一遍，包括内外杂草要一并防治。

4.2.7 蜗牛

对蜗牛发生严重的田块，结合人工捕捉每667m²选用6%密达GR 500~600g或5%梅塔

（四聚乙醛）GR 200～250g 进行诱杀。

4.3 草害防除

4.3.1 耕翻时杂草的化除

大棚西瓜在上肥耕翻前，每 667m² 用 20% 克无踪（百草枯）AS 100～150ml，对水 50kg 均匀喷雾，施药后 3h 左右杂草全部失水，第 3d 干枯，对早期出土的杂草有较好的控制作用，并能有效地减少杂草基数。

4.3.2 定植前土壤封闭处理

平整畦面后，每 667m² 用 96% 金都尔 EC 40～50ml，对水 50kg 均匀喷雾，进行土壤封闭处理，然后平铺地膜，覆盖棚膜，施药后 5～7d 再移栽西瓜，防止发生药害。对单子叶杂草的鲜重防效可达 99% 以上，对阔叶杂草也有一定的控制作用，一次施药基本能控制西瓜全生育期的草害。小拱棚西瓜于盖膜移栽前，每 667m² 用 48% 地乐胺（仲丁灵）EC 200ml 或 33% 除草通（二甲戊乐灵）EC 100～150ml，对水 50kg 均匀喷雾，进行土壤封闭处理，然后搁田 15d 后再平铺地膜，防止发生药害。

4.3.3 大田四周及棚间杂草的化除

在棚外杂草生长高峰期到来前，于上午大棚通风前和下午大棚闭棚后，用 10% 草甘膦 AS 200～250 倍液，对大田四周沟边杂草及棚间杂草均匀喷雾，进行茎叶处理，5～7d 后杂草基本死亡，同时，能减少病虫害中间寄主，从而减轻病虫发生危害。露地地膜或棉套西瓜田，对于移栽后瓜蔓并未爬满的空幅地，可用灭生性除草剂 10% 草甘膦 AS 每 667m² 用 1 000ml 进行茎叶定向喷雾，可防除阔叶草和禾本科杂草。但注意，长期连阴雨天不可使用，防止产生药害。

甜菜夜蛾监测及无公害治理技术

朱志良[1]，吕卫东[1]，赵玉伟[2]，王永青[1]，徐建国[3]，陈允秀[3]，周耀青[4]

（1. 江苏省滨海县植保植检站，224500；2. 盐城市亭湖区植保植检站，224051；
3. 滨海县良种场，224500；4. 滨海县农科所，224500）

甜菜夜蛾（*Spodoptera exigua*）是近几年上升的为害猖獗的食叶类害虫，该虫为害作物种类多，主要为害大白菜等蔬菜作物和棉花等经济作物。过去，由于对甜菜夜蛾发生规律缺乏了解，以及没有一套行之有效的防治措施，常年损失较大。为准确掌握该害虫在本地的发生规律和无公害治理技术，提高甜菜夜蛾的综合治理水平，2001～2007年我们把甜菜夜蛾作为重要的研究对象，系统开展相关研究，以掌握甜菜夜蛾的灾变规律，开拓无公害治理新技术，对控害减灾发挥了重要作用，甜菜夜蛾猖獗为害的势头得到有效遏制。

1 甜菜夜蛾灾变规律

1.1 发生代次与年生活史

7年多来，通过系统调查，结合室内人工饲养校正，基本摸清了甜菜夜蛾的年生活史，明确了该虫在滨海县1年发生4～5代，以蛹在土室中越冬，其中第3、4代幼虫为全年对蔬菜和秋熟作物为害最重的主害代次。以秋季十字花科蔬菜和秋延后栽培的棚室蔬菜发生较重。其成虫世代的划分界限（见下表）。

表　甜菜夜蛾成虫的世代划分界限

发生代次	越冬代	第1代	第2代	第3代	第4代
发生时间	4/上～5/中	6/上～7/上	7/上～8/上	7/下～9/上	8/下～9/中、下
发蛾高峰	4/底～5/上	6月中旬	7中、下旬	8中、下旬	9月中旬

1.2 寄主种类与受害作物

甜菜夜蛾在滨海县适生寄主广泛，据滨海县植保站2001～2005年调查，其中嗜好寄主主要有百合科的日本香葱、大葱；十字花科的大白菜、小白菜、甘兰、花菜、苞菜；豆科的大豆、赤豆；藜科的甜菜、灰绿藜、小藜；蓼科的日本蓼；茄科的辣椒，旋花科的空心菜，其他寄主包括棉花、菠菜、山芋、鳢肠、花生、豇豆、辣椒、山药、芦笋、甜玉米、茄子、板蓝根、甘薯、牛蒡、玉米、芋头、苋菜、辣根、雪里蕻、反枝苋、马铃薯、黄瓜、紫苏、小蓟等。在滨海县为害作物种类多，主要受害作物有：大白菜、青菜、花菜、萝卜、辣椒、豇豆、四季豆、香葱、大葱、芹菜、菜用秋豌豆、向日葵、大豆、何首乌和葡萄（幼苗）等。

1.3 年度间发生差异大

甜菜夜蛾在滨海县重发频率高，1999年前发生较轻，在2000～2007年8年中，中等以上

157

发生的就有 6 年，且年度间差异大，重发年份发生面积大，为害范围广。2000～2007 年发生概况简述如下：

2000 年，发生程度 5 级。夏阳大白菜、菜用秋豌豆等晚秋蔬菜发生较重，据 9 月初在夏阳大白菜田调查，百株有虫 80～240 头，平均 112.6 头。9 月底在秋豌豆田调查，百穴有虫 300～1 500 头，平均 570 头。

2001 年，发生程度 5 级。以秋季十字花科蔬菜和秋延后栽培的棚室蔬菜发生较重，9 月初于东坎等地调查，青菜百株有虫 5～145 头，平均 74.5 头，大白菜百株有虫 0～130 头，平均 57.3 头。于 9 月 11 日调查，大棚辣椒百株有虫 40～195 头，平均 82.5 头，大棚豇豆田百株有虫 60～180 头，平均 85.25 头。

2002 年，发生程度 5 级。以秋季十字花科蔬菜和秋延后栽培的棚室蔬菜发生较重，发生范围广，延续时间长。8 月 28～30 日于东坎、界牌等地调查，结球期大白菜田 25 块，百株有虫 50～200 头，平均 120.6 头；苗期至莲座期大白菜田 15 块，百株有虫 10～80 头，平均 46.2 头；青菜田 20 块，百株有虫 15～280 头，平均 110.4 头。9 月 6～8 日于大套、东坎等地调查，大棚辣椒百株有虫 20～215 头，平均 92.4 头，大棚豇豆田百株有虫 10～184 头，平均 67.5 头。10 月 20～24 日于东坎等地调查大白菜田 25 块，百株有虫 20～240 头，平均 86.2 头，萝卜田 16 块，百株有虫 2～150 头，平均 38.7 头，青菜田 14 块，百株有虫 0～36 头，平均 8.5 头，芹菜田 12 块，每平方米有虫 1～28 头，平均 7.5 头。9 月 12 日调查，葡萄（8～12 叶）百株有虫 35～120 头，平均 58.4 头。第 3 代甜菜夜蛾在东部沿海棉区棉花上中等偏重发生，8 月份调查百株虫量平均 572.8 头，高的田块百株虫量 2 000 头左右。

2003 年，发生程度 1 级。仅在白菜类蔬菜田零星发生。

2004 年，发生程度 3 级。主要为害大白菜、青菜、萝卜、花菜和大葱。8 月 28～31 日于东坎、天场等地调查，大白菜 15 块田，有虫田率 100%，百株有虫 2～46 头，平均 12.4 头；青菜 10 块田，有虫田率 100%，百株有虫 2～22 头，平均 7.5 头；萝卜 8 块田，有虫田率 100%，百株有虫 2～18 头，平均 6.6 头；大葱 8 块田，有虫田率 100%，百株有虫 12～48 头，平均 26.6 头；香葱 5 块田，有虫田率 60%，百株有虫 0～1 头，平均 0.6 头。9 月 20～21 日于东坎、天场等地调查，大白菜 12 块田，有虫田率 100%，百株有虫 2～36 头，平均 10.5 头；青菜 12 块田，有虫田率 100%，百株有虫 2～24 头，平均 9.5 头；萝卜 10 块田，有虫田率 100%，百株有虫 2～20 头，平均 8.2 头；花菜 10 块田，有虫田率 100%，百株有虫 10～120 头，平均 67.8 头；大葱 10 块田，有虫田率 100%，百株有虫 2～32 头，平均 10.7 头；香葱 5 块田，有虫田率 60%，百株有虫 0～3 头，平均 0.8 头。

2004 年 7 月底至 9 月上旬，滨海县东部沿海棉区部分棉田第 3 代至第 4 代甜菜夜蛾发生程度 4 级，以第 3 代为主，第 3 代、第 4 代重叠发生，主要为害盛期在 7 月底至 9 月初。全县累计发生面积约 33.3hm²。8 月 12～31 日在东部沿海棉区调查 33 块棉田，百株虫量 9～67 头，平均 28.4 头。大豆田零星发生，百株虫量 0～1 200 头。路边、田边杂草——藜虫量较高，有虫株率 0～100%，平均 45.2%，百株虫量 0～1 700 头，平均 430 头。

2005 年，发生程度 3 级。主要为害十字花科蔬菜，其他蔬菜发生量极少。8 月 9～10 日调查大白菜 10 块田，百株有虫 0～15 头，平均 4.2 头。8 月 23～24 日调查大白菜 10 块田，百株有虫 5～75 头，平均 28.5 头。青菜 8 块田，百株有虫 0～12 头，平均 3.5 头。8 月 31 日调查大白菜 10 块田，百株有虫 5～65 头，平均 31.2 头，球茎甘蓝 5 块田，百株有虫 10～140 头，平均 63.6 头；青菜 5 块田，百株有虫 0～16 头，平均 4.8 头。

2006 年，发生量轻，局部地区发生较重。第 2、3 代发生轻，受外来虫源影响，地区间、田块间发生极不平衡，受害作物主要是十字花科蔬菜和豆类作物，9 月 23 ~ 24 日调查青菜 18 块田，百株有虫 0 ~ 28 头，平均 8.25 头；大白菜 20 块田，百株有虫 15 ~ 115 头，平均 45.8 头，球茎甘蓝 10 块田，百株有虫 10 ~ 185 头，平均 86.7 头。

2007 年，发生程度 1 级。9 月 13 日在东坎等乡镇调查青菜、萝卜、大白菜等作物，仅在赤豆查见，百株有虫 0 ~ 16 头，平均 5.2 头。

1.4 不同区域发生差异大

一般东部沿海棉区重于其他地区。2002 年第 3 代甜菜夜蛾在东部沿海棉区棉花上中等偏重发生，8 月份调查百株虫量平均 572.8 头，高的田块百株虫量 2 000 头左右，西部零星棉区百株有虫 2 ~ 62 头，平均 12.4 头。

1.5 品种间发生为害差异一般不明显

同种蔬菜作物不同品种间甜菜夜蛾发生为害未见明显差异，抗虫棉田甜菜夜蛾发生量、为害情况和常规棉均无明显差异，在抗虫棉中，鸡爪叶型抗虫棉标杂 A1 虫量与被害均显著高于正常叶型抗虫棉。

1.6 发生为害与栽培管理关系较大

一般管理粗放，杂草丛生的田块发生较重，而精细管理的发生相对较轻。2004 年 8 月 25 日于东坎镇东园村调查，杂草较多的青菜田内，青菜百株有虫 13.3 头，反枝苋百株有虫 98.7 头，小藜百株有虫 10.5 头，而相邻同品种同生育期无杂草的青菜田，青菜百株有虫为 5.6 头。另外，与栽培方式有关，秋季棚栽茄果类蔬菜甜菜夜蛾明显重于露地栽培的同种蔬菜。

1.7 甜菜夜蛾对大豆的为害损失

在罩笼条件下接虫测定甜菜夜蛾对大豆群体为害产量损失率，接虫量（X）与产量损失率（Y）的回归分析结果得 F = 1551.7385 > F0.01 = 21.2，达极显著水平。表明不同接虫量与产量损失率有直线回归关系，其回归方程为：

$$Y = 2.943 + 0.2601X \pm 0.4115 \qquad (r = 0.9987)$$

得出每平方米有 1 ~ 2 龄幼虫 7 ~ 10 头，一般大豆产量的损失为 5% ~ 6%，根据其测定的结果，按经济允许损失率为 5% 计算，制定了甜菜夜蛾的动态防治指标为每平方米有 8 头 1 ~ 2 龄幼虫，通过近 2 年的大面积示范证明这一动态防治指标是实用且可行的（见下图）。

2 发生因子简析

2.1 迁入数量

甜菜夜蛾是一种迁飞性害虫，迁入数量多少影响其发生程度。如 2002 年，因当年迁入数量大，加之气候条件对其发生较为有利，发生程度为 5 级；2004 年，因当年迁入量少，尽管当年气候条件对其发生极为有利，发生程度仅为 3 级。

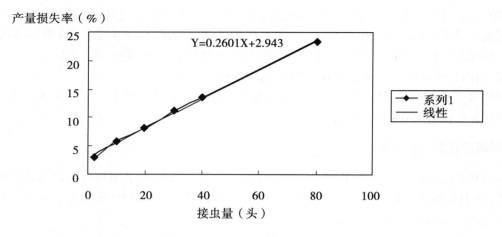

产量损失率（%）

Y=0.2601X+2.943

接虫量（头）

系列1
线性

图　不同接虫量与大豆产量损失率关系

2.2　气候因子

甜菜夜蛾喜高温干旱，气候因子中以降水特别是7~9月份降水对甜菜夜蛾发生影响极大，如降水偏少对甜菜夜蛾蛹和幼虫的成活非常有利，如2002年7、8、9月份气温平均为27.1℃、25.9℃和22.5℃，分别比常年高0.3℃、-0.9℃和0.7℃，7~9月累计降水374.5mm，比常年少193.2mm。该年甜菜夜蛾发生程度为5级。2004年7、8、9月份气温平均为28.0℃、26.2℃和22.4℃，分别比常年高1.2℃、-0.6℃和0.6℃，7、8、9月降水分别为71.7mm、122.9mm和61.4mm，比常年少175.6mm、77.5mm和58.6mm，合计311.7mm。该年度甜菜夜蛾发生程度为3级。反之，降水过多则对甜菜夜蛾发生不利。2003年秋季降水前期过多，后期较少，气温前期偏低、后期偏高，7、8、9月份气温平均为24.8℃、25.8℃和23.1℃，分别比常年高-2℃、-1℃和1.3℃，7、8、9月降水分别为589.6mm、159.0mm和42.6mm，比常年高342.3mm、-41.4mm和-77.4mm。甜菜夜蛾发生程度仅为1级。2005年秋季降水较多，气温较低是其发生轻的主要原因。7、8、9月份气温平均为27.1℃、25.7℃和22.4℃，分别比常年高0.3℃、-1.1℃和0.6℃，7、8、9月降水分别为217.3mm、489.7mm、236.2mm，比常年高-30.0mm、289.3mm和116.3mm。8、9月份降水偏多对甜菜夜蛾发生极为不利。

3　无公害治理新技术

3.1　加强农业防治

改善耕作制度，加强栽培管理，对控制甜菜夜蛾发生为害至关重要，主要把握5点。

3.1.1　因时节，用大棚

据2002年9月上旬调查，大棚豇豆甜菜夜蛾百株虫量是露地栽培的8.36倍。因此，能用露地栽培的尽量不用设施栽培，可减轻甜菜夜蛾发生为害，同时节约成本。

3.1.2　清田园，少生虫

甜菜夜蛾成虫喜选择低矮的苋、藜等杂草植株产卵，靠这些"桥梁寄主"迁入菜田、棉田和豆田等为害，一般藜、蓼、苋科杂草多的农田该虫发生量大。上茬作物收获后，及时铲除田间杂草、清除残株落叶，并集中处理。及时拔除田间杂草可使其产卵推迟 5~7d，拔除杂草不仅可减少并推迟产卵，还把大量卵带出田外，可控制甜菜夜蛾繁殖及世代延续，同时恶化甜菜夜蛾的发生环境，大大减轻化学防治压力。

3.1.3 快长菜，巧避虫

对蔬菜作物特别是叶菜类蔬菜，加强肥水管理，缩短蔬菜生长期并及时采收，减少害虫发生为害的机会。

3.1.4 细耕作，灭虫蛹

十字花科蔬菜换茬时，及时耕翻土壤，消灭土中的幼虫和蛹，减少虫源；在幼虫化蛹高峰期过后，结合灌溉放水淹田灭蛹，或对中耕蔬菜作物立即进行中耕松土。

3.1.5 摘卵块，捕幼虫

人工防治是防治甜菜夜蛾的重要手段。根据卵块多产在叶背，且覆有白色绒毛易于发现，第1、2龄幼虫集中在产卵叶或其附近叶片上为害的特点，及时摘除卵块及幼虫扩散为害前的被害叶，可降低田间虫量，减轻为害。根据监测结果，结合田间操作，在甜菜夜蛾发蛾高峰后的 5~7d 进行第 1 次摘除，以后隔 7~10d 进行 1 次，直到田间少见被害叶为止，同时应将采摘到的卵块和幼虫带出田外集中消灭。利用其假死性，在定植时进行振落并捕杀幼虫，或在作物行间铺上塑料薄膜或手持盆等容器采用人工拍打，振落幼虫，集中杀灭。对蛀入葱管内的幼虫可以捏杀。

3.2 开展生物防治

据调查资料，发生在本农区甜菜夜蛾的天敌主要有两大类：一是捕食性天敌，有瓢虫、草蛉、蜘蛛 3 大类。瓢虫以七星瓢虫和龟纹瓢虫为主；草蛉以中华草蛉为主；蜘蛛以三突花蛛为主。二是寄主性天敌，寄生于卵的天敌主要有赤眼峰类，寄生于幼虫的天敌主要有蜂类、蝇类和白僵菌 3 大类，其中蜂类和白僵菌寄生于幼虫的占总幼虫寄生率 80% 以上，蜂类又以姬蜂科和茧蜂科为优势种。上述天敌在抑制甜菜夜蛾种群数量上发挥关键性的作用，主要从以下 3 个方面进行保护利用：①利用天敌科学化。在农区蔬菜基地提倡辣椒等蔬菜作物与玉米间套作，在城郊蔬菜基地提倡多种形式的蔬菜作物间套作，为天敌早期的存活、繁殖及迁移创造条件。棉花生产上，实行麦棉套作的麦子收割时留高茬，棉花接麦茬的除留高茬外，可耕翻或隔日耕翻，以引渡天敌。人工捕接瓢虫助迁释放至蔬菜作物田。②农药管理经常化。首先以县乡农业示范园区为基地，大力推广使用低毒无公害农药，确保蔬菜产品无公害，适应无公害、标准化蔬菜生产的需要，积极宣传无公害生产技术，创建国家级农业生态示范区。其次是加强农药市场管理及应用技术普及，严格按照《农业部 199 号公告》通告精神，禁止销售和使用禁用农药品种，禁止高毒农药在蔬菜上的使用。③化学防治规范化。一方面少用农药，提倡适期用药，用准农药，降低农药使用强度；另一方面巧用农药，选用高效、低毒、无公害农药，尽可能避免使用广谱性农药，如防治红蜘蛛用杀螨剂，减少对瓢虫的杀伤作用。同时讲究施药方法，可使用种子包衣、颗粒剂或土壤施药等。与蔬菜作物间作的玉米田，防治地老虎用毒饵或毒土，早期防治玉米螟用颗粒剂施入喇叭口内的方法。

3.3 巧用诱杀防治

一是作物诱集法，用苋菜、藜等与蔬菜作物间套作，引诱幼虫集中防治。据 2003 年调查，该措施能使作物中的甜菜夜蛾幼虫比对照减少约 58.64%。二是设施诱集法，利用甜菜夜蛾有很强的趋光性和趋化性，在 6～10 月份用黑光灯或性诱剂诱杀成虫，也可用糖醋诱蛾（糖、醋、酒、水的比例为 3：4：1：2），可大幅度减少田间落卵量，并可根据成虫数量的变化，预测田间发生量，及时开展防治。

3.4　科学药剂防治

在甜菜夜蛾大发生时，药剂防治是降低危害损失的有效途径，并实施全程药控。药剂防治作如下 4 点改进。

3.4.1　明确防治策略

对甜菜夜蛾防治采用"主攻第 3 代、压前控后"防治策略，由于第 1 代甜菜夜蛾大多在杂草等其他寄主上取食为害，且发生轻，难以组织大面积防治，要加强对第 2 代甜菜夜蛾发蛾始盛期、高峰期的监测，掌握最佳防治适期，有效压低第 3 代田间虫口密度，来减轻中后期的防治压力，争得全年防治的主动权。

3.4.2　狠抓防治适期

防治适期在卵孵化盛期及低龄幼虫期，消灭幼虫于 3 龄以前，最好在 1 龄高峰期施药，通常在蛾峰后的 5～7d；当日具体施药时间掌握在上午 9：30 前或下午 17：00 后为宜。

3.4.3　合理选用农药

在蔬菜、特经上，要严格按照无公害生产的要求，选用高效、低毒、低残留农药。在棉花上按照"高效、减污、安全"的要求选用农药。同时交替使用农药，轮换使用不同类型的农药。目前防治甜菜夜蛾效果好的农药有以胃毒作用为主的 24% 美满（虫酰肼）SC 1 000～1 500 倍液，药后 3d 防效可达到 95% 左右；以触杀作用为主的 0.2% 甲氨基阿维菌素苯甲酸盐 EC、15% 安打（茚虫威）SC 3 500～4 000 倍液对甜菜夜蛾均具有较佳的杀虫效果，可选择上述农药品种交替使用。用于甜菜夜蛾的生物农药，要抓住卵孵化盛期和低龄幼虫高峰期进行喷施。在品种剂量上，每 $667m^2$ 用 8 000IU/μl 苏云金杆菌 SC 50g 对水 30～40kg 喷施（适宜于雨水较多、湿度大的时期施用），或 5% 抑太保（氟啶脲）25 ml 对水 30～50kg 喷雾，隔 5d 喷 1 次，防治效果可达 90% 以上。上两种药剂还可以与 5% 高效氯氰菊酯 EC 混施，能提高其防治效果。

3.4.4　提高施药质量

一是示范推广弥雾机低容量弥雾与小喷片，应用实践证明，其防效可提高 10 个百分点以上；示范推广了卫士牌喷雾器械，减少跑冒滴漏，这样既可省工节本，又能提高防治效果。二是讲究施药方法，喷雾力求均匀周到，重点喷叶背及心叶，同时对植株根际附近地面也要喷透，以防滚落地面的幼虫漏治。三是高温干旱季节防治加大用水量，提高防治效果。

非化防措施对大棚辣椒烟粉虱控制效果评价

李　瑛[1]，仲凤翔[1]，丁忠兰[1]，卢　斌[2]，苏恒山[3]

（1. 江苏省东台市植保植检站，224200；2. 东台市唐洋镇农技推广服务中心，224233；
3. 东台市三仓镇农技推广服务中心，224231）

东台地处苏北沿海地区，是首批全国无公害蔬菜生产基地县（市）之一，近年来蔬菜种植面积逐年扩大，尤其是大棚设施栽培比例迅速增加。2003 年烟粉虱［Bemisia tabaci （Gennadius）］传入东台市后，发生面积不断扩大，主要在辣椒为主的茄果类大棚蔬菜上越冬，且以 Q 型烟粉虱为主。2005～2006 年烟粉虱在东台市东部乡镇大棚辣椒上严重发生，造成部分大棚辣椒严重落花落果，严重影响产量和品质。为寻求有效方法来控制辣椒上烟粉虱的发生为害，我们通过系统调查，基本摸清了大棚辣椒田烟粉虱发生为害特点，在此基础上，侧重在防虫网覆盖育苗和冬季摘除下部老黄叶等非化防措施控制烟粉虱的发生为害方面进行了研究。

1　材料与方法

1.1　辣椒 Q 型烟粉虱发生消长调查

2005～2007 年冬季选择 3 块不同生长类型的大棚辣椒，于 12 月初辣椒定植后开始系统调查，采用"Z"字形取样，每块田 10 个点，每点取上、中、下部叶片各式各样张，每 10d 一次，8 月初就近调整至秋延辣椒上调查，直至 11 月份大棚秋延辣椒收获结束，记录烟粉虱成虫、卵、若虫、伪蛹数量，观察烟粉虱在大棚辣椒上的消长规律。

1.2　防虫网覆盖试验

1.2.1　不同孔径防虫网阻挡烟粉虱成虫试验

试验于 2007 年 9 月下旬烟粉虱大量转移迁飞时进行，分别将东台市售 30 目、40 目和 60 目等不同规格的防虫网做成笼罩，笼内放置诱集烟粉虱的黄板，诱集时间 0.5h，取出黄板统计诱集成虫数量，计算阻挡效果。

1.2.2　田间防虫网覆盖育苗试验

本试验在三仓镇合兴村进行，于 2007 年 10 月 2 日苗床播种后，用 40 目的防虫网覆盖大棚两侧通风口，同时设空白对照区和药剂防治区。11 月 7 日每处理取 10 株辣椒苗，调查成虫、卵、若虫、伪蛹数量，计算防治效果。

1.3　摘除下部老黄叶试验

1.3.1　越冬期间烟粉虱在辣椒苗上的分布

于 2007 年 2 月上旬进行选择不同苗龄的辣椒苗每类型 3～5 块，每块田随机抽取 5 株，分别调查各叶位上各虫态数量。

1.3.2　摘除老黄叶应用示范

2007 年 2 月中旬在三仓镇新兴村，选择 3 个大棚辣椒，摘除下部 4 张老黄叶，设不摘叶为对照。5 月上旬调查各处理烟粉虱虫量，分析摘黄叶控制烟粉虱效果。

2　结果与分析

2.1　辣椒 Q 型烟粉虱发生消长

烟粉虱在东台市一年发生 8～10 代，世代重叠，以成虫、卵、若虫、伪蛹多虫态在多层大棚育苗苗床或定植的辣椒上越冬为害。翌年 3 月中下旬大棚内虫量开始上升，5～6 月份在大棚辣椒上形成春季为害高峰，单叶虫量在 50 头粒以上。7～8 月份，随着春椒的清茬，烟粉虱迁入棚外大田棉花、露地蔬菜作物上为害。8 月上旬，秋延辣椒出苗后，烟粉虱又转移秋椒上为害，9～10 月在大棚秋延椒上形成秋季为害高峰，单叶虫量在 200 头粒以上。11～12 月随着气温下降，烟粉虱在大棚内发生数量逐渐减少。12 月至翌年 3 月在多层覆盖的大棚辣椒上越冬（见下图）。

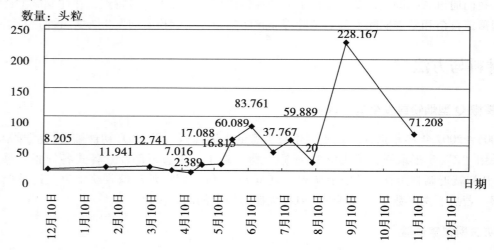

图　2007 年大棚青椒单叶混合虫量消长情况

在不同时期辣椒不同部位烟粉虱虫量比例不一，越冬期以下部叶片虫卵量最高，占总虫量的 60% 以上，3 月份开始逐步下降，4 月份以后下降至 10% 以下。秋延辣椒 8 月上旬下部叶片虫卵量也占总虫量的 60% 左右，以后比例降至 20% 左右，10 月下旬后下部叶片虫卵比例上升，占总虫卵量 50% 左右。

辣椒上不同时期各种虫态的比例消长。成虫量比例。成虫在不同时期的比例变化最小，一般比例在 2%～10% 变化。成虫分别在 4 月初、5 月中旬、6 月下旬和 9 月上旬出现 4 个比例较高的时期，以秋季比例最高，分别为 8.33%、8.0%、7.98% 和 9.37%。卵的比例总体上是几种虫态中最高的一种，大部分时段比例均高于 35%，最高的 4 月上旬超过 80%。若虫的比例是仅次于卵的一种，大部分时段比例在 20%～50%，最高时超过 65%。蛹的比例是一般时间稳定在 1%～10%，远远低于卵和若虫的比例。蛹的比例和若虫有一定的相关性，特别是在植株生长前期和后期。秋延椒生长后期和大棚青椒越冬后蛹的比例明显提高，2 月 1 日和 11 月 7

日分别达到 18.81% 和 15.92%。

2.2 防虫网控制效果

防虫网阻挡试验结果表明，60 目的防虫网阻挡烟粉虱效果最好，达到 99.99%，烟粉虱不能直接飞进去，而且停留后也难以穿过去；40 目的效果次之，为 90.01%，烟粉虱难以直接飞进去，但停留后可以爬行穿过去；30 目的效果最差，为 86.95%，烟粉虱可以直接飞进去，即便停留后，轻易可以爬行穿过防虫网（表 1）。

表 1　不同目数防虫网阻挡烟粉虱效果　　　　　　（2007 年，东台）

防虫网目数	经线数目	纬线数目	阻挡效果（%）
30	30	21	86.95
40	38	27	90.01
60	58	46	99.99

田间试验结果表明，40 目的防虫网阻挡烟粉虱具有一定的作用，对烟粉虱各个虫态防治效果达 63.27%，比化学防治 2 次 54.06% 的效果略好（表 2）。

表 2　田间 40 目防虫网覆盖育苗防治烟粉虱效果　　　　　　（2007 年，东台）

处　理	单叶混合虫量（头·粒）	防治效果（%）
覆盖育苗区	26.7	63.27
用药防治区	33.4	54.06
空白对照区	72.7	—

2.3 摘除下部老黄叶效果

2 月上旬调查大棚辣椒上烟粉虱各虫态分布，叶龄平均 4.8 叶的青椒下部第一叶上虫量占全株的 55.83%，下部 2 叶上虫量占全株的 75.83%；8.6 叶的青椒下部 2 叶上虫量占全株的 59.41%，下部 3 叶上虫量占全株的 85.88%；12.3 叶的青椒下部 3 叶上虫量占全株的 68.06%，下部 4 叶上虫量占全株的 84.72%（表 3）。

表 3　早春大棚青椒不同叶位烟粉虱虫量构成表　　　　　　（2007 年，东台）

叶龄	类别	下部第 1 叶	第 2 叶	第 3 叶	第 4 叶	其余叶片之和
4.8 叶	虫量（头·粒）	67	24	19	10	0
	虫量占整株（%）	55.83	20	15.83	8.34	0
8.6 叶	虫量（头·粒）	24	77	45	8	16
	虫量占整株（%）	14.12	45.29	26.47	4.71	9.41
12.3 叶	虫量（头·粒）	46	104	95	60	55
	虫量占整株（%）	12.78	28.89	26.39	16.67	15.27

5 月上旬在三仓镇新兴村调查，2 月上中旬采取了摘除下部 3~4 张老黄叶的示范田块，并

辅以化学防治措施（用药防治 2 次）的农户大棚青椒平均百叶烟粉虱成虫在 10 头以下；未采取摘除下部老黄叶，单纯依靠化学防治（用药防治 8 次）的平均百叶烟粉虱成虫 100 头左右，高的在 200 头以上。摘除下部老黄叶防治早春大棚青椒烟粉虱效果相当明显。

3 结论与讨论

Q 型烟粉虱是本地近年新入侵害虫，其在大棚辣椒上安全越冬以后，在辣椒整个生育期都发生为害。5~6 月是越冬大棚辣椒烟粉虱发生为害高峰，10 月中旬至 11 月中旬是秋延辣椒的为害高峰。试验示范结果表明，应用防虫网覆盖育苗和冬季摘除下部老黄叶，对控制烟粉虱的发生有显著的作用，优于化学防治，是综合治理中非常有效的防控技术，尤其在无公害蔬菜生产上应用前景广阔。由于烟粉虱虫体少，试验选用的 40 目防虫效果不太理想，为提高防治效果，建议使用 60 目以上为好。冬季摘除老黄叶时间在 1 月份为宜，最迟不得迟于 2 月中旬，越早摘除控虫效果越好。对叶龄处于 12 叶以上的辣椒，可以根据长势摘除下部 3~4 叶，8~12 叶龄的摘除下部 2~3 张叶，8 叶以下摘 1~2 叶。早春大棚辣椒烟粉虱的防治往往被多数农户忽视，即使有些农户采取了喷雾、烟熏等化学防治措施，效果仍不理想。主要原因有，一是虫态结构是影响防效的重要方面。多数药剂对成虫和初孵若虫效果较好，对烟粉虱其他虫态防效很差。早春辣椒大棚内，成虫和初孵若虫比例少，占总虫量的 5% 以下，主要以高龄若虫、蛹、卵集中在青椒基部叶背。二是植株较小，下部叶背难以着药。早春青椒植株较小，下部叶片紧帖地面，采取喷雾法防治，难以使辣椒下部叶背着药，虫卵全部分布在叶背，药剂不能接触虫体，从而使防治效果大打折扣。三是气温偏低影响了化学防治效果。由于气温偏低，药剂的活性受到抑制，同时害虫的呼吸作用减弱，都会影响到对害虫的控制效果。早春可以结合青椒田间管理摘除青椒下部的老黄叶，带出棚外集中销毁，可以消灭 80% 左右的虫蛹，减轻了后期的防治压力，节省了大量的工药成本。

性诱捕器诱杀夜蛾类害虫
应用效果评价

苟贤玉[1]，丁志宽[1]，孙进存[2]，林双喜[1]

（1. 江苏省东台市植保植检站，224200；

2. 东台市琼港镇农技推广服务中心，224237）

斜纹夜蛾和甜菜夜蛾是间隙性发生的世界性害虫，目前防治上以化学农药为主。大量农药的不合理使用，既造成了蔬菜农药残留超标和生态环境污染，又导致害虫抗药性增强，已越来越不适应蔬菜无公害生产和害虫可持续治理的要求。为推动性诱剂防治害虫技术在蔬菜作物上的应用，近年来，我们开展了性诱捕器防治蔬菜夜蛾类害虫的田间示范应用工作，取得了一定的成效，为今后蔬菜害虫无公害防治工作的开展积累了经验。现将有关情况介绍如下：

1 示范片基本情况

1.1 示范片地点选择

2006 年东台性诱捕器防治示范片安排在东台镇长青村，也就是在全国农作物重大病虫（蔬菜）示范区内。该村位于东台台城东南郊区，农户所种植蔬菜主要供应台城市场，瓜果蔬菜种植管理水平较高。示范区面积 10.67hm²。

1.2 示范作物与时间

性诱捕器防治示范建于 8 月中旬，调查截至 10 月下旬，为东台蔬菜甜菜夜蛾和斜纹夜蛾主害代第 4、5 代的发生为害期，同时也基本是早花椰菜 1 个完整的生育期。示范区内蔬菜以花椰菜为主，占示范区面积的 70% 以上，辅助种植大白菜、茼蒿、小白菜等。由于斜纹夜蛾大发生，8 月中旬至 10 月下旬，非示范区用药 6 次，性诱区用药防治 4 次，药剂品种主要为2.5% 高效氯氰菊酯、15% 安打（茚虫威）和 8% 高大（氟啶脲·高氯）等。

1.3 示范片布局设计

在示范片内使用宁波纽康生物科技有限公司生产的诱捕器，甜菜夜蛾和斜纹夜蛾诱芯平均每 1 333m² 各一个。另在距离示范区上风口 600m 的区域，设同种作物类型且栽培条件基本相同的田块作为非示范区（即正常用药防治区），面积 13 333m²，并在其中划定 100m² 作为不施药空白对照区。

2 调查内容及方法

2.1 成虫调查

性诱区分为外围、中围、中心区 3 个层次，每个层次分上、下风口等位点调查 4 点，共 12 个点，每 2d 调查（换水并数蛾）1 次。记录不同点位上诱捕器诱获的甜菜夜蛾和斜纹夜蛾成虫数量。

2.2 田间虫口密度调查

每 5d 调查 1 次，调查作物为花椰菜。性诱区调查 12 个点，具体调查点位划分同诱蛾，每点 10 株共 120 株；非示范区采用 5 点取样法，每点 10 株共 50 株；空白对照区 3 点取样，每点 10 株共 30 株。调查记录每点甜菜夜蛾和斜纹夜蛾的卵块数，并在相邻株调查幼虫数。

2.3 作物受害情况调查

主要调查花椰菜的被害情况，取样点和花椰菜株数同查虫点。

3 示范片效果分析

3.1 成虫诱集效果

运用性诱捕器诱集效果明显。性诱区所有诱捕器累计诱蛾数量超出 4 万头，每 667m^2 平均 250 头以上。对其中外围、中围、中心区 12 个点位诱捕器的系统调查统计，合计诱获斜纹夜蛾、甜菜夜蛾成虫分别为 8 397 头和 293 头，折单个诱捕器为 699.75 头和 24.42 头。

各区域诱集成虫数量差异显著。斜纹夜蛾和甜菜夜蛾成虫分别集中在外围区和中心区。据 12 个点位的系统监测，斜纹夜蛾，诱集的成虫主要集中于外围区，共计 6 750 头，占总蛾的 80.38%，其次为中心区，共计 1 035 头，占总蛾的 12.33%，中围区最少，共计 612 头，占总蛾的 7.29%。上、下风口诱蛾情况：上风口 6 个诱捕器累计诱蛾 6 413 头，占总数的 76.37%，明显多于下风口的 1 984 头。而在不同区域上下风口分布比例又有明显差异，外围区上风口占外围总蛾量的 88.27%，中围区和中心区下风口蛾量则要多于上风口，由外向内比重逐渐减少；甜菜夜蛾，诱集的成虫主要集中于中心区，共计 150 头，占总蛾的 51.19%，其次为中围区，共计 80 头，占总蛾的 27.31%，外围区最少，共计 63 头，占总蛾的 21.50%。上、下风口诱蛾情况：上风口 6 个诱捕器累计诱蛾 165 头，占总数的 56.31%，略多于下风口的 128 头，其中上风口 2 个点分别占中心、中围、外围区蛾量的 73.33%、57.5% 和 14.29%，由内向外比重逐渐减少（表 1）。造成空间上分布差异的主要原因是 9 月中下旬迁入量大，上风口成虫较多，斜纹夜蛾性诱剂诱集能力强，所以能够诱集到大量的成虫；而甜菜夜蛾迁入量少，加之性诱能力相对较弱，才造成中心区反而诱集较多的现象发生。

表 1　性诱区诱蛾不同区域分布情况　　　　　　　　（2006 年，东台）

点　位	风　口	斜纹夜蛾		甜菜夜蛾	
		蛾量（头）	比例（%）	蛾量（头）	比例（%）
外围区	小　计	6 750	80.38	63	21.50
	上风点	5 958	88.27	9	14.29
	下风点	792	11.73	54	85.71
中围区	小　计	612	7.29	80	27.30
	上风点	230	37.58	46	57.50
	下风点	382	62.42	34	42.50
中心区	小　计	1 035	12.33	150	51.19
	上风点	225	21.74	110	73.33
	下风点	810	78.26	40	26.67

后期诱集数量明显增多。就系统监测 12 个点位成虫的时间分布而言，斜纹夜蛾、甜菜夜蛾主要均集中在 9 月下旬以后的下半段时间内，分别为 5 408 头和 286 头，比例占 64.40% 和 97.61%。造成时间上分布差异的主要原因是前期田间虫情较轻，主要是外来虫源迁入，后期本地斜纹夜蛾和甜菜夜蛾大量羽化，诱集数量和田间成虫实际发生数量呈正相关。

3.2　虫口密度防治效果

3.2.1　卵块密度

性诱区产卵量明显少于其他区域。结果表明，性诱区和非示范、空白对照区产卵情况有着明显的差异，性诱区产卵量明显比其他区域少。据系统调查，各区甜菜夜蛾和斜纹夜蛾 10 株平均卵量分别为：非示范区 0.20 块和 8.40 块；空白对照区 0.33 块和 8.67 块；性诱区 0.08 块和 3.92 块（表 2）。同时，性诱区内，外围、中围和中心区点位产卵情况也存在着差异，各区位甜菜夜蛾和斜纹夜蛾平均 10 株卵量分别为 0.25 块和 5.25 块、0 块和 4.25 块、0 块和 2.25 块（表 3），有递减的趋势。

表 2　各区作物上卵块密度情况　　　　　　　　（2006 年，东台）

点　位	斜纹夜蛾		甜菜夜蛾	
	累计查获（块）	平均卵量（块/10 株）	累计查获（块）	平均卵量（块/10 株）
性诱区	47	3.92	1	0.08
非示范区	42	8.40	1	0.20
对照区	26	8.67	1	0.33

表 3　性诱区各点位卵块分布情况　　　　　　　　（2006 年，东台）

点　位	斜纹夜蛾			甜菜夜蛾		
	查获卵量（块）	比例（%）	平均卵量（块/10 株）	查获卵量（块）	比例（%）	平均卵量（块/10 株）
外围区	21	44.68	5.25	1	100	0.25
中围区	17	36.17	4.25	0	0	0.00
中心区	9	19.15	2.25	0	0	0.00

3.2.2 幼虫密度

性诱区、非示范区虫量明显少于空白对照区。结果表明，性诱区、非示范区和空白对照区虫量也有着明显的差异。据高峰期前后调查，斜纹夜蛾，9月14日性诱区防治田、性诱区不防治田和非示范区综合防效分别93.45%、60.48%和96.33%；9月19日由于田间虫量均在上升，且距离上次用药间隔稍长，性诱区防治田、性诱区不防治田和非示范区综合防效分别降低到85.94%、57.24%和62.76%；9月24日性诱区防治田、性诱区不防治田和非示范区综合防效分别97.89%、42.49%和97.19%（表4）。由表可以看出，性诱区纯性诱田块，田间虫量随斜纹夜蛾发生量的增加而增多，防效呈下降趋势，最终防效仅为40%左右；性诱区用药防治效果和非示范区相当，均达90%以上。甜菜夜蛾 9月14日性诱不防治区、非示范区和对照区10株虫量分别为3.32头、0.67头和14.85头。由于发生量较轻，其他时间各处理基本未查到虫（表5）。

表4　各区作物上斜纹夜蛾数量调查情况　　　　　　　　　（2006年，东台）

处　　理		9月14日 虫量	综合防效 （%）	9月19日 虫量	综合防效 （%）	9月24日 虫量	综合防效 （%）
性诱区	防治	4.28	93.45	25.83	85.94	4.36	97.89
	不防治	25.82	60.48	78.53	57.24	118.87	42.49
非示范区		2.4	96.33	68.4	62.76	5.8	97.19
对照区		65.33	—	183.67	—	206.7	—

注：表中数据为10株平均虫量，单位为：头/10株。

表5　各区作物上甜菜夜蛾数量调查情况　　　　　　　　　（2006年，东台）

处　　理	9月4日 虫量	9月14日 虫量	防效 （%）	9月24日 虫量
性诱区	0	3.32	77.64	0
非示范区	0	0.67	95.49	0
对照区	0	14.85	—	0

注：表中数据为10株平均虫量，单位为：头/10株。

3.3 作物受害情况

性诱施药区、非示范区作物受害较轻，显著轻于性诱未施药区和空白对照区。根据田间调查观察，性诱未施药区、性诱防治区、非示范区和空白对照区花椰菜平均受害株率分别为100%、76.67%、70%和100%，受害叶率分别为31.4%～60.3%、21.5%～32.4%、18.6%～28.7%和85.1%～98.6%。受害严重度也以空白对照区最重，最终基本没有花球，性诱未施药区次之，非示范区和性诱施药区相当，受害最轻。

4　性诱剂应用的几点认识

4.1　宁波纽康生物科技有限公司生产的性诱捕器与"神绿植保"牌性信息素诱芯配合运用，对斜纹夜蛾具有良好的诱集效果。在害虫大发生时，可减少田间落卵量30%～50%，减轻防治压力。

4.2 蔬菜田应用性诱捕器，可减少化学防治次数。夜蛾类害虫大发生时，首次用药时间推迟，可减少用药 2 次左右，降低农药的残留，有利于保护环境，生态效益和社会效益显著。

4.3 性诱剂无毒无公害，可以作为无公害蔬菜生产上病虫防治的一条有效措施进行推广应用。

4.4 不同厂家生产的性诱剂诱芯诱集效果差异较大，同一厂家的诱集效果也存在明显差异，建议厂家加强质量管理，稳定性能，方便推广应用。

保护地番茄病害发生原因及防治技术研究

孙艾萍，王玉国，朱秀红，高　源，臧　铃

（江苏省阜宁县植保植检站，224400）

阜宁县位于江苏省苏北平原中北部，随着农业结构的调整，设施蔬菜种植面积逐年扩大，其中保护地番茄面积达 1 500hm²，但因种植年限的延长，大棚的搬迁不方便，导致番茄病害病菌的积累增多，番茄受害逐年加重，严重影响番茄的品质和产量，由于该县属于亚热带向暖带过渡的气候带，秋冬季或冬春季低温、寡照时段较长，保护地番茄在此条件下生长，有利于病害的发生、发展。近几年，笔者对保护地番茄病害发生种类、原因进行了调查研究，并提出切实可行的防治技术，面上推广应用取得较好的效果。现报告如下：

1　生理性病害

1.1　番茄畸形果

番茄畸形果又称变形果，一般减产5%左右。番茄畸形果与正常果实不一样，常见的有歪扭、凹顶、尖顶、瘤状突起、脐裂、大果脐等。畸形果主要是由于环境不适宜所致。①花芽分化及花芽发育时，长期处于低温，肥水过于充足，使正常生长的花芽养分过剩，细胞分裂活跃，致使番茄心室数目增多，发育成多心室的畸形果，以第一花序的第 1～2 朵为多。②在使用防落素等蘸花时，浓度过高或蘸花后花朵尖端留有多余的药液，易引起子房发育畸形。③肥水过多，茎叶生长过旺，容易发生脐裂。

防治方法：①选用不易产生变形果的品种，一般耐低温，弱光性强的品种如佳粉 17 号，L402 等。②在花芽分化期要防止温度过高、过低或昼夜温差过大，一般夜温控制在 12～16℃，日温 25～28℃，以利花芽分化。③采用配方施肥技术，避免偏施氮肥，适量增施磷、钾肥，使花芽分化和花器达到正常的发育所需的营养物质。④使用生长激素时，要严格掌握浓度，不能重复蘸花，不对未开放的花朵喷药，保证果实正常发育。

1.2　番茄空洞果

番茄空洞果俗称"八角帽"，病果重量轻，品质差，商品性下降，典型的空洞果往往比正常的果实大而轻，从外表看带有明显的棱角，不圆正，切开果实后，可见果肉与胎座之间缺少充足的胶状物与种子，出现明显的空腔，病果多出现在番茄生长后期。

番茄空洞果发生的主要原因：①受精不良，生长后期花粉形成时遇到高温，光照不足等条件，使花粉不饱满，不能正常受精，形成无籽果实，胎座组织发育受阻，胶状物质形成少，形成空洞。②前期大量采果，养分消耗多而肥水又供应不足，果实中养分亏缺，也会产生空洞果。③使用生长激素防止落花时，如浓度过高或处理花蕾过小，也易形成空洞果。

172

防治方法：①选择不易出现空洞果的品种。一般多心室品种空洞果少。②加强肥水管理，氮、磷、钾配合利用，防止生长后期肥水不足。③用番茄灵（对氯苯氧乙酸）蘸花时，浓度要准确，不能重复。

1.3 番茄筋腐病

筋腐病又称条腐病，俗称"黑筋"，从幼果即开始发病，通常植株的第1、2穗果实发生多，在果实膨大转色期，果面上出现凹凸不平污白色斑块，果肉僵硬，病部不着色，透过表皮可看到内部的褐色，横切果实，可看到果实维管束组织呈茶褐色条状坏死，果心变硬，果肉变褐色，失去商品价值，对番茄生长造成极严重的影响。

番茄筋腐病的发生原因十分复杂，综合分析认为植株体内碳水化合物不足或与氮的比值下降，引起代谢失调，致使维管束木质化是该病发生的直接原因。其受害程度与品种、土壤、肥水、环境、气候条件因素有关。

防治方法：①选择熟性早，坐果率高，果实发育速度快的品种。②实行轮作，以缓和土壤养分的失衡。③采用配方施肥技术，氮、磷、钾按有效成分为2:1:1的比例施入。④科学浇灌，不宜大水漫灌，雨后及时排水，有利于根系营养吸收。⑤坐果后10~15d喷施（发病初期）喷洒0.2%的葡萄糖和0.1%磷酸二氢钾混合液，以提高叶片中糖和钾的含量，减轻为害。

2 传染性病害

2.1 早疫病

番茄早疫病又称轮纹病，叶、茎、果均可发病，以叶片受害为主，受害叶片最初呈水渍状暗褐色病斑，扩大后呈近圆形或不规则形，具有同心轮纹，在潮湿条件下病斑长有黑霉。发病多自植株下部老叶开始，逐渐向上蔓延，严重时下部叶片枯死脱落。叶柄、茎、果实发病，初为暗褐色椭圆形病斑，扩大后稍凹陷，病果常开裂，提早变红。幼苗茎部发病，病斑往往包围幼茎，引起腐烂后倒伏。严重田块一般减产20%~50%。

防治方法：①选用抗病品种，一般早熟，窄叶品种发病轻；②种子处理，对带菌种子可用52℃温汤浸种30min；③加强栽培管理，与非茄科作物实行3年以上轮作，施足底肥，增施磷、钾肥，提高植株的抗病能力；④药剂防治，发病初期用45%百菌清FU每667m² 250g烟熏2~3h，喷雾可用70%代森锰锌WP或64%杀毒矾（异菌脲）WP500倍液或77%可杀得（氢氧化铜）WP 1 000倍液防治，每7~10d喷1次，连喷2~3次。

2.2 番茄灰霉病

番茄灰霉病已成为大棚番茄的重要病害之一，主要侵害番茄的果实，造成了烂果，一般减产20%~30%，也危害番茄的茎和叶，幼苗发病，子叶尖发黄，病斑呈"V"字形向内发展，后扩展到茎，茎部产生褐色病斑，病茎易折断，成株发病，多从叶尖端或叶缘出现淡黄褐色病斑，呈"V"字形向叶内发展，形成大小不一的枯斑，有深浅相间的轮纹。病叶干枯后在湿度高时产生灰褐色霉层。果实发病多由花器侵入，受害果皮初呈灰色，水渍状软腐，很快发展为不规则形大斑，后期病斑上长出灰褐色霉层，一般第一果穗发病重。

防治方法：①加强栽培管理。加强通风降低棚内湿度，严格控制水分，尤其在花期要减少浇水量和浇水次数；及时摘除病叶、病果；授粉结束后最好去掉花瓣，以防止枯死的花瓣染病再传染。②带药蘸花在配好的防落素稀释中，加入 0.1% 的 50% 速克灵（腐霉利）WP 或 50% 多菌灵 WP，幼果形成后浇催果水前，喷一次 50% 多菌灵 WP800 倍稀释液。③药剂防治田间发病初期可用 45% 百菌清 FU 或 10% 速克灵 FU 每 667m² 用 250g 熏 12h。喷雾防治可选用 30% 灰斑王（环乙锌）EC 或 50% 速克灵 WP 或 50% 农利灵（乙烯菌核利）WP800 倍液每 7d 防治 1 次，晴天上午喷药，连续 2 ~ 3 次。注意轮换用药，防治产生抗性。连阴雨天注意多用粉、烟剂。

2.3 叶霉病

番茄叶霉病是保护地番茄的重要病害，危害严重时减产 10% ~ 20%，叶霉病主要为害番茄叶片，也为害叶柄、茎和果。叶片受害，初期多在背面形成椭圆形不规则形淡绿色或浅黄色病斑，后长出灰紫色至黑褐色的绒状霉层，叶正面呈淡黄色褐绿斑，严重时叶正面也长霉斑。病斑多时，叶片干枯卷曲，一般在植株下部叶片先发病，由下而上蔓延，严重时全株叶片卷曲干枯。嫩茎及果柄上可产生相似病斑，并可蔓延到花部，引起花器萎凋幼果胶落。果实受害常从蒂部开始，形成近圆形凹陷黑色病斑，后期病斑硬化。

防治方法：①加强通风，降低湿度，适当提高棚内温度，短期内达到 30 ~ 36℃ 可抑制发病。②棚内消毒，常年发病重的棚室在定植前用硫磺熏蒸消毒，每 50m² 空间用 0.12kg 硫磺粉加锯末混合后，点燃密闭熏蒸 24h，定植后用速克灵 FU 熏蒸或实行 3 年以上轮作。③药剂防治，发病初期摘除病叶后用 4% 福星（氟硅唑）EC 或 47% 加瑞农（春雷氧氯铜）WP 600 倍液或 50% 扑海因 WP 1 000 倍液喷雾防治，每 7d 用 1 次，连续防治 2 ~ 3 次。

甜菜夜蛾的发生特点及防治技术

王兴才[1]，孙艾萍[2]，朱秀红[2]

（1. 江苏省阜宁县板湖镇农技站，224412；2. 阜宁县植保植检站，224400）

甜菜夜蛾原属我国南方主要害虫，发生区域逐渐北移。阜宁县地处江苏苏北中北部，夏秋气候条件适宜于甜菜夜蛾的繁殖为害，加之蔬菜种植面积的不断扩大，甜菜夜蛾发生日趋严重，已成为本县蔬菜作物上的主要害虫，为准确掌握该虫在本地的发生特点，制定科学的防治对策，笔者于 2003～2007 年对其开展了调查研究。

1 发生特点

1.1 受害作物种类多

据近几年调查，甜菜夜蛾在阜宁县的受害作物主要有：辣椒、番茄、大白菜、青菜、甘蓝、萝卜、大豆、豇豆、大葱、番茄、玉米、棉花等。

1.2 秋季重于春季

春季一般在叶菜类蔬菜上零星查见，受害较轻，而秋季各类作物发生均较重。

1.3 年度间差异大

近年来，甜菜夜蛾在阜宁县重发频率高，但年度间差异较大，发生重的年份发生面积亦较大，为害范围越广。2003～2007 年发生情况如下：

1.3.1 成虫的诱集情况

近几年来，我们利用性诱剂诱集甜菜夜蛾成虫发现，甜菜夜蛾从 6 月中旬迁入以后，连续发生，发生期长达 5 个多月，由表 1 可以看出，本地第 1、2 代成虫发生数量少，占全代成虫诱集量比较少，主害代为第 3、4 代，较多的成虫数量导致部分地区甜菜夜蛾的发生程度达偏重发生。

1.3.2 系统点卵量的监测

系统监测表明，甜菜夜蛾为间隙性发生的害虫，同一年份，不同代次间卵量差异较大，如2006 年第 1、2 代均大白菜未查见卵块，而第 3、4、5 代卵量分别为百株 76.25 块、11.25 块和 21.25 块，不同年份主害代间产卵量差异性也较大，如 2005 年、2006 年第 3 代性诱剂诱蛾分别为 32.4 头/盆和 57.8 头/盆，后者是前者的 1.78 倍，大白菜田系统查卵分别为百株卵量1.67 块和 76.25 块，后者是前者的 45.66 倍（表 1）。

1.3.3 幼虫大田发生情况

蔬菜作物中以秋季十字花科蔬菜发生重，发生范围广，延续时间长（表 2）。

表1　甜菜夜蛾性诱剂诱蛾和大白菜系统查卵情况　（2003～2007 年，阜宁）

年份	蛾·卵量	全年	第1代	第2代	第3代	第4代	第5代
2003	蛾量	932.99	0.33	1.33	67.5	340	523.83
	卵量	0.67	—	—	0.67	0	0
2004	蛾量	1 225.34	7.17	37.67	336	402.33	442.17
	卵量	134	0	0	108.6	25.33	0
2005	蛾量	162.77	0	0.67	32.4	21.2	108.5
	卵量	2	0	0	1.67	0	0.33
2006	蛾量	1 000.92	0	3.45	57.8	425	514.67
	卵量	108.75	0	0	76.25	11.25	21.25
2007	蛾量	1 110.33	1.33	8.67	227	385	488.33
	卵量	62.67	0	0	44.33	8.67	9.67

注：表格中蛾量单位为：头/盆，卵量单位为：块/百株。

表2　甜菜夜蛾大田发生情况　　　　　　　　（2003～2007 年，阜宁）

年份	青菜	大白菜	甘蓝	黄瓜	萝卜	大豆	棉花
2003	0.2	3.6	8.6	0.1	1.44	0	0
2004	4.7	27.4	40.4	15.3	2.6	4	2.10
2005	0	1.2	2.5	0	0	0	0
2006	2.1	5.4	3.00	0	1.1	0	0
2007	3.0	21.4	32.1	8.5	3.2	2.4	1.4

注：表中数据单位为：头/百株，调查时间为 8 月 21 日。

2　原因分析

2.1　夏秋季高温干旱加重虫害发生

甜菜夜蛾喜高温干旱，特别是 7～9 月份的降水对其发生影响很大，降水量少，蛹和幼虫的成活率高，如 2004 年 7、8、9 月 3 个月平均气温分别为 28.1℃、26.4℃和 22.5℃，分别比常年高 1.2℃、0.4℃和 0.5℃，降水量分别为 70.4mm、120.7mm 和 58.9mm，分别比常年少 180.5mm、80.1mm 和 55.8mm，该年度甜菜夜蛾发生重，反之，降雨量过多，则对甜菜夜蛾不利。2003 年秋季降水量前期过多，后期较少，气温前期偏低，后期偏高，7、8、9 月份气温依次为 24.0℃、25.7℃和 23.2℃，分别比常年 -2.1℃、-0.9℃、1.2℃，降水量分别为 489.6mm、172.2mm 和 84.6mm，比常年高 338.3mm、21.4mm 和 21.2mm，甜菜夜蛾发生轻。

2.2　管理水平影响田块间发生轻重

管理水平亦影响甜菜夜蛾的发生轻重，一般管理粗放杂草丛生的田块发生重，而精细管理的发生相对较轻。据 2004 年 8 月 21 日在阜城镇崔湾村调查，杂草较多的甘蓝田百株虫量 54

头，野苋菜高达 380 头，而相邻田块同种作物管理精细的无杂草的田块甘蓝百株虫量只有 4 头。

3 防治技术

3.1 农业防治

一是要清洁田园，铲除田边及田间杂草，减少甜菜夜蛾的寄主；二是人工防治，甜菜夜蛾卵块多产在叶背，其上有白色绒毛覆盖易于发现，可结合农事操作摘除卵块，且 1、2 龄幼虫集中在产卵叶附近，可实行人工捕捉；三是经常浇灌，根据大龄幼虫有白天潜土的习性和老熟幼虫有入土化蛹的特点，保持田间湿润，创造不利于甜菜夜蛾的生存环境；四是耕翻灭蛹，十字花科蔬菜换茬时，及时耕翻灭蛹，减少虫源。

3.2 化学防治

在甜菜夜蛾大发生时，药剂防治是降低为害损失的有效途径，药剂可选用 10% 呋喃虫酰肼 SC 1 000ml/hm^2 或 10% 溴虫腈 SC 750ml/hm^2 或 1% 甲胺基阿维菌素苯甲酸盐 EC 450ml/hm^2。防治中要把握好两点：一是早治。3 龄以上幼虫的抗性明显增强。因此要掌握 3 龄前进行防治。二是巧治，由于甜菜夜蛾幼虫具怕光性，昼伏夜出，所以防治应在傍晚进行，重点喷叶背、心叶。用药时注意交替使用，有利于提高防治效果。

豆野螟在扁豆上发生规律及综防技术

季月琴，魏栋梁，蔡苏进

（江苏省响水县植保植检站，224600）

豆野螟（*Maruca Testrlalis Gcycr*），属鳞翅目螟蛾科。是响水县扁豆作物上的主要害虫。1999 年春响水县从苏南引种 1.33hm² 红镶边绿扁豆，到 2005 年已发展近 667hm²。对扁豆产量影响最大的是豆野螟为害，开始种植 2 年一般田块豆角被害率 30% 左右，重的田块豆角被害率达 60% 左右，并且豆野螟的为害逐年加重。为此，我们从 2002 年春开展田间调查研究，初步摸清豆野螟在红镶边绿扁豆上的发生规律，并开展了综防试验工作。现将结果初步归纳如下：

1 发生规律

1.1 生活习性

豆野螟是一种寡食性害虫，主要寄主是各种豆科作物。其中又以扁豆、四季豆、豇豆和赤豆为主，其次是绿豆。黄豆上未见到豆野螟为害。

1.2 发生世代

豆野螟在响水县全年发生 5 代，越冬代成虫在 5 月初出现。第 1 代发生在 5 月上中旬至 6 月中下旬，历期 35d 左右；第 2 代发生在 6 月上旬至 7 月上中旬，历期 30d 左右；第 3 代发生在 7 月上中旬至 7 月下旬，历期 25d 左右；第 4 代发生在 7 月下旬至 8 月上中旬，历期 23d 左右；第 5 代发生在 8 月中下旬至 9 月中旬，历期 25d 左右，以老熟幼虫进入土中化蛹越冬，到第二年 5 月初羽化。

豆野螟各代有明显的发生期，第 4 代和第 5 代之间有不明显的世代重叠现象。

通过饲养观察发现，发育进度受气温影响而表现不一致，一般蛹期 6~8d，最短 6d，最长 11d 羽化。成虫寿命一般 1.5~4d，最短 1.5d。

1.3 豆野螟的为害习性

根据室内饲养及黑光灯下观察和田间调查，豆野螟成虫趋光性很弱。幼虫主要为害荚与花。卵大多产在花蕾、花瓣上，其次苞叶、花托，少数产在嫩叶或茎上，卵有 2~5 粒并叠产在一起，多数是散产，刚产下来卵为乳白色，1~2d 变成橘黄色。初孵化幼虫在很短时间从花瓣缝隙或吃小孔钻进花蕾内取食，1~2 龄幼虫主要为害花，一般到 3 龄以后，可吐丝下垂或连接附近的荚与花或荚与荚或花与花、荚、叶中隐蔽为害；3~4 龄也可以短距离爬行转移，蛀孔钻进花或荚内吐丝封口为害，一般 1 荚 1 头幼虫，也有少数 1 荚 2~3 头幼虫为害。每代

178

中为害高峰期在 3 ~ 4 龄期，3 ~ 4 龄也是暴食期。5 龄以后为害较轻。据几年田间观察，豆野螟在一年中，7 月中旬至 9 月初为害最重，5 月至 6 月底和 9 月上中旬以后为害较轻。

2 影响豆野螟发生的因素

2.1 气候因子

豆野螟的发生轻重与温湿度有很大的关系，2002 年响水县温度从 6 月中下旬开始上升到平均 24.2℃，雨量 112.5mm，虫量也随着上升，7 ~ 8 月，温度升到平均 25.5 ~ 26.7℃，降雨量在 259.5mm，百花虫量上升 13.56 头。春秋气温较低，加之秋季干旱少雨，不利于各种虫态发育，虫口密度低，为害较轻。总之气温升高，雨量大，湿度大，第 3 ~ 5 代发生为害就较重。

2.2 寄主作物因素

近年随着响水县扁豆面积逐年扩大，豆野螟发生越来越重，主要与寄主作物有很大关系，豆野螟主要为害花、荚。寄主作物在开花结荚阶段，正处在幼虫发生高峰期，受害就重，反之就轻。第 2 ~ 4 代幼虫发生期，大面积的扁豆正处于盛花期，为害严重。

3 综合防治技术

3.1 农业防治

在豆野螟每代产卵初期至盛末期，要及时整蔓造型，剪除无效嫩头，减少落卵量。收获后要及时清除田间落花荚，以及冬前要耕翻冻垡，减少田间虫源。

3.2 物理防治

2002 年春进行 18 目白色防虫网覆盖扁豆控虫试验，利用防虫网覆盖扁豆，可切断虫源传播，对豆野螟及棉铃虫等害虫均有一定的防效。

3.3 药剂防治

主要掌握在每代次蛾卵始盛期至卵孵盛期进行，用药时间在上午 8：00 ~ 10：00，扁豆始花至盛花前，药液喷在花穗上效果最佳。

一定要坚持选用高效、低毒、低残留的药剂，确保无公害蔬菜的生产和消费者食用安全。始花期第一次用药可选用 48% 乐斯本（毒死蜱）乳油或 52.5% 农地乐（毒·氯）乳油或 5% 锐劲特（氟虫腈）悬浮剂 1 500 ~ 2 000 倍液喷雾，药效期长，防治效果一般可保持在 90% 以上。隔 2 ~ 3d 后，可选用 2.5% 敌杀死（溴氰菊酯）乳油或高效氯氰菊酯乳油或 5% 锐劲特悬浮剂或 10% 除尽（虫螨腈）悬浮剂 1 500 ~ 2 000 倍液。再隔 3 ~ 4d 后，在以上 2 次用药中可加 0.1% 阿维菌素乳油 500 ~ 700 倍液喷雾。每代次发生防治均应用药 2 ~ 3 次，间隔 3 ~ 4d 用药 1 次。

小猿叶虫发生规律及防治
技术研究

季月琴，魏栋梁，蔡苏进

（江苏省响水县植保植检站，224600）

近几年小猿叶虫（*Phaedon brassieae* Baly）已成为响水县十字花科蔬菜重要害虫之一。2002 年以前零星发生，并主要在家前屋后阴凉处的叶菜上发生为害，到 2002 年以后响水县大面积叶菜普遍发生，群众俗称"火燎虫"。它主要为害叶片，影响蔬菜的产量与品质，严重的导致失收。为此，我们从 2003 年秋至 2007 年春对小猿叶虫的发生规律及防治技术进行调查研究。现简要介绍如下：

1 发生规律

1.1 发生世代

经 4 年田间调查和网内饲养观察，小猿叶虫在响水县 1 年发生 2 代，以成虫在土中和枯叶下越冬、越夏，成虫一般于 3 月上旬和 8 月上中旬出来活动，产卵高峰期一般在 4 月上旬和 8 月下旬，5 月上旬和 9 月中下旬为卵孵高峰期；5 月底至 6 月初和 9 月中下旬至 10 月上旬是幼、成虫为害盛期。幼虫共分为 4 龄。每代全生育期 50~60d。在 6 月底和 10 月底羽化成虫入土越冬、越夏。

1.2 生活习性

小猿叶虫的成、幼虫活动能力很弱，有假死性，成虫不善于飞翔。对连作 2 年以上或阳光不足以及长势茂盛的菜田发生较重。从 2003 年秋进行田间观察，成虫产卵都在菜帮和粗叶脉的背面上打洞产卵，每 1 个洞产 1 粒卵，卵是长椭圆形，初产下来的卵橘黄色，到 8d 左右为黄褐色。初孵化幼虫为浅黑色，到 2 龄后为深黑色。成虫体近圆形，蓝黑色，并有光泽。2004 年春进行网内饲养观察，一般成虫产卵期长达 30d 左右，累计产卵量平均为 350~496 粒/头。成、幼虫均为害菜叶，一般为害时间在上午 5：00~7：00 和下午 4：00~7：00，光线强时转移到菜叶的背面或土缝中。老熟幼虫到土中化蛹，到 10 月 20 日后卵孵化的幼虫基本上不能化蛹，大都死亡。成虫一般在土下 4cm 左右越冬、越夏。

1.3 为害习性

小猿叶虫是一种寡食性害虫，它的寄主植物主要是十字花科，其中又以大白菜和小白菜为主，其次为萝卜。根据饲养观察，初孵化幼虫 30min 后开始爬行取食，食量很小，对蔬菜生长影响不明显。3 龄以后幼虫食量骤增，此时，成、幼虫均为害叶片造成孔洞，严重的只留叶脉，最后导致失收。

180

2 防治技术

2.1 农业防治

对冬闲菜田（尤其是连作田）要耕翻 1~2 次，可消灭部分越冬成虫。

根据小猿叶虫的生活习性和为害特点，可采取十字花科蔬菜与其他作物（葫芦科、茄科、豆科等）轮作，以减少发生量。

2.2 药剂防治

药剂品种选择要拓宽生物防治，持续控制虫害。2004 年 9 月 22 日在响水镇南园一组小白菜田和大白菜田以及萝卜田进行小区试验，用药前百株有成幼虫平均 155 头、545 头和 85 头，每 667m² 用 0.2% 高渗阿维菌素 1 500 倍液、2.5% 敌杀死（溴氰菊酯）25ml、1.8% 阿维与功夫（三氟氯氰菊酯）复配均 1 500 倍液对水喷雾，3d 后调查用药防治效果分别为 90.6%、89.8% 和 98.3%，未用药 3 种菜苗都被为害造成孔洞；6d 后调查防治效果分别为 96.3%、82.6% 和 99.5%，未用药小白菜苗和大白苗被害只剩叶脉，萝卜受害造成孔洞。

根据试验结果证明：由于小猿叶虫有产卵时间较长，虫态发育不整齐的特点，因此防治时间掌握在产卵后 10~15d，选用阿维菌素或阿维菌素复配剂，防治效果最佳。

日光温室西葫芦根腐病的发生与防治

吴树静[1]，徐凤珍[2]，袁士荣[1]

（1. 江苏省射阳县植保植检站，224300；2. 射阳县经济作物栽培站，224300）

随着温室大棚蔬菜种植技术的推广，以及反季节蔬菜栽培经济效益的提高，近几年来，射阳县设施蔬菜生产发展迅速，全县日光温室西葫芦的栽种面积已由最初的 2.7hm² 扩大到现在的 320hm²，每 667m² 产值高达 10 000 ~ 12 000 元，农民种植日光温室西葫芦的热情高涨。然而，自 2004 年开始，射阳县日光温室西葫芦根腐病的发生逐渐加重，据笔者近 4 年来的调查结果显示，2004 年该病呈零星发生；2005 年病株率为 2.8%，最严重的温室病株率达 10.6%；2006 年病株率为 6.6%，最严重的温室病株率达 27.5%；根据 2007 年 4 月的调查结果，其病株率为 12.8%，严重的温室病株率为 57.1%，导致一些温室不得不提前拉藤改种，农民损失严重。

1 病原菌及主要症状

西葫芦根腐病是由鞭毛菌亚门的瓜果腐霉菌（*Pythium aphanidermatum*）侵染引起的。病菌主要以卵孢子和菌丝体随病残体潜存在土壤中，条件适宜时，卵孢子可直接萌发出长芽管入侵寄主致病，或产生无性态的孢囊梗和孢子囊，孢子囊成熟时释放出游动孢子作为初次侵染接种体，借助灌溉水传播，从根部侵入致病。

西葫芦在整个结瓜期均易发生该病，受浸染的部位主要是根茎部。发病初期，根茎部处出现水浸状病斑，病部逐渐缢缩，茎内维管束变成褐色，但不向上发展，侧根无明显病症，而叶片表现出新叶叶缘变褐色并逐渐枯焦，叶片逐渐变黄；后期病部变糟，留下丝状褐色维管束，整株萎蔫而枯死。高湿时，病部出现白色（或粉色）霉层。

2 发病条件和传播途径

每年 11 月至翌年 4 月是日光温室西葫芦根腐病多发的季节。病菌以卵孢子或菌丝体在土壤中存活，田间持水量在 75% 以上，地温 15 ~ 18℃，最易发病。土壤中病菌从根部伤口侵入，借灌溉水传播蔓延，进行再浸染。高温、高湿利于发病，连作地、低洼地发病重。

3 防治方法

3.1 农业防治

①重病地，可与非瓜类蔬菜实行 3 年轮作。②前茬作物收获后，全面清理田间病残体

（包括根茬），运到田外深埋或烧掉。有条件时，可在夏季休闲期，深耕晒垡，并利用夏季高温条件将日光温室用透明薄膜盖严，实行高温闷棚，杀死或钝化病菌。③可采用营养钵育苗及嫁接技术，增大根系，增强抗病能力，培植无菌壮苗。④在整地时多施腐熟的有机肥，每667m² 施腐熟有机肥 5 000kg 做基肥，若以鸡粪为主的基肥，每667m² 不宜超过 1 000kg。在西葫芦生长期间多施优质有机肥，尽量少施化学肥料。进入结瓜期，适量追施化肥，每667m² 每次施 10 ~ 15kg 硫酸铵或硫酸钾。⑤深耕细作，合理间作，彻底消除病残体。采取精耕细作，间作不易发生根腐病的作物。黏土地或施入没有腐熟有机肥做基肥的地块，不宜用地膜将地面全部覆盖。⑥在结瓜期，切忌大水漫灌。一是要看天浇水，避免浇水后遇降雨；二是要采用小水浇灌或隔行轮浇；三是浇水后要注意通风排湿。若土壤较湿，可上午将地膜揭卷起，下午铺好，并浅锄地，晾晒地面降湿。

3.2 化学药剂防治

①严格进行棚内土壤消毒，在播种或定植前，每667m² 用 40% 五氯硝基苯粉剂，或用 50% 多菌灵可湿性粉剂 + 40% 三乙膦酸铝可湿性粉剂的混剂 2 ~ 3kg。②对定植后结合封垄培土同时对西葫芦苗进行药剂灌根，可用 50% 多菌灵可湿性粉剂 500 倍液，或 58% 甲霜灵·锰锌可湿性粉剂 500 ~ 800 倍液灌根，连灌 3 次，每次间隔 10d 左右；也可每667m² 用 64% 杀毒矾（噁霜灵·代森锰锌）可湿性粉剂 1kg，与适量细土拌匀，撒于植株根基部。③封垄后，当叶片上出现症状后，及时进行药剂防治，可用 77% 多宁（氢氧化铜）可湿性粉剂 500 倍液，或 58% 甲霜灵·锰锌可湿性粉剂 500 倍液，或 72.2% 普力克水剂（霜霉威）800 倍液等药剂进行交替喷施。

西葫芦银叶病发生因素浅析
及防治对策探讨

何长飞[1]，袁士荣[2]，蔡文兵[2]

（1. 江苏省射阳县临海镇农技推广中心，224351；2. 射阳县植保植检站，224300）

西葫芦银叶病，是随着棚育蔬菜的发展，伴随着 B 型烟粉虱（又名银叶粉虱）的传入而发生的一种新的病害，由 B 型烟粉虱为害诱发，导致叶片失绿发白，使受害的西葫芦光合作用能力减弱，生长受阻，严重影响西葫芦的产量和品质。

1   发病症状

叶片初期表现为沿叶脉发白，后期叶片正面全部变白，似镀上一层薄薄的银粉，严重时全田叶片一片银白，但叶背未见异常；被害植株生长势弱，幼瓜黄化萎蔫，脱落率增高，成品瓜白化或白绿相间，商品价值降低。

2   发生概况

西葫芦银叶病，在射阳县于 2003 年春天在日光温室内首次查见，当年全县普查仅见 3 株；目前西葫芦银叶病在该县已普遍发生，无论何时种植的西葫芦都能查见银叶病病株，重病田病株率达 100%。发生银叶病的病株与正常植株相比，迟开花约 10d，单株少结瓜 3~4 个，减产 3 成左右，减收约 4 成。

3   影响因素分析

西葫芦银叶病是西葫芦受 B 型烟粉虱为害后特异的生理反应，因此西葫芦上 B 型烟粉虱的发生情况，及影响西葫芦生理反应的温度因素都能影响西葫芦银叶病的发生。

3.1   B 型烟粉虱

自有日光温室以来，B 型烟粉虱在射阳县四季都能发生，5 月下旬至 10 月主要在野外繁衍为害，其他时间主要生活在棚室中。常年 2 月份虫量最低，9 月初虫量最高。

在射阳县不同播种期、不同栽培形式的西葫芦上 B 型烟粉虱的发生情况各异，影响着银叶病的表现。据射阳植保站 2004~2006 年 3 年调查，秋延后的大棚西葫芦，在虫量极高的 9 月中旬播种，10 月上旬移栽，此时温度较高，白天棚室是半敞的，迁入棚室的烟粉虱虫量多，10 月中旬烟粉虱百叶成虫量为 464~1 566 头，平均为 941.5 头，10 月下旬西葫芦银叶病病株率为 32.6%~92.6%，平均为 65.9%；到 11 月上旬为发病高峰，病株率为 82%~100%，平均 89.3%；日光温室西葫芦，在虫量较低的 10 月中旬播种，11 月上旬移栽，此时温度降低，白天棚室仅留通风口，迁入棚室的烟粉虱虫量少，11 月中旬烟粉虱百叶成虫量为 18～196 头，平均为 69.1 头，11 月下旬银叶病病株率为 14.2%～46.6%；平均为 18.9%，以后随着气温的降低，病株率处于稳定状态，到 3 月份以后随着气温的回升，虫量的增加，病株率再次上升，3 月下旬百叶成虫量为 152～996 头，平均为 593.1 头，4 月中旬银叶病新增病株率为 8.2%～26.8%，平均为 18.6%；春播西葫芦，4 月上旬播种，5 月中旬移栽，一般要到 6 月中旬才查到烟粉虱，6 月下旬见病株，7 月下旬达发病高峰，株发病率 18%～56%，平均为 32%。

研究结果表明，春播西葫芦，随着播期的延迟，西葫芦上烟粉虱的虫量越来越高，银叶病的发病率也逐渐增加；大棚和日光温室栽培的西葫芦，随着播期的延迟，烟粉虱的虫量越来越低，西葫芦银叶病的发病率也渐次减轻，全年以 9 月中旬播种的西葫芦发病率最高。另外西葫芦不同生育期对 B 型烟粉虱为害的敏感性差异较大，西葫芦在苗期对烟粉粉虱特别敏感，只要零星见虫，就能普遍看到病株，而在中后期其敏感程度明显降低，在虫量达到一定程度后，还要经过一段时间，才能查到新病株。

3.2 温度

近两年我们在田间调查中发现，品种相同、播期相近的西葫芦，移入棚室的时间越早，发病时间越早，发生程度越重，11 月上旬移入棚室的西葫芦，银叶病的发病程度明显重于 11 月中旬以后移入棚室的。同一农户、同一苗床、同一品种的西葫芦苗，移入棚室内的一周后开始发病，而未移入棚室的则直到 1 月初冻死，始终没有发病。另外品种相同、播期移栽期相近的不同棚室，通风口封闭早的棚室，病害也明显重于通风口封闭迟的棚室。因此我们认为西葫芦银叶病的发生与温度关系密切，棚室温度高，有利于西葫芦银叶病的发生。

3.3 品种

射阳县栽培的西葫芦品种主要有：冬圣、冬玉、碧玉、双丰特早、泰国抗病天使等，没有发现抗西葫芦银叶病的品种。

4 防治技术探讨

根据烟粉虱和西葫芦银叶病的发生规律，我们应该趋利避害，利用各种措施减少和缩短烟粉虱和西葫芦接触的机会，营造不利于银叶病发生的环境条件。

4.1 积极引进和筛选抗耐病品种

4.2 调节播期

大棚和日光温室西葫芦宜迟，春播西葫芦可采用双膜棚、小拱棚尽量早播早栽。

4.3 加强管理

增强植株抗病性，适当开大通风口和延长通风时间，营造有利于西葫芦生长而不利于银叶病发生的室温条件。

4.4 治虫防病

针对西葫芦不同栽培模式上病虫的发生特点，采用不同的防治对策。日光温室，基本上是全封闭的生长环境，我们从苗期抓治虫防病，可以取得事半功倍的效果，第一是育苗时主动用药，培育无虫苗，虫苗不进棚；第二是温室定植前铲除杂草，清洁田园，移栽前闷棚熏杀，虫棚不栽苗；第三是堵：棚室门及通风口安装防虫网，不让烟粉虱飞入棚；第四是治：一旦发现有虫，夜间烟剂熏，白天喷雾杀。熏蒸烟粉虱，每 $667m^2$ 用 15% 天赐力（异丙威）烟剂200 ~ 300g，或用 80% 敌敌畏乳油 150ml，加水 3 ~ 5kg，均匀喷于 20kg 干锯木屑上，傍晚闭棚熏蒸。喷雾可选用 1% 阿维菌素乳油 2 000 倍液、70% 吡虫啉水分散粒剂 5 000 倍液、5% 氟虫腈悬浮剂 1 500 倍液、48% 毒死蜱乳油 1 000 倍液等杀虫剂，任选一种交替使用，连续防治 3 ~ 4 次，每次间隔 4 ~ 5d。

4.5 药剂防病

大棚和日光温室西葫芦，从定植开始，每隔 5d 左右，用一次植物生长调节剂或微肥，连续使用 3 ~ 4 次，品种可选用 1.8% 复硝酚钠 5 000 倍液、15% 多效唑 2 000 倍液、活力素 500 液。以延缓或减轻西葫芦银叶反应症状的表现。

斜纹夜蛾发生现状及
综合防治对策

陈　华[1]，王永山[1]，姚小丽[2]
（1. 江苏省大丰市植保植检站，224100；
2. 大丰市大桥镇农技服务中心，224100）

大丰市位于苏北沿海中部，东邻黄海，为典型海洋性气候。斜纹夜蛾〔*Prodenia litura* (Fabricius)〕在大丰市为偶发性害虫，但近年来暴发频率增加，为害作物程度加重，严重田块可造成绝收，给防治上带来了一定的压力。笔者通过回顾大丰地区近几年斜纹夜蛾发生的实际状况，分析影响斜纹夜蛾在本地发生程度的主要因子，提出了以提高测报准确率、抓住防治适期、选准药种等一系列防治技术。

1 斜纹夜蛾发生现状

1.1 寄主作物种类多

通过 2003～2007 年普查发现，斜纹夜蛾在沿海大丰地区寄主广泛，共发现寄主包括 10 科 23 种植物，其中嗜好寄主有十字花科的大白菜和苞菜；豆科的赤豆；藜科的灰绿藜；蓼科的日本蓼；茄科的青椒，其他寄主有棉花、菠菜、大豆、豇豆、山芋、鳢肠、玉米、芋头、苋菜、辣根、雪里蕻、反枝苋、马铃薯、黄瓜、紫苏、小蓟等。多样化的寄主为斜纹夜蛾在本地发生提供了丰富的食料，并构成较为稳定的食物链。

1.2 暴发频率增加，为害程度加重

2000 年以前斜纹夜蛾在大丰市为零星轻发生，但 2000 年后发生程度明显加重，2003 年大发生。重发年份白菜上百株虫量高达数百头，为害时间从 7 月下旬的第 3 代一直持续到 9 月下旬的第 5 代，长达近 3 个多月。2003 年大发生时在大丰市方强镇调查，连路边向日葵叶片都被吃得精光。在大中镇泰西蔬菜大队调查时，路上到处爬的是入土化蛹的老熟幼虫。斜纹夜蛾已成为大丰市秋季 7～9 月份蔬菜和部分棉田的主要害虫。

1.3 发生不平衡性大

斜纹夜蛾在本地分布很不均匀，东部沿海一带发生重于内地，中部蔬菜面积大的镇发生程度重于纯作棉区。2003 年沿海及中部乡镇一带棉花上百株虫 300 多头，初孵幼虫群集取食叶片，也有取食蕾铃，影响单株成铃率，而西部乡镇棉田内零星见虫，发生程度差异大。

1.4 蔬菜、特经作物仍是主要为害对象

大面积调查发现，斜纹夜蛾的主要寄主作物仍是叶菜类及豆类等蔬菜，由于大丰市蔬菜种

植面积的不断扩大，分布愈来愈广，并出现许多大面积的连片种植，更加诱发了斜纹夜蛾的发生。在蔬菜种植面积太小或没有适宜蔬菜寄主的情况下，斜纹夜蛾将选择棉花作为生存场所，而且长势差的棉田和田边杂草多的田块发生偏重。

2   消长因素分析

2.1   外来虫源应是斜纹夜蛾暴发的主要因素

斜纹夜蛾在大丰市露地不能安全越冬，秋季虫源主要从南方迁飞而来。7 月中旬以前大丰市很难查见斜纹夜蛾幼虫，性诱剂也只是零星见蛾，而 2003 年 7 月底 8 月初在东部沿海一线棉田和青椒田间却突然能查到大量的斜纹夜蛾第 3 代卵和幼虫，很有可能是斜纹夜蛾成虫沿海岸线随大气流从南方迁入，遇到适宜气候条件而沉降于此，造成本地虫量突发性增加。

2.2   干旱少雨气候有利于斜纹夜蛾的暴发

斜纹夜蛾重发年份，夏季 6、7、8 三个月的降水都比常年偏少，而降水偏多的年份则发生程度低，但个别年份也不完全吻合，这还与当年的过程性降水和降水区域有关。

2.3   寄主作物分布面积扩大，加重了斜纹夜蛾的发生

由于扩大蔬菜、特经的种植面积，以及种植模式、种植方式的多样化，都为斜纹夜蛾的暴发创造了条件。

3   防治对策

斜纹夜蛾对大丰市的农作物的为害性越来越明显，为了有效地控制其为害，在防治上应坚持综合运用农业措施与化学防治相结合的策略。

3.1   从提高成虫监测的准确性入手。对成虫的诱测采用性诱剂与测报诱虫灯相结合，观察成虫的消长动态。

3.2   从 7 月中旬开始，在沿海一带和内地选择适宜寄主，监测卵量消长动态，为化学防治确定最佳防治时间。

3.3   农业防治主要是通过清洁田园、人工除卵块、捉高龄幼虫、在幼虫化蛹高峰期过后，立即进行中耕松土或放水淹田灭蛹。

3.4   化学防治主要是在斜纹夜蛾低龄幼虫高峰期，选择对路药种均匀喷雾。在发生量大、为害时间长的情况下，需采取全程药控的策略。目前防治斜纹夜蛾效果好的药种有以胃毒作用为主的 24% 美满（虫酰肼）SC，药后 3d 防效可达到 95% 左右；以触杀作用为主的 0.2% 甲氨基阿维菌素苯甲酸盐 EC、15% 安打（茚虫威）SC 对斜纹夜蛾均具有较佳的杀虫效果。在施药过程中一定要做到喷药均匀周到及田外寄主一并施药，保证整体防治效果。

烟粉虱种群动态及防治技术初探

吴　亚，魏栋梁，丁　栋

（江苏省响水县植保植检站，224600）

响水县自1996年开始发展暖室日光大棚，为烟粉虱提供安全的越冬场所。由于烟粉虱虫体小，卵、若、蛹所在位置比较隐蔽，不宜被人们发觉，因此该县烟粉虱何年从外地传入现无法考证。2004年以来烟粉虱已成为该县暖室日光大棚蔬菜和棉花上的常发性害虫，部分暖室日光大棚的黄瓜和靠近虫源的棉花因烟粉虱为害煤污病严重发生，造成过早脱叶，严重降低作物产量和品质。为此，近几年我们对烟粉虱在常规病虫害防治和栽培管理状态下的种群动态及防治技术进行了比较深入的调查分析，以期找到控制烟粉虱的有效途径。现将结果小结如下：

1　烟粉虱迁移扩散规律

烟粉虱无冬眠期，且世代时间短，世代重叠。因此无法划分起始代次，现人为地从烟粉虱向暖室日光大棚迁移说起。

秋季随着气温的下降，大田烟粉虱进入11月份大多死亡。大棚周围的烟粉虱从大棚蔬菜育苗开始迁入，一直持续到10月底。大田烟粉虱迁入具有选择性。响水县冬暖日光大棚蔬菜主要有番茄、黄瓜、莴苣、芹菜等，烟粉虱仅迁入番茄、黄瓜田，莴苣、芹菜田不迁入。大田烟粉虱迁入大棚蔬菜时间长。响水县冬暖日光大棚番茄，8月上、中旬育苗，10月初移栽，10月底盖膜，烟粉虱在自然状态下迁入。秋延后黄瓜10月初育苗，育苗时即盖膜。温度不断下降，烟粉虱不断由通风口迁入。烟粉虱迁入大棚蔬菜的虫源充足。2008年10月8日在冬暖日光大棚周围调查，茄子、南瓜、辣椒及葎草上均有烟粉虱成虫，特别是茄子嫩叶上平均百叶有烟粉虱成虫5 000头以上。2008年11月11日调查一叶一心苗床黄瓜，平均百叶成虫3.67头。

迁入大棚内的烟粉虱在棚内生存繁殖危害。2008年11月19日镜检3叶1心移栽黄瓜叶，有卵、若虫叶率16.7%，平均单叶有若虫、卵1.67头·粒。2008年11月11日调查大棚番茄平均百叶成虫14.7头。2008年11月19日镜检番茄叶，有卵、若虫叶率33.3%，平均单叶有若虫、卵35.2头·粒。秋冬至早春由于外界温度低，大棚内烟粉虱不外迁。2007年3月16日、17日各普查靠近虫源的芹菜接番茄、莴苣接番茄的春提前番茄均未见烟粉虱成虫。秋延后番茄接春提前番茄在大棚内直接迁移为害。

晚春随着气温回升，以及有的棚内虫量高，蔬菜受害严重，烟粉虱生存的条件恶化等因素影响，烟粉虱遇温度高的时日向外迁移扩散，一般于4月中、下旬开始向靠近有适宜其生存的蔬菜大棚内迁移，5月上旬开始向靠近虫源的露天茄子、番茄、杂草等植物上迁移。2007年5月8日、11日调查近虫源的茄子4块，平均百叶烟粉虱成虫10.8头；葎草高的田块高达200头左右。同时也有活跃个体随风远距离迁入春棚。以后由于温度高，棚内蔬菜后期放弃防治，虫量高向外迁移数量不断上升，距离越来越远，一直持续到7月份冬暖大棚收获结束。迁移后烟粉虱部分进入春大棚繁殖为害，形成二级虫源。部分在大田多种蔬菜、杂草上繁殖为害。

棉田烟粉虱于 5 月下旬末至 6 月初开始由冬暖大棚或春棚迁入，以后其他大田蔬菜、杂草上烟粉虱也向靠近的棉田迁入。迁入棉田的烟粉虱大多在同一块棉田繁殖为害，在棉田形成多个核心点。当棉叶受害严重再向外蔓延，直至全田叶片脱落，伴随着向外田迁出的比例逐渐增加。晚秋后烟粉虱大多死亡，部分迁入靠近的冬暖日光大棚。

2　棉田和冬暖日光大棚内烟粉虱的消长规律

据调查和有关文章报道烟粉虱的寄主植物众多，在响水县发生量大，受害严重，且具有一定规模的是冬暖大棚内黄瓜、番茄以及露天作物棉花。

2.1　冬暖大棚黄瓜上烟粉虱消长规律

2006 年 11 月 5 日定植至次年 6 月 15 日选有代表性的冬暖日光大棚两个，每棚 5 点取样，每点选上、中、下叶片各 1 张，每隔 10d 左右调查一次，田间观察成虫量，并取回室内解剖镜观察卵、若虫、伪蛹数量。从观察结果看，黄瓜定植后至 2007 年 2 月 21 日大棚内温度低，田间虫量低，各次调查平均百叶成虫均在 10 头以下，以后虫量上升，2 月 27 日 10 头，3 月 10 日 60 头，3 月 16 日 170 头，3 月 27 日 209 头，后经多次防治，百叶成虫均在高位徘徊。镜检观察，单叶总虫卵也是不断上升的，2 月 27 日平均单叶虫、卵 4.3 头·粒，3 月 10 日 18.1 头·粒，3 月 16 日 46.1 头·粒，3 月 27 日 724 头·粒，以后均在高位徘徊，5 月 27 日以后平均单叶上升 3 381.9 头·粒。

2.2　棉田烟粉虱消长规律

2008 年系统调查靠近双膜冬暖大棚的棉田，烟粉虱成虫迁入始见期为 6 月 10 日，6 月份各次调查平均百叶成虫均在 2.5 头以下，进入 7 月份后虫量上升。7 月 15 日前，平均百叶成虫 20 头左右，7 月 18 日以后平均百叶成虫量多在 50 头至 128.7 头，特殊的 8 月 10 日、9 月 4 日分别高达 220 头，533.3 头。9 月下旬虫量下降，9 月 27 日平均百叶成虫 6.7 头，10 月 7 日平均百叶成虫 10 头。7 月 7 日开始田间取样镜检，平均单叶虫、卵 22.4 头·粒；7 月 14 日、7 月 23 日、8 月 4 日平均单叶虫卵量 32.1 ~ 34.5 头·粒；8 月 13 日达高峰，平均单叶虫、卵 186.5 头·粒。以后由于有效地针对烟粉虱防治虫量下降，平均单叶虫卵量 30 ~ 50 头·粒。

2.3　冬暖日光大棚番茄上烟粉虱消长规律

冬暖日光大棚番茄分为秋延后番茄和春提前番茄。秋延后番茄虽然育苗、移栽比较早，烟粉虱迁入的几率高，但由于番茄盖膜比较迟，番茄生存环境温度低，对烟粉虱具有一定的抑制作用，田间虫卵量不太高。盖膜后到收获基本结束（2 月上、中旬），该时段正值冬季，棚内平均温度偏低，烟粉虱繁殖率低，棚内虫卵量稳定，番茄受害不重。春提前番茄育苗、移栽与秋延后番茄多同棚共生，便于秋延后番茄上的烟粉虱向春提前番茄上迁移。秋延后番茄在后期老化打叶后和春提前番茄株型变大时，形成成虫迁移高峰，以后成虫量下降，4 月上、中旬虫量又上升。

3 影响烟粉虱的发生因素

3.1 虫源田对大田作物烟粉虱发生影响显著

冬暖日光大棚、春棚是烟粉虱晚春早夏向大田扩散的虫源地。靠近虫源的作物烟粉虱迁入早、密度大、频率高、发生重。2005 年 7 月 5 日调查，靠近虫源的黄豆、山芋、葎草各两块，平均百叶成虫 83.3 头；离虫源 300m 的黄豆、山芋、葎草各两块，平均百叶成虫 16.7 头；离虫源 500m 黄豆、山芋、葎草各两块未见成虫。2008 年双港镇塘港村同一农户种植两块棉田，病虫防治、栽培措施相同，一块离虫源 200m 左右，另一块离虫源 400m，离虫源近的棉田 6 月 10 日始见成虫，离虫源远的 6 月 15 日始见；7 月 4 日离虫源近的平均百叶成虫 26.7 头，离虫源远的平均百叶成虫 7.7 头。这两块田在病虫害防治相同的情况下，后期烟粉虱发生程度差异显著。8 月 16 日调查离虫源近的棉田平均百叶成虫 593.3 头，平均单叶卵、若虫、伪蛹合计 400 头·粒；离虫源远的平均百叶成虫 133.3 头，平均单叶卵、若虫、伪蛹合计 46.1 头·粒。后期系统观察，离虫源近的棉田 8 月下旬叶片出现煤污病，9 月上旬出现点片掉叶；9 月下旬末叶片全部掉光，离虫源远的棉田仅在 9 月下旬出现点片煤污病，未出现掉叶现象。

3.2 药物防治烟粉虱技术不同，效果差异明显

烟粉虱世代周期短，世代重叠现象严重，同一叶片卵、若虫、伪蛹长期并存，给防治工作带来很大难度。根据近几年的防治实践调查，防治时间、防治药剂种类以及防治的方法不同，对防治效果影响较大。2007 年响水县小尖镇郭庄村两户种植黄瓜冬暖大棚，3 月中旬田间百叶成虫量相似，一户于 3 月 15 日左右用阿维菌素加啶虫脒防治，至 4 月 27 日未用药，田间百叶成虫 186.7 头，后又用上述药剂进行防治，基本控制了烟粉虱为害。另一户于 3 月 26 日用吡虫啉防治，4 月 21 日、27 日又各用阿维菌素防治，未能控制住烟粉虱为害。4 月上旬已出现煤污病，后期脱叶严重，造成上部瓜果脱落，下部瓜果变黄畸形，严重降低产量和产品质量。2008 年双港镇塘港村两户棉田均是离虫源 200 米左右的第一块棉田，一户在 8 月 12 日、8 月 22 日、9 月 4 日分别用弥雾机对烟粉虱进行重点防治，药剂选用阿维菌素加啶虫脒、阿维菌素加功夫菊酯（三氟氯氰菊酯）进行轮换使用，田间烟粉虱得到控制。8 月 29 日调查平均单叶虫卵量 32.7 头·粒，9 月中旬才少见烟粉虱危害核心点叶片脱落。另一户于 8 月 10 日、18 日用甲胺磷加吡虫啉手动喷雾器防治，防治多喷于叶片正面，防治效果极差。后于 8 月 27 日、9 月 7 日改用阿维菌素、毒死蜱进行叶片正反面喷雾，未能控制为害。8 月 29 日调查平均单叶虫卵量 2 000 头·粒以上，9 月下旬末棉叶全部掉光，上部铃极小，无商品价值，中部铃僵硬不吐絮，损失惨重。

3.3 气候条件影响年度间发生程度

气候条件对大棚蔬菜影响不是很大，主要是大棚蔬菜生长期间如阴雨多光照少会降低大棚烟粉虱的发生量。露天作物受气候条件影响比较大，特别是年度间 7 月中下旬和 8 月份降雨的多少对大田烟粉虱影响显著。2004 年、2006 年、2008 年 7 月中旬至 8 月底降雨量分别为 180.3mm、242.4mm 和 231.6mm，常年为 341.5mm，这 3 年棉田烟粉虱都比较重，靠近虫源的棉花后期均出现棉叶因烟粉虱危害严重脱落的田块。2005 年、2007 年 7 月中旬至 8 月底降

雨量分别为 590.2mm、295mm，这两年烟粉虱发生相对均比较轻。

4 烟粉虱的防治技术

烟粉虱防治最适用、最便捷、最有效、最为群众接受的仍为药物防治。根据几年来的实践，我们认为烟粉虱药物防治要坚持"治苗床、控移栽；治早控后控总量"的防治策略。

4.1 选择最佳用药时间

秋延后黄瓜、番茄在苗床移前防治 1~2 次，移栽番茄在盖膜后用药一次。黄瓜在下年 3 月 10 日左右连续用药 2 次，以后若调查田间上、中、下 3 叶平均百叶成虫在 100 头以上再进行用药，也可在大棚中心地段烟粉虱核心点单独用药。秋延后番茄接春提前番茄，在春提前番茄移栽结束，秋延后番茄抓紧清除后连续用药 2 次，以后若调查田间上、中、下 3 叶平均百叶成虫在 150 头以上时再进行用药。大田棉花烟粉虱在 6、7 月份可与其他病虫结合进行防治，8 月 10 日左右要把烟粉虱作为重点防治对象，防治 1~2 次，靠近虫源的棉田要提前用药和增加用药次数，以后若田间百叶成虫在 100 头以上再进行用药，一直持续到 9 月中旬。

4.2 选用防治效果好的药剂

防治烟粉虱效果好的药剂为阿维菌素、毒死蜱、啶虫脒、敌敌畏等药剂。方法是每 667m^2 用阿维菌素 EC 有效成分 0.5~0.6ml，或毒死蜱 EC 有效成分 30ml 左右，或用啶虫脒 WP 有效成分 0.9~1g，或敌敌畏 EC 有效成分 40ml 左右。用药时植株小时可适当减少用量，并要注意药剂的交换使用，提高防治效果。

4.3 采用合适的防治方法

烟粉虱各虫态都在叶片背面为害，防治时要对叶反面进行喷雾打透打足，为保证防治质量，手动喷雾每 667m^2 用水量要保证 40~50kg。棉花后期株型大，叶片稠密，手动喷雾，容易出现漏喷叶片，影响防治效果。弥雾机雾点小，喷雾均匀，风力大，对成虫具有冲杀作用，因此棉花后期最好选用弥雾机进行防治。

四、新农药、新剂型试验示范

5%丁烯氟虫腈EC防治水稻旱育秧田灰飞虱成虫试验

赵　阳[1]，成晓松[2]，仇广灿[2]，蔡长庚[1]，冯正娣[1]

（1. 江苏省盐城市植保植检站，224002；2. 盐城市盐都区病虫测报站，224005）

近年来，盐城市秧田灰飞虱连年大发生，对水稻生产构成了严重威胁。为了摸清丁烯氟虫腈对秧田灰飞虱的防治效果，控制水稻条纹叶枯病的发生为害，为大面积推广应用提供依据。2008年，我们进行了丁烯氟虫腈及其与赛丹、毒死蜱等混用防治水稻秧田灰飞虱的田间药效试验，现将试验情况报告如下：

1　材料和方法

1.1　药剂来源及处理设置

5%丁烯氟虫腈EC 50ml/667m²（商品名：瑞金得，大连瑞泽农药股份有限公司产品）；

5%氟虫腈EC 50ml/667m²（商品名：锐劲特，拜耳作物科学公司产品）；

48%毒死蜱EC100ml/667m²（商品名：上方剑，江苏溧阳中南化工有限公司产品）；

35%硫丹EC100ml/667m²（商品名：赛丹，杭州宇龙化工有限公司产品）；

赛丹60ml/667m² + 瑞金得30ml/667m²；

赛丹60ml/667m² + 锐劲特30ml/667m²；

上方剑60ml/667m² + 瑞金得30ml/667m²；

上方剑60ml/667m² + 锐劲特30ml/667m²；

空白对照。

1.2　试验方法

基本情况：试验在盐城市盐都区吴杨居委会一组进行，供试水稻品种为徐稻3号，育秧方式为肥床旱育，水稻于2008年5月12日落谷，秧苗生长均衡。

小区设置：小区面积11m²，3次重复，随机区组排列。

施药时间和方法：于6月6日施药（施药时灰飞虱虫态为成虫），采用常规喷雾法施药，每667m²用药量对水50kg常规喷雾，施药时秧床湿润，施药后各小区用防虫网覆盖，防止灰飞虱成虫迁进迁出。

1.3　药效调查

施药前调查各小区的虫量基数，于施药后1d、3d、7d调查各小区的残留虫量，每次每小区取10个点，每点调查0.11m²，计算每667m²虫量和防治效果。

1.4 药效计算方法

$$防治效果（\%）= \left[1 - \frac{对照区药后虫量 \times 处理区药前虫量}{对照区药后虫量 \times 处理区药前虫量}\right] \times 100$$

2 结果与分析

施药后 1d 调查，上方剑 60ml/667m² 加瑞金得 30ml/667m² 处理对灰飞虱成虫的防治效果为 98.64%，极显著高于其他各处理，上方剑 60ml/667m² 加锐劲特 30ml/667m²、寨丹 60ml/667m² 加锐劲特 30ml/667m² 和寨丹 60ml/667m² 加瑞金得 30ml/667m² 的防治效果相近，差异不显著，4 个混用处理的防治效果均极显著高于各单剂，其中锐劲特 50ml/667m² 的速效性较差，防效仅为 79.63%；施药后 3d 调查，各处理的防效均上升到 95% 左右，施药后 7d 各处理的防效均在 95% 以上（见下表）。

3 小结

3.1 每 667m² 用瑞金得 50ml 单用对灰飞虱成虫具有良好的防治效果，并且速效性好于同剂量的锐劲特单用的效果。

3.2 瑞金得、锐劲特与上方剑、寨丹混用，具有明显的增效作用，配比上以 1:2 为宜，既提高了效果，又降低了成本，值得进一步示范推广。

表 瑞金得等药剂对秧田灰飞虱成虫的防治效果

处 理 （ml/667m²）	药前 基数	施药后 1d		施药后 3d		施药后 7d	
		残留 虫量	校正 防效%	残留 虫量	校正 防效%	残留 虫量	校正 防效%
瑞金得 50	1 134	71	92.98 d D	45	95.12 bc BC	34	95.35 c C
锐劲特 50	1 129	206	79.63 f F	32	96.55 a AB	21	97.10 b B
上方剑 100	1 127	38	96.28 c C	57	93.77 cd C	16	97.81 ab AB
寨丹 100	1 154	112	89.20 e E	64	93.17 d C	23	97.02 b B
寨丹 60 + 瑞金得 30	1 154	36	96.54 c BC	30	96.79 a AB	15	98.00 ab AB
寨丹 60 + 锐劲特 30	1 150	33	96.74 c BC	27	97.17 a A	10	98.66 a A
上方剑 60 + 瑞金得 30	1 108	13	98.64 a A	33	96.43 ab AB	17	97.64 b AB
上方剑 60 + 锐劲特 30	1 172	26	97.49 b B	29	96.94 a AB	15	97.87 ab AB
空白对照	1 177	1 055		964		764	

注：表中虫量为头/1.1m²。

60%稻唑磷 EC 防治水稻灰飞虱
田间药效试验评价

林付根[1]，陈永明[1]，仇广灿[2]，王玉国[3]
（1. 江苏省盐城市植保植检站，224002；
2. 盐城市盐都区病虫测报站，224005；3. 阜宁县植保植检站，224400）

2004～2006 年水稻灰飞虱在江苏省连续大发生，导致水稻条纹叶枯病大流行。目前生产上大面积应用于防治灰飞虱的速效性药剂主要是毒死蜱和敌敌畏，敌敌畏在水稻上仅局限用于水稻旱育秧田，且连续使用易造成烧苗，毒死蜱应用于防治小麦田灰飞虱，有的年份易引起药害。随着甲胺磷等 5 种高毒农药于 2007 年 1 月 1 日禁产、禁销、禁用，防治水稻灰飞虱的速效性药剂品种少而单调，开发一些毒性低、效果好的品种，在生产上显得十分迫切需要。稻唑磷是稻丰散与三唑磷复配的混剂，该品种对害虫以触杀为主，也有一定胃毒作用，速效性好，持效期短。目前，国内由江苏省腾龙生物药业有限公司独家生产。2006 年我们在江苏省盐城市盐都区和阜宁县两地应用 60%稻唑磷 EC 防治水稻移栽大田第 2 代灰飞虱，现将试验结果报告如下。

1 材料和方法

1.1 供试药剂

60%稻唑磷 EC（通用名：稻丰散·三唑磷，江苏腾龙生物药业有限公司生产）；
40%盖仑本 EC（通用名：毒死蜱，江苏宝灵化工股份有限公司生产）；
40%锐煞 EC（通用名：毒死蜱，江苏盐城龙跃农药有限公司生产）；
25%川珊灵 WP（通用名：噻嗪酮，江苏灶星农化有限公司生产）；
25%噻嗪酮 WP（江苏常隆化工有限公司生产）。

1.2 试验设计和方法

基本情况：盐都区试验设在盐都区义丰镇骏马村一农户水稻移栽大田，水稻品种为原丰早，水稻于 2006 年 6 月 1 日移栽。阜宁县试验设在阜城镇崔湾村一农户水稻移栽大田，水稻品种为淮稻 9 号，水稻于 6 月 18 日移栽。
试验设计：
60%稻唑磷 EC 50ml/667m²、70ml/667m²、90ml/667m²
40%毒死蜱 EC 100ml/667m²
25%噻嗪酮 WP 40g/667m²
空白对照：喷清水
共计 6 个处理，每处理重复 3 次，小区面积 33.3～65m²，随机区组排列。

施药及调查方法：两地均于6月26日第2代灰飞虱低龄若虫高峰期施药，盐都区施药前调查，1龄若虫占64.4%，2龄若虫占35.3%，成虫占0.3%，每667m² 用药量对水40～50kg常规喷雾，施药前调查各小区虫量基数，药后1d、3d、7d调查残留虫量，每次每小区调查10个点，每点2～5穴，折算成百穴虫量。

施药后观察各处理水稻生长情况，记载有无药害现象发生。

2 结果与分析

2.1 对水稻的安全性

施药后不定期观察，各处理水稻植株生长正常，没有出现任何药害症状，说明稻唑磷在水稻上应用安全。

2.2 对灰飞虱的防治效果

盐都区试验结果：稻唑磷50ml/667m²、70ml/667m²、90ml/667m² 对灰飞虱的校正防效药后1d调查分别为96.5%、97.6%和98.7%，药后3天调查分别为97.1%、98.1%和99.2%，药后7d调查分别为95.8%、96.2%和98.7%，稻唑磷3剂量之间的防效无明显差异，且稻唑磷90ml/667m² 处理每次调查校正防效均与毒死蜱100ml/667m² 的效果相当，差异不明显，但与噻嗪酮40g/667m² 的效果存在极显著差异（表1）。

表1　60%稻唑磷EC防治水稻田灰飞虱试验结果　　　　　　　（2006年，盐都）

处　理 (ml. g/667m²)		药前基数	施药后1d				施药后3d				施药后7d			
			残留虫量	校正防效	显著性 5%	1%	残留虫量	校正防效	显著性 5%	1%	残留虫量	校正防效	显著性 5%	1%
稻唑磷	50	18 083.3	601.7	96.5	b	A	385.0	97.1	b	B	383.3	95.8	b	B
稻唑磷	70	17 616.7	406.7	97.6	ab	A	250.0	98.1	b	B	326.7	96.2	b	AB
稻唑磷	90	19 470.0	233.3	98.7	a	A	125.0	99.2	a	AB	133.3	98.7	a	AB
毒死蜱	100	18 223.3	325.0	98.1	ab	A	36.7	99.7	a	A	66.7	99.2	a	A
噻嗪酮	40	17 931.7	13 633.3	20.9	c	B	8 898.3	33.2	c	C	4 240.0	51.9	c	C
清水对照		18 713.3	17930.0				9 083.3				9 360.0			

注：表中数据为3次重复平均值，残留虫量为百穴虫量，单位：头。

阜宁县试验结果，稻唑磷50ml/667m²、70ml/667m²、90ml/667m² 对灰飞虱的校正防效，药后1d调查分别为81.3%、87.1%和91.4%，药后3d调查分别为78.4%、87.7%和92.2%，药后7d调查分别为74.2%、88.6%和95.0%，每次调查结果，稻唑磷3剂量之间的防效存在极显著差异，稻唑磷70、90ml/667m² 药后1d、3d、7d的防效与锐煞100ml/667m² 相当，但差异不显著，稻唑磷90ml/667m² 与川珊灵40g/667m² 处理存在极显著差异（表2）。

表2 60%稻唑磷EC防治水稻田灰飞虱试验结果　　　　　　　　　　（2006年，阜宁）

| 处　理 （ml. g /667m²） | 药前 基数 | 施药后1d | | | 施药后3d | | | 施药后7d | | |
		残留 虫量	校正 防效	显著性 5%　1%	残留 虫量	校正 防效	显著性 5%　1%	残留 虫量	校正 防效	显著性 5%　1%
稻唑磷　50	362.7	76.7	81.3	b　B	95.3	78.4	b　B	63.3	74.2	c　B
稻唑磷　70	474.7	68.7	87.1	b　AB	74.7	87.7	ab　AB	36.7	88.6	ab　AB
稻唑磷　90	380.7	34.7	91.4	ab　A	35.3	92.2	a　A	10.0	95.0	a　A
川珊灵　40	424.7	288.7	38.1	c　C	156.0	69.7	b　B	132.0	52.7	d　B
锐煞　100	394.7	27.3	94.0	a　A	60.0	88.1	ab　AB	32.0	87.2	b　AB
清水对照	476.0	530.7			606.0			318.7		

注：表中数据为3次重复平均值，残留虫量为百穴虫量，单位：头。

3 小结与讨论

3.1 综合两地的田间试验结果，稻唑磷对灰飞虱低龄若虫防治效果优良，60%稻唑磷90ml/667m²对灰飞虱的校正防效与40%毒死蜱100ml/667m²相近，无明显差异，极显著高于噻嗪酮，其速效性与毒死蜱相当，好于噻嗪酮。

3.2 两地的试验结果存在一定的差异，表现为盐都区稻唑磷对灰飞虱的防效好于阜宁县的防效，分析其中原因，盐都区药后1d、3d空白对照区虫量呈下降趋势，而阜宁县药后1d、3d空白对照区虫量呈上升趋势，表明阜宁县在施药后水稻植株中有灰飞虱卵不断孵化，孵出的若虫在药剂处理区接触的药量少，防效下降，由此可见，稻唑磷对灰飞虱主要起触杀作用，胃毒作用有限。

3.3 应用60%稻唑磷EC防治水稻灰飞虱若虫，推荐使用剂量为90ml/667m²。

3.4 60%稻唑磷EC防治稻田灰飞虱，不影响水稻的正常生长。

3.5 60%稻唑磷EC防治灰飞虱成虫效果如何，有待于今后进一步田间试验。

丙溴磷系列药剂防治水稻
纵卷叶螟药效试验评价

陈永明[1]，林付根[1]，邰德良[2]，王玉国[3]

（1. 江苏省盐城市植保植检站，224002；2. 东台市植保植检站，224200；

3. 阜宁县植保植检站，224400）

江苏省盐城市是江苏最大的水稻产区，常年种植水稻 30 万 hm^2，近几年来，水稻"两迁"害虫发生十分严重，尤其水稻纵卷叶螟连续重发生，随着甲胺磷等 5 种高毒农药的禁产、禁销和禁用，用于防治水稻螟虫的药剂品种少而单调，开发一些毒性低、效果好的品种，在生产上显得十分迫切需要。丙溴磷（Profenofos）是一种具有触杀和胃毒作用的三元不对称硫代磷酸酯类的新型杀虫剂，为明确这种药剂对水稻害虫的防治效果及其应用技术，为推广应用提供依据，为此，2008 年我们在江苏省东台市和阜宁县两地进行速灭抗防治水稻第 3 代纵卷叶螟田间药效试验，取得了较好的效果，现将试验结果报告如下：

1 材料及方法

1.1 供试药剂

40% 速灭抗（通用名：丙溴磷）EC，江苏宝灵化工股份有限公司生产；

72% 维抗（通用名：丙溴磷）EC，江苏宝灵化工股份有限公司生产；

50% 稻丰散 EC，江苏腾龙生物药业有限公司生产，市售；

40% 毒死蜱（商品名：宝灵）EC，江苏宝灵化工股份有限公司生产，市售；

1% 甲维盐（商品名：宝龙、稻安康）ME，江苏辉丰农化股份有限公司生产，市售。

1.2 处理设计

本试验共设 9 个处理，分为两类，一类在第 3 代稻纵卷叶螟发生期连续用药 2 次，另一类仅用药 1 次，每处理 3 次重复，东台小区面积 $66.7m^2$，阜宁小区面积 $40m^2$，小区随机区组排列。处理设计详见下表：

序号	处　理	第一次用药	第二次用药
1	40% 速灭抗 80ml/667m^2	√	√
2	40% 速灭抗 100ml/667m^2	√	√
3	40% 速灭抗 120ml/667m^2	√	√
4	72% 维抗 55ml/667m^2	√	√

续表

序号	处　理	第一次用药	第二次用药
5	50% 稻丰散 100ml/667m²	√	√
6	40% 毒死蜱 100ml/667m²	√	√
7	1% 甲维盐 50ml/667m²	×	√
8	40% 速灭抗 120ml/667m²	×	√
9	空白对照	×	×

注：√为用药，×为不用药。

1.3 基本情况

东台试验安排在梁垛镇白云村，水稻品种为淮稻 9 号，2008 年 7 月 26 日（第 3 代纵卷叶螟卵孵始盛期）用第 1 次药，8 月 2 日（隔 6d）用第 2 次药；阜宁试验安排在阜城镇中港村一块杂交稻制种田，水稻品种为 6 326，7 月 25 日（第 3 代纵卷叶螟卵孵高峰期）用第 1 次药，8 月 1 日（隔 6d）（第 3 代纵卷叶螟 2、3 龄幼虫高峰期）用第 2 次药，按每 667m² 用药量对水 50kg，采用背负式喷雾器，对准水稻植株手动均匀喷雾。

1.4 调查方法

施药前不查虫口基数，首次施药后 15d 一次性调查残留虫量和叶片受害情况，东台每小区 3 点取样，每点连续查 25 穴，每小区共查 75 穴。阜宁每小区采用 5 点取样法，每点 10 穴，每小区共查 50 次；以百穴虫量和百穴白叶数计算杀虫效果和保叶效果，并对药效结果加以差异显著性测定。

1.5 安全性调查

施药后系统观察水稻生长发育情况，观察有无药害现象发生。

2 结果与分析

2.1 对稻纵卷叶螟的防治效果

东台试验区施药后 15d 调查，每 667m² 使用 40% 速灭抗 EC 80ml、100ml、120ml 两次，杀虫效果分别为 93.22%、96.85% 和 99.27%，保叶效果分别为 95.98%、97.06% 和 98.35%。每 667m² 用 72% 维抗 EC 55ml，使用两次，杀虫效果和保叶效果分别为 100% 和 99.74%，每 667m² 用 40% 速灭抗 EC 120ml 一次，药后 15d 杀虫和保叶效果分别为 90.8% 和 77.22%。方差分析，在用药两次的情况下，40% 速灭抗 80ml、100ml、120ml 之间，杀虫效果差异极显著，保叶效果差异不显著。72% 维抗 55ml 的杀虫和保叶效果与 40% 速灭抗 120ml 相近，极显著好于 40% 速灭抗 80ml；与 40% 速灭抗 100ml 相比，保叶效果差异显著，杀虫效果差异极显著。40% 速灭抗 100ml 的杀虫和保叶效果与 50% 稻丰散 100ml、40% 毒死蜱 100ml 相当，无显著差异，40% 速灭抗 120ml 的杀虫和保叶效果略好于 50% 稻丰散 100ml 和 40% 毒死蜱 100ml，但无显著差异。在用药一次情况下，40% 速灭抗 120ml 杀虫效果极显著好于 1% 甲维盐 ME50ml，保叶效果比甲维盐略低，但差异不明显（表1）。

表1　40％速灭抗等防治第3代稻纵卷叶螟药效试验结果表　（2008年，东台）

处　理	用药时间	用药次数	百穴白叶（张）	百穴活虫（头）	保叶效果（％）	治虫效果（％）	SSR测验	
							保叶效果	杀虫效果
40％速灭抗80ml/667m²	7/26, 8/2	2	78	28	95.98	93.22	bB	cdC
40％速灭抗100ml/667m²	7/26, 8/2	2	57	13	97.06	96.85	bAB	bcBC
40％速灭抗120ml/667m²	7/26, 8/2	2	32	3	98.35	99.27	abAB	aAB
72％维抗55ml/667m²	7/26, 8/2	2	5	0	99.74	100	aA	aA
50％稻丰散100ml/667m²	7/26, 8/2	2	73	5	96.24	98.79	bAB	abAB
40％毒死蜱100ml/667m²	7/26, 8/2	2	65	18	96.65	95.64	bAB	cdBC
1％甲维盐50ml/667m²	8/2	1	302	88	84.43	78.69	cC	eD
40％速灭抗120ml/667m²	8/2	1	442	38	77.22	90.80	dC	dC
C K	—	0	1 940	413	—	—	—	—

注：表中数据为3次重复平均值，下同。

　　阜宁试验区施药后15d调查，每667m²用40％速灭抗EC80ml、100ml和120ml两次，杀虫效果分别为96.33％、97.22％和98.37％，保叶效果分别为96.25％、97.33％和98.61％；每667m²用72％维抗EC 55ml两次，杀虫效果和保叶效果分别为97.48％和97.02％，每667m²用40％速灭抗EC 120ml一次，药后15d杀虫效果和保叶效果分别为96.37％和96.47％。方差分析，在用药两次的情况下，40％速灭抗80ml、100ml、120ml之间，杀虫效果和保叶效果差异不显著，其中3剂量的杀虫效果与保叶效果与50％稻丰散100ml、40％毒死蜱100ml无明显差异，72％维抗55ml的杀虫和保叶效果与50％稻丰散100ml、40％毒死蜱100ml也无明显差异；在用药一次的情况下，40％速灭抗120ml的杀虫效果和保叶效果略好于1％甲维盐ME50ml，但无明显差异（表2）。

表2　40％速灭抗等药剂防治第3代稻纵卷叶螟药效试验结果表（2008年，阜宁）

处　理	用药时间	用药次数	百穴白叶（张）	百穴活虫（头）	保叶效果（％）	治虫效果（％）	SSR测验	
							保叶效果	杀虫效果
40％速灭抗80ml/667m²	7/25, 8/1	2	20.00	4.00	96.25	96.33	abAB	abA
40％速灭抗100ml/667m²	7/25, 8/1	2	14.00	2.67	97.33	97.22	aAB	abA
40％速灭抗120ml/667m²	7/25, 8/1	2	7.33	1.33	98.61	98.37	Aa	aA
72％维抗55ml/667m²	7/25, 8/1	2	16.00	2.67	97.02	97.48	abAB	abA
50％稻丰散100ml/667m²	7/25, 8/1	2	11.33	2.67	97.82	97.44	aAB	abA
40％毒死蜱100ml/667m²	7/25, 8/1	2	16.00	3.33	96.87	97.10	aAB	abA
1％甲维盐50ml/667m²	8/1	1	33.33	7.33	93.61	93.18	bB	bA
40％速灭抗120ml/667m²	8/1	1	18.67	3.33	96.47	96.37	abAB	abA
C K	—	0	526	104.67	—	—	—	—

2.2　药剂对水稻秧苗的安全性

施药后不定期观察，各处理区水稻秧苗均正常生长发育，没有出现任何不良反应，药剂对水稻秧苗安全。

3　小结与讨论

3.1　综合两地的田间试验结果，40%速灭抗 EC 、72%维抗 EC 对水稻纵卷叶螟低龄幼虫具有优良的防治效果，其杀虫和保叶效果比目前大面积应用的毒死蜱和稻丰散效果略好或相当，建议在稻纵卷叶螟一般发生年份每 667m² 用 40%速灭抗 EC 在 80～100ml，用 72%维抗 EC 50ml，大发生年份用 40%速灭抗 EC 每 667m² 100～120ml，用 72%维抗 EC 每 667m² 60ml。

3.2　72%维抗 EC 因其含量高，杂质少，且其中有机硅含量高，其扩散、渗透能力强，对稻纵卷叶螟的防治效果，明显好于有效成份相同的 40%速灭抗 EC，建议在纵卷叶螟大发生年份推广应用，能有效控制害虫的发生为害。

3.3　40%速灭抗 EC 对稻纵卷叶螟 2、3 龄幼虫的防治效果好于生产上应用的 1%甲维盐 ME，生产上可推荐在漏治田使用，每 667m² 用药量掌握在 120～130ml。

3.4　两地的试验结果存在一定的差异，表现为东台试验点速灭抗不同剂量、维抗与对照药剂之间药效存在差异，而阜宁点没有差异，从两地试验点虫情分析，东台虫情显著重于阜宁。我们认为，在纵卷叶螟发生较重的情况下进行药效试验，才能真实反映各药剂及处理之间的防治效果，据此，东台试验点试验结果更能反映药剂和处理的真实效果。

3.5　目前生产上应用 50%稻丰散 EC、40%毒死蜱 EC 防治稻纵卷叶螟，且防治效果比较稳定，建议将丙溴磷系列杀虫剂与其交替使用，以解决现今防治纵卷叶螟药剂单一的状况，延缓害虫抗性上升速度。

3.6　40%速灭抗 EC 和 72%维抗 EC 对水稻秧苗安全，无明显影响，可以在生产上安全应用。

30%嘉润EC防治杂交稻制种田
水稻粒黑粉病试验研究

赵　阳[1]，仇广灿[2]，成晓松[2]，冯正娣[1]，蔡长庚[1]

（1. 江苏省盐城市植保植检站，224002；2. 盐城市盐都区病虫测报站，224005）

嘉润是一种新型高效杀菌剂，为了明确该药剂对杂交稻制种田水稻粒黑粉病的防治效果，探讨其使用技术，2006年我们受江苏丰登农药有限公司委托，对其生产的嘉润进行了田间药效试验，现将试验情况小结如下。

1　材料和方法

1.1　供试药剂

30%嘉润EC（通用名：丙环唑·苯醚甲环唑，江苏丰登农药有限公司提供）；
17.5%灭黑一号WP（通用名：多菌灵·烯唑醇，江苏太仓市长江化工厂产品，市售）。

1.2　试验方法

试验在盐城市盐都区秦南镇东沈村二组进行，供试制种稻组合为杨两优6号，试验田水稻于8月23日割叶，长势较好，生长平衡。

试验设3个处理：每667m² 用30%嘉润20ml，施药两次；每667m² 用灭黑一号30g，施药两次；喷清水为对照。

小区设置：每小区面积20m²，小区间筑小埂隔开，每处理重复3次，随机区组排列。

施药时间：30%嘉润于8月24日（抽穗15%）施第1次药，8月28日（抽穗80%）施第2次药；灭黑一号于8月28日（抽穗80%）施第1次药，隔两天于8月31日施第2次药；清水喷药时间同嘉润。每次均于下午4点半开始施药。

施药方法：每667m² 用药量对水30kg，常规喷雾，施药时田间水层3～5cm。

调查内容和方法：于杂交制种稻成熟时，每小区随机取50个稻穗，考测病粒率、结实率、千粒重、百穗重，计算防病效果、保产效果；考测穗长、稻穗抽出长度，比较各处理的稻穗抽出比例。

2　结果与分析

2.1　对稻粒黑粉病的防治效果

嘉润每667m² 20ml，于杂交制种稻始穗、齐穗期施药两次，对稻粒黑粉病的防治效果为74.1%～87.9%，平均83.1%，明显优于灭黑一号的40.9%，表明嘉润对杂交制种稻粒黑粉病具有良好的防治效果（见表）。

2.2 对杂交制种稻抽穗的影响

嘉润每 667m² 20ml，于杂交制种稻始穗、齐穗期施药两次，稻穗抽出长度占稻穗总长度的比例为 84.5% ~ 89.1%，平均 86.9%，比灭黑一号的 81.8% 高 5.1%，比清水对照的 79.1% 高 7.8%，稻穗抽出比例大，包茎短，有利于增加结实粒数，提高结实率（见表）。

2.3 保产效果

考测结果表明，嘉润、灭黑一号、清水对照 3 个处理的每穗总粒数、千粒重相近，差异较小，而嘉润处理区的每穗总实粒数比灭黑一号多 1.6 粒，增 2.9%，比清水对照多 2.9 粒，增 5.5%，结实率分别比灭黑一号、清水对照提高 0.5% 和 1.2%，嘉润处理比清水对照增产 3.9% ~ 7.0%，平均 5.8%，比灭黑一号的增产率高 3.4%（见表）。

表 30%嘉润 EC 防治杂交制种稻粒黑粉病试验结果 （2006 年，盐都秦南）

处 理	病粒率（%）	防病效果（%）	穗长（cm）	穗抽出比例（%）	每穗总粒数（粒）	每穗实粒数（粒）	结实率（%）	千粒重（g）	百穗重（g）	增产率（%）
嘉润 20ml/667m²	0.43	83.1	26.3	86.9	166.7	56.1	33.8	23.3	130.4	5.8
灭黑一号 30g/667m²	1.47	40.9	26.6	81.8	165.8	54.5	33.3	23.2	126.3	2.4
清水对照	2.55		26.3	79.1	167.3	53.2	32.6	23.2	123.3	

3 小结与讨论

嘉润防治杂交制种稻粒黑粉病具有良好的防病保产效果，稻穗抽出比例高，包茎缩短，有效结实粒数增加，结实率提高，其防病保产效果、穗粒结构均优于灭黑一号，是防治杂交制种稻粒黑粉病的理想药剂，值得进一步试验、示范和推广。

25％丙环唑 EC 防治粳稻稻曲病药效试验

赵　阳[1]，成晓松[2]，仇广灿[2]，林付根[1]，陈永明[1]

（1. 江苏省盐城市植保植检站，224002；2. 盐城市盐都区病虫测报站，224005）

25％丙环唑 EC 是江苏丰登农药有限公司生产的一种三唑类杀菌剂，为了明确该药剂对粳稻稻曲病的防治效果及对水稻的安全性，2008 年我们进行了 25％丙环唑 EC 防治稻曲病的田间药效试验，现将试验情况报告如下。

1　材料和方法

1.1　供试验药剂

25％丙环唑 EC（江苏丰登农药有限公司提供）；
30％嘉润 EC（通用名：丙环唑·苯醚甲环唑，江苏丰登农药有限公司产品，市售）；
20％井岗霉素 WP（浙江钱江生物化学股份有限公司产品，市售）。

1.2　试验设计和方法

试验在盐都区新都居委会野丁村四组进行，供试水稻品种为中熟粳稻淮稻 5 号，水稻于 6 月 14 日移栽，8 月 28 日进入破口期。

试验分别设 25％丙环唑 EC15 ml /667m² 、20 ml /667m² 、25 ml /667m² ，30％嘉润 EC20 ml /667m² ，20％井岗霉素 WP100g/667m² 于破口前 7d（8 月 21 日）施药 1 次，25％丙环唑 EC25ml/667m² 破口期（8 月 28 日）施药 1 次，空白对照共 7 个处理，小区面积 25m² ，随机区组排列，重复 3 次。均采用手动喷雾法，每 667m² 均对水 50kg。

药效调查方法：于 9 月 21 日稻曲病病情稳定期调查发病情况，每小区调查 5 个点，每点 10 穴，共 50 穴水稻，调查水稻稻曲病病穗数，计算防病效果。8 月 28 日破口期施药后不定期观察水稻抽穗结实情况，明确对水稻的安全性。

2　结果与分析

2.1　对稻曲病的防治效果

试验结果表明，25％丙环唑 EC 于破口前 7d 施药一次，对稻曲病具有较好的防病效果。处理间以 25％丙环唑 EC 25ml/667m² 的防病效果最好，达 79.83％，极显著高于 25％丙环唑 EC 15ml/667m² 处理的 57.9％，但与 30％嘉润 EC20ml/667m² 、25％丙环唑 EC 20ml/667m² 处理的防效 71.06％、68.7％ 差异不显著；20％井岗霉素 WP100g/667m² 处理防效最差，仅 46.34％。但丙环唑施药偏迟，防效明显下降，25％丙环唑 EC 25ml/667m² 破口期施药一次的防病效果仅为 46.92％（见下表）。

206

2.2 对水稻的安全性

根据施药后不定期观察，每 $667m^2$ 使用 25% 丙环唑 EC25ml 于破口期（8 月 28 日）施药，供试品种淮稻 5 号抽穗灌浆正常，与对照区无明显差异。

表 25% 丙环唑 EC 防治水稻稻曲病试验结果 （2008 年，盐都）

处理	病穗数	病穗率%	防病效果%	差异显著性 5%	差异显著性 1%
25% 丙环唑 EC15ml/$667m^2$	9.67	1.48	57.90	bc	BC
25% 丙环唑 EC20ml/$667m^2$	7.00	1.07	68.70	ab	AB
25% 丙环唑 EC25ml/$667m^2$	4.67	0.71	79.83	a	A
25% 丙环唑 EC25ml/$667m^2$ （破口期）	12.00	1.83	46.92	c	C
30% 嘉润 EC20ml/$667m^2$	6.67	1.02	71.06	ab	AB
20% 井冈霉素 WP100g/$667m^2$	12.33	1.88	46.34	c	C
CK	23.00	3.51			

3 小结与讨论

3.1 25% 丙环唑 EC 对水稻稻曲病具有较好的防病效果，防治适期宜掌握在破口前 7d 左右，从防治效果、成本等综合考虑每 $667m^2$ 用药量以 20ml 为宜，防病效果优于常规药剂井岗霉素。

3.2 每 $667m^2$ 使用 25% 丙环唑 EC25ml 于水稻破口期施药，对供试水稻品种淮稻 5 号抽穗灌浆无明显影响，但对其他水稻品种的安全性如何，需进一步试验明确。

3.3 在水稻破口前 7d 左右、水稻齐穗期 25% 丙环唑 EC 连续使用 2 次，能否进一步提高防效尚有待于今后试验验证。

60%苄嘧磺隆WG防除移栽稻田阔叶杂草田间药效试验

宋邦兵[1]，赵玉伟[1]，朱志良[1]，王永青[1]，张秀成[1]，吕卫东[1]，李庆体[2]

（1. 江苏省滨海县植保植检站，224500；2. 滨海县正红镇农业中心，224522）

苄嘧磺隆是广泛使用于水稻田等防除杂草的最常用药剂，过去主要以10% WP、32% WP为多。60%苄嘧磺隆WG是新剂型，本试验是为明确这一新剂型在常规生产条件下对移栽稻田阔叶杂草的防除效果及对水稻的安全性与使用技术，以对其推广应用前景作出评价。

1 材料与方法

1.1 供试药剂

试验药剂：60%苄嘧磺隆WG（江苏瑞禾化学有限公司提供）；

对照药剂：10%苄嘧磺隆WP（江苏长青农化公司生产）。

1.2 试验设计和安排

60%苄嘧磺隆WG37.5 g/hm²

60%苄嘧磺隆WG56.25 g/hm²

60%苄嘧磺隆WG75 g/hm²

60%苄嘧磺隆WG112.5 g/hm²

10%苄嘧磺隆WP300 g/hm²

清水对照

人工除草

本试验共设7个处理，4次重复，每小区面积25m²，随机区组排列。施药时间为水稻移栽后5d，即于2007年6月25日，采用毒土法，225kg/hm²拌干细土撒施，用药时水层3～5cm，药后保浅水3～4d。试验药剂的商品用量分别为37.5g/hm²、56.25g/hm²、75g/hm²和112.5g/hm²，对照药剂用量为300g/hm²。

1.3 试验条件

试验田设在滨海县正红镇联盟村。试验地土壤为水稻土类粘心夹沙土，pH7.4，有机质含量1.76g/kg。试验地土壤肥力中上等。前茬为小麦，使用过苯磺隆和异丙隆等除草剂。移栽水稻，品种为华粳6号。田间以矮慈姑（*Sagittaria pygmaea*）、空心莲子草（水花生）（*Alternanthera hiloxeroides*）、紫萍（*Spirodela polyrhiza*）为主，另有少量扁杆藨草（*Scirpus planiculmis*）、异型莎草（*Cyperus difformis*）等。田间管理按常规进行。施药当天晴，西南—东南风，风速为1.3m/s。最高气温35.5℃，最低气温19.3℃。

1.4 调查方法、时间和次数

药后 15d（2007 年 7 月 20 日）、35d（2007 年 8 月 9 日）各调查一次。其中药后 15d 调查株防效，并观察水稻生长情况。药后 35d 调查最终株防效和鲜重防效。依据准则，每小区随机取 4 点，每点 0.25m²，分类记录各类杂草的株数和鲜重。收获前进行测产。测产时每小区取 1 点，每点 0.25m²，收获后测算每 hm² 有效穗数、每穗实粒数、千粒重和每公顷理论产量。

药效计算方法参照 GB/T 17980.40 - 2000，进行杂草调查和药效计算。

$$防治效果(\%) = (1 - \frac{PT}{CK}) \times 100$$

其中：CK—对照区存活的杂草株数（鲜重）；PT—处理区残存的杂草株数（鲜重）。

2 结果与分析

2.1 药后 15d 的株防效

施药后 15d，60% 苄嘧磺隆 WG 对移栽稻田一年生阔叶杂草的株防效随剂量的增加而提高。37.5g/hm²、56.25g/hm² 和 75g/hm² 的低、中、高剂量对矮慈姑的防效分别为 29.73%、37.84% 和 51.35%，各剂量间无显著性差异。对照药剂的株防效为 35.14%，稍低于中剂量但无显著性差异；低、中、高剂量对空心莲子草的株防效分别为 55.37%、94.21%、100.00%，仅低剂量显著低于其他各剂量，对照药剂的防效也为 100.00%，稍高于中剂量；对紫萍的株防效在低、中、高剂量下分别为 33.33%、66.67%、100.00%，对照药剂的株防效为 100.00%。对总草的株防效在低、中、高剂量下分别为 49.07%、80.75%、88.82%，中剂量显著高于低剂量而与高剂量无显著性差异，对照药剂的株防效为 85.09%，介于中、高剂量之间，但与两者无显著性差异（表 1）。

2.2 药后 35d 的株防效

药后 35d，60% 苄嘧磺隆 WG 对移栽稻田一年生阔叶杂草保持了很好的株防效并随剂量的增加而提高。37.5g/hm²、56.25g/hm²、75g/hm² 的低、中、高剂量对矮慈姑的株防效分别为 51.03%、66.90%、75.86%，各剂量间均具有显著性差异。对照药剂的株防效为 55.86%，稍高于低剂量但显著低于中、高剂量。对空心莲子草的株防效，仅低剂量防效为 50.00% 其余各剂量以及对照药剂的防效均为 100.00%。对紫萍的株防效明显提高，低剂量的防效就达到 94.71%，中、高剂量的株防效均为 100.00%，显著高于低剂量。对照药剂的株防效为 99.12%。对总草的株防效在低、中、高剂量下分别为 76.82%、87.50%、90.89%，其中中剂量显著高于低剂量而与高剂量间无显著性差异。对照药剂的株防效为 82.81%，显著高于低剂量而显著低于中剂量（表 2）。

表1　60%苄嘧磺隆 WG 药后 15d 对移栽稻田一年生阔叶杂草的株防效

处理	矮慈姑		水花生	紫萍	总草	
	防效（%）	差异显著性	防效（%）	防效（%）	防效（%）	差异显著性
60%苄嘧磺隆 WG37.5g/hm²	29.73	b	55.37	33.33	49.07	c
60%苄嘧磺隆 WG56.25g/hm²	37.84	b	94.21	66.67	80.75	b
60%苄嘧磺隆 WG75g/hm²	51.35	ab	100.00	100.00	88.82	ab
60%苄嘧磺隆 WG112.5g/hm²	62.16	a	100.00	100.00	91.30	a
10%苄嘧磺隆 WP300g/hm²	35.14	b	100.00	100.00	85.09	ab

表2　60%苄嘧磺隆 WG 药后 35 天对移栽稻田一年生阔叶杂草的株防效

处理	矮慈姑		水花生	紫萍	总草	
	防效（%）	差异显著性	防效（%）	防效（%）	防效（%）	差异显著性
60%苄嘧磺隆 WG37.5g/hm²	51.03	d	50.00	94.71	76.82	d
60%苄嘧磺隆 WG56.25g/hm²	66.90	c	100.00	100.00	87.50	b
60%苄嘧磺隆 WG75g/hm²	75.86	b	100.00	100.00	90.89	ab
60%苄嘧磺隆 WG112.5g/hm²	82.07	a	100.00	100.00	93.23	a
10%苄嘧磺隆 WP300 g/hm²	55.86	d	100.00	99.12	82.81	c

2.3　药后 35d 的鲜重防效

药后 35d，60%苄嘧磺隆 WG 对移栽稻田一年生阔叶杂草的鲜重防效较好且随剂量的增加而提高。37.5g/hm²、56.25g/hm²、75g/hm² 的低、中、高剂量对矮慈姑的鲜重防效分别为 62.73%、81.28%、86.49%，各处理间均有显著性差异；对照药剂的鲜重防效为 74.01%，显著高于低剂量但显著低于中剂量。对空心莲子草的鲜重防效，仅低剂量为 56.90%，其余各处理的鲜重防效均达到 100.00%，对照药剂的鲜重防效也为 100.00%。对紫萍的防效也较高，低剂量的鲜重防效为 85.61%，中、高剂量的鲜重防效均为 100.00%，对照药剂的鲜重防效为 96.03%。对总草的鲜重防效分别为 63.09%、81.60%、86.73%，各处理间均有显著性差异。对照药剂的鲜重防效为 74.41%，显著高于低剂量但显著低于中剂量的防效（表3）。

表 3　60％苄嘧磺隆 WG 药后 35d 对移栽稻田一年生阔叶杂草的鲜重防除效果

处理	矮慈姑		水花生	紫萍	总草	
	防效（％）	差异显著性	防效（％）	防效（％）	防效（％）	差异显著性
60％苄嘧磺隆 WG37.5g/hm²	62.73	e	56.90	85.61	63.09	e
60％苄嘧磺隆 WG56.25g/hm²	81.28	c	100.00	100.00	81.60	c
60％苄嘧磺隆 WG75g/hm²	86.49	b	100.00	100.00	86.73	b
60％苄嘧磺隆 WG112.5g/hm²	91.81	a	100.00	100.00	91.95	a
10％苄嘧磺隆 WP300g/hm²	74.01	d	100.00	96.03	74.41	d

表 4　60％苄嘧磺隆 WG 防除移栽稻田一年生阔叶杂草试验测产结果

处　理	有效穗（穗/0.25m²）	实粒数（粒/穗）	千粒重（g/1 000 粒）	理论产量（kg/hm²）
60％苄嘧磺隆 WG37.5g/hm²	86.0	89.3	25.9	7 952.52ab
60％苄嘧磺隆 WG56.25g/hm²	85.8	90.8	25.7	7 988.87ab
60％苄嘧磺隆 WG75g/hm²	88.0	92.0	24.8	8 020.22ab
60％苄嘧磺隆 WG112.5g/hm²	90.3	90.9	24.5	8 037.19a
10％苄嘧磺隆 WP300g/hm²	88.3	89.1	25.3	7 948.47ab
清水对照	90.0	90.7	24.3	7 944.46ab
人工除草	87.0	88.8	25.0	7 724.54b

注：表中数据为 4 次重复的平均值。

2.4　对作物安全性

田间目测与测产结果均表明，60％苄嘧磺隆 WG 对水稻安全，所示范的药量范围内未发生药害。

3　小结

3.1　60％苄嘧磺隆 WG 防治水稻田一年生阔叶杂草有较好的防除效果（表 4），60％苄嘧磺隆 WG56.25g/hm² 处理药后 35d 防除效果达 81.6％。建议生产上应用 60％苄嘧磺隆 WG 以 56.25～75g/hm² 为宜。

3.2　60％苄嘧磺隆 WG 对水稻安全，所试验的药量范围内未发生药害。

15％炔草酸ME防除小麦田看麦娘、硬草药效试验

宋邦兵[1]，吕卫东[1]，成晓松[2]，仇广灿[2]，赵　阳[3]

（1. 江苏省滨海县植保植检站，224500；2. 盐城市盐都区病虫测报站，224001；
3. 盐城市植保植检站，224002）

盐城市地处苏北沿海，常年种植小麦23万 hm² 左右，其中禾本科杂草以看麦娘、硬草为优势种群。15％炔草酸ME是杭州宇龙化工有限公司最新开发的小麦田新型除草剂，为了明确其对小麦田看麦娘、硬草的防除效果、使用技术及对小麦的安全性，2007年春季，我们对15％炔草酸ME进行了田间小区药效试验，现将试验情况报告如下：

1　材料与方法

1.1　供试药剂

15％炔草酸ME，杭州宇龙化工有限公司提供；

15％炔草酸WP，瑞士先正达作物保护有限公司产品。

1.2　试验设计和方法

防除看麦娘试验在盐都区潘黄镇野丁村二组进行，供试品种为扬麦158，于2007年2月15日施药一次，施药时看麦娘5.9叶，单株分蘖3.1个，小麦处于分蘖期，6.8叶，单株分蘖2.5个。防除硬草试验在盐城市开发区二墩村五组进行，供试品种为郑麦9023，于2007年3月8日施药，施药时硬草6.7叶，单株分蘖4.2个，小麦7.2叶，单株分蘖2.8个。

试验设15％炔草酸ME 300ml/hm²、450ml/hm²、600ml/hm²和900ml/hm²，15％炔草酸WP 300g/hm²，空白对照，共6个处理。小区面积20m²，重复3次，随机区组排列，用水量600kg/hm²，用卫士WS-16型手动喷雾器常规喷雾（扇形喷头，工作压力0.2～0.4 MPa，流量0.36～0.48 L/min）。

1.3　气象资料

潘黄野丁村点2月15日施药当天晴，东南风3～4级，平均气温2.7℃，最高气温7.7℃，最低气温-3.3℃，相对湿度68％。试验期间（2月16日至3月16日）平均气温17.1℃，最高气温27.5℃，最低气温5.2℃，施药后10d内雨日4d（2月16日、2月17日、2月18日和2月25日，降雨量分别为3.3mm、7.5mm、1.7mm和1.2mm）。

开发区二墩点3月8日施药当天晴，平均气温4.2℃，最高气温9.4℃，最低气温-0.8℃。试验期间（3月8～17日）平均气温6.3℃，最高气温13.3℃，最低气温-1.8℃，施药后10d内雨日4d（3月13～16日降雨量分别为0.0mm、1.2mm、7.8mm和0.2mm）。

212

1.4 药效调查

潘黄野丁村点于施药后 25d、50d 分别调查残留杂草枝数，施药后 50d 时同时调查杂草鲜草重。开发区二墩点于施药后 20d、45d 调查残留杂草枝数，45d 时同时调查杂草鲜草重。每小区均调查 5 个点，每点 0.11m²，分别计算枝防效和鲜重防效。

1.5 安全性考察

施药后两点均不定期的观察小麦生长发育情况。其中开发区二墩点于施药后 50d（小麦孕穗期）每小区调查 50 株小麦，测量其株高。

2 结果与分析

2.1 除草效果

2.1.1 对看麦娘的防除效果

试验结果表明，15%炔草酸 ME 对小麦田看麦娘具有良好的防除效果，15%炔草酸 ME450ml/hm² 施药后 25d 的防除效果即达 81.31%，极显著高于 15%炔草酸 ME300ml/hm²、15%炔草酸 WP300g/hm² 处理，与 15%炔草酸 ME600ml/hm²、900ml/hm² 处理相当，速效性明显优于 15%炔草酸 WP300g/hm² 处理；施药后 50d 调查，15%炔草酸 ME450ml/hm² 处理的枝防效和鲜重防效均和 15%炔草酸 ME600ml/hm² 处理相当，差异不显著，显著优于 15%炔草酸 WP300g/hm² 的处理（表 1）。

表 1 15%炔草酸 ME 对看麦娘的防除效果　　　　　　　　（2007 年，盐城）

处理	用药量 g·ml/hm²	药后 25d		药后 50d			
		枝数	枝防效%	枝数	枝防效%	鲜重 g	鲜重防效%
炔草酸 ME	300	111.33	76.90c　C	50.00	89.52 c B	46.8	87.32 b B
	450	89.67	81.31ab AB	6.33	98.65 b A	4.5	98.78 a A
	600	90.00	81.24b　ABC	8.67	98.16 abA	6.6	98.20 a A
	900	69.67	85.49a　A	0.0	100.00a A	0.0	100.00a A
炔草酸 WP	300	108.33	77.43c　BC	46.00	90.36c　B	46.1	87.5　b B
CK		480.67		476.67		369	

2.1.2 对硬草的防除效果

试验结果表明，15%炔草酸 ME 对硬草也具有良好的防除效果。施药后 20d 调查，15%炔草酸 ME 300ml/hm²、450ml/hm²、600ml/hm²、900ml/hm² 处理的枝防效分别为 92.22%、93.52%、97.62% 和 100%；施药后 45d 调查，枝防效分别为 95.53%、99.74%、100%、100%，鲜重防效分别为 97.05%、99.90%、100%、100%。15%炔草酸 ME 300ml/hm² 和 15%炔草酸 WP300g/hm² 处理间表现基本一致（表 2）。

表2　15%炔草酸 ME 对硬草的防除效果　　　　　（2007 年，盐城）

处理	用药量 $g \cdot ml/hm^2$	药后 20d		药后 45d			
		枝数	枝防效%	枝数	枝防效%	鲜重 g	鲜重防效%
炔草酸 ME	300	36.33	92.22	17.67	95.53	9.0	97.05
	450	30.00	93.52	1.33	99.74	0.3	99.90
	600	11.00	97.62	0.00	100.00	0.0	100.00
	900	0.00	100.00	0.00	100.00	0.0	100.00
炔草酸 wp	300	44.67	90.50	10.67	97.37	2.6	99.15
CK		463		380		305.2	

2.2　对小麦的安全性

根据施药后观察，15%炔草酸 ME 300ml/hm²、450ml/hm²、600ml/hm² 处理区小麦生长基本正常，未见明显药害症状；开发区二墩点于施药后 30d 调查，15%炔草酸 ME 300ml/hm²、450ml/hm²、600ml/hm² 处理区小麦株高分别为 58.8 cm、58.5 cm、56.1cm，略矮于对照区。但 15%炔草酸 ME900ml/hm² 处理对小麦的株高影响较为明显，株高仅 51.0 cm，比对照区矮 7.4cm。

3　小结与讨论

3.1　试验结果表明，15%炔草酸 ME450ml/hm² 春季用药对小麦田看麦娘、硬草均具有良好的防除效果，并且速效性较好。但继续增加用药量，防效增加不明显。

3.2　15%炔草酸 ME 春季用药量在 600ml/hm² 以下，对小麦安全性较好，但用量达 900ml/hm² 时，小麦株高下降明显，安全性降低。

3.3　开发区二墩点施药时气温高于潘黄野丁村点，15%炔草酸 ME 对硬草的速效性好于对看麦娘的效果。气温高，是否有利于 15%炔草酸药效的发挥，有待于进一步试验研究。

20%氯氟吡氧乙酸EC防除水田畦畔空心莲子草药效试验

张秀成[1]，朱志良[1]，宋邦兵[1]，王永青[1]，郭庆海[1]，吕卫东[1]，
徐国亮[2]，宋永祥[2]，张志松[3]

（1. 江苏省滨海县植保植检站，224500；2. 滨海县振东乡农业服务中心，224544；
3. 滨海县蔡桥镇农业服务中心，224531）

近3年，滨海县水稻直播面积逐渐扩大，生育期相对偏迟，同时部分地区空心莲子草由沟渠向水稻田埂蔓延，甚至有少量侵入直播稻田，为明确20%氯氟吡氧乙酸EC对空心莲子草的防除效果及其使用技术，我们于2008年开展本项试验，以评价其推广应用前景。

1 材料与方法

1.1 供试药剂

试验药剂：20%氯氟吡氧乙酸EC，南京第一农药集团有限公司生产；

对照药剂：20%使它隆EC（通用名：氯氟吡氧乙酸），美国陶氏益农公司生产。

1.2 试验设计与安排

20%氯氟吡氧乙酸EC　50ml/667m²；

20%氯氟吡氧乙酸EC　60ml/667m²；

20%氯氟吡氧乙酸EC　70ml/667m²；

20%氯氟吡氧乙酸EC　120ml/667m²；

20%使它隆EC　60ml/667m²；

空白对照。

共设6个处理，4次重复，每小区面积4m²，随机区组排列。

1.3 试验地概况

本试验地点位于滨海县振东乡滨东村，土壤属盐土类壤性轻盐土，pH值为8.12，有机质含量1.62g/kg、土壤肥力中上等。上年使用过百草枯。试验小区设在水田畦畔，田间种植直播水稻，品种为淮稻5号，于6月9日人工撒播。

1.4 施药时间和方法

在2008年6月26日下午施药，此时正值水稻分蘖期，空心莲子草进入生长旺盛期，茎叶喷雾，利农HD400型喷雾器、压力45Pa、喷射速率610ml/min。施药时未喷至水稻。

1.5　气象资料

施药当天多云，南风，风速为 3.5m/s，最高气温 27.3℃，最低气温 18.8℃，平均气温 22.8℃，相对湿度 86%。施药前 10d 内平均气温 22.28℃，雨日 7d，降水量 96.9mm，药后 10d 内平均气温 25.73℃，雨日 4d，降水量 121.5mm。

1.6　调查时间和方法

药前调查发生基数，用药后 5d 调查株防效，药后 40d 调查最终株防效和最终鲜重防效。每小区查 4 点，每点查 0.25m²。

药效计算方法：

依据《除草剂防治非耕地田间药效试验准则》GB/T 17980.51 - 2000

防治效果（%）=（1 - 施药区残存的杂草鲜重/对照区存活的杂草鲜重）×100

1.7　对水稻安全性调查

于振东乡滨东村、东坎镇桃李村、蔡桥镇三岔村等地多点于直播田喷施，施药时间分别在 2008 年 7 月 17 日、7 月 27 日和 8 月 1 日，施药小区 20m²，用药量 60 ml /667m²，对水量 30L/667m²，药后观察水稻变化，并选代表性点测产。

2　结果与分析

2.1　对空心莲子草防除效果

20% 氯氟吡氧乙酸 EC 防除空心莲子草具有较好的控草效果。药后 15d，各药剂处理株防效相近，均在 95% 以上，试验药剂各处理与对照药剂处理间差异均不显著。药后 40d，株防效仍在 90% 以上，鲜重防效达 97%，低剂量、中剂量、高剂量处理，均和对照药剂处理间差异不显著（表 1 ~ 表 4）。

2.2　对水稻安全性

根据田间观察，施药后第二天水稻即出现明显的灼伤斑，并表现植株矮化，分蘖比正常植株矮约 1/3，茎秆由下至上逐渐变细，有效穗明显减少。对东坎镇桃李村试验点水稻测产，结果表明，有效穗、每穗实粒数和千粒重分别比对照减少 12.73%、1.60% 和 1.52%，产量下降 15.4%。

表 1　20% 氯氟吡氧乙酸 EC 防除水田畦畔空心莲子草施药后 15d 株防效

药剂处理	药前基数（株/m²）	株防效（%）	差异显著性
20% 氯氟吡氧乙酸 EC50ml/667m²	154.5	95.767	aA
20% 氯氟吡氧乙酸 EC60ml/667m²	154.75	96.713	abA
20% 氯氟吡氧乙酸 EC70ml/667m²	157	98.303	bA
20% 氯氟吡氧乙酸 EC120ml/667m²	154.5	98.432	bA
20% 使它隆 EC60ml/667m²	155.5	97.664	abA
CK	155.25		

表2　20%氯氟吡氧乙酸EC防除水田畦畔空心莲子草施药后40d株防效

药剂处理	株防效（%）	差异显著性
20%氯氟吡氧乙酸 EC50ml/667m²	90.0156	aA
20%氯氟吡氧乙酸 EC60ml/667m²	90.8548	aA
20%氯氟吡氧乙酸 EC70ml/667m²	91.8873	aAB
20%氯氟吡氧乙酸 EC120ml/667m²	93.0384	bB
20%使它隆 EC60ml/667m²	90.3528	aA
CK		

表3　20%氯氟吡氧乙酸EC防除水田畦畔空心莲子草施药后40d鲜重防效

药剂处理	鲜重防效（%）	差异显著性
20%氯氟吡氧乙酸 EC50ml/667m²	97.0126	aA
20%氯氟吡氧乙酸 EC60ml/667m²	97.0345	aA
20%氯氟吡氧乙酸 EC70ml/667m²	97.1937	aAB
20%氯氟吡氧乙酸 EC120ml/667m²	97.5136	bB
20%使它隆 EC60ml/667m²	96.9136	aA
CK		

表4　20%氯氟吡氧乙酸EC防除水稻田空心莲子草安全性试验

处理	有效穗（穗/0.25m²）	实粒数（粒/穗）	千粒重（g/1 000粒）	理论产量（kg/hm²）
施药区	58.25	77	25.9	4 646.719
CK	66.75	78.25	26.3	5 494.7933

3　结论与建议

20%氯氟吡氧乙酸EC防除空心莲子草具有较好的控草效果，建议20%氯氟吡氧乙酸EC防除水田畦畔空心莲子草用量50~60ml/667m²，用药时期在杂草生长旺盛期为佳。

需要注意的是，液药漂移至水稻，可致药害。如防除近水稻田畔的空心莲子草，喷药时注意风向，勿将药液漂移至水稻上，特别是在水稻拔节前后使用应定向喷雾，空心莲子草植株较高的可先对杂草予以镇压，然后再喷药。

3.6％阔世玛 WG 防除小麦田杂草药效试验

许　祥[1]，李　瑛[2]，梅爱中[2]，仲凤翔[2]，邰德良[2]

（1. 江苏省东台市金东台农场，224200；2. 东台市植保植检站，224200）

3.6％阔世玛 WG（通用名：甲基二磺隆·甲基碘磺隆钠盐）是拜耳作物科学公司生产的麦田除草剂，为明确该药剂对麦田中主要禾本科杂草和阔叶杂草的防治效果、最佳用药时间及药剂对作物的安全性，2007 年，我们在小麦田进行了杂草防除试验，取得了比较好的效果，现报告如下：

1　材料与方法

1.1　供试药剂

3.6％阔世玛 WG，拜耳作物科学公司生产并提供；

伴宝（Biopwer S）（安全助剂，与药剂捆绑销售）。

1.2　处理设置

3.6％阔世玛 WG 15g + 伴宝 60g/667m^2，冬前用药；

3.6％阔世玛 WG 20g + 伴宝 80g/667m^2，冬前用药；

3.6％阔世玛 WG 20g + 伴宝 80g/667m^2，春季用药；

3.6％阔世玛 WG 25g + 伴宝 100g/667m^2，春季用药；

清水对照。

试验共 5 个处理，3 次重复，随机区组排列，小区面积 45m^2。

1.3　施药时间与方法

冬前防除，于 2006 年 12 月 10 日施药；春季防除，于 2007 年 3 月 8 日施药。按设计施用剂量，采用工农－16 型喷雾器配 ¢1mm 喷孔喷片，每 667m^2 对水 30kg 全田茎叶喷雾。

1.4　试验区基本情况

试验安排在东台市安丰镇一场村丁桂兵承包田内进行，小麦品种为扬辐麦 2 号。田间单、双子叶杂草混生，冬前施药时，小麦 2.5 叶龄，以硬草为主的禾本科杂草占总草数的 28.92％，1～1.5 叶龄；双子叶杂草以繁缕和猪殃殃为主，子叶平展，其中，繁缕占总草数 62.95％，猪殃殃占总草数的 8.13％。施药时天气晴，当天平均气温 4.4（0～8.0）℃，施药后一周内除药后次日有小雨外，其余晴到多云，日最低气温基本维持 0℃以上。春季用药时，天气晴好，当天平均气温 7.0℃，药后 5d 内均为晴好天气。小麦 7.5 叶龄，禾本科杂草 7.5 叶；繁缕 6～7 叶，猪殃殃 6～7 轮叶。

218

1.5 调查内容及方法

1.5.1 安全性调查

施药后不定期观察作物对药剂的反应，观察药害症状和药害比率，分析药剂对麦苗生长的影响。成熟前测产，分析药剂对小麦产量的影响。

1.5.2 除草效果调查

施药前调查杂草基数，每小区随机取 5 点，每点查 0.11m²，分别记载杂草种类和株数。冬前用药后 90d，调查药剂对杂草的株防效；冬前用药后 130d 或春季用药后 45d，一次性调查杂草残留情况，测定杂草鲜重，计算最终株防效和鲜重防效。

2 结果与分析

2.1 对作物的安全性

施药后不定期观察，阔世玛冬前使用，药后 20d 左右小麦叶色明显偏淡，随着麦苗生长，逐步恢复正常；春季用药，各处理区小麦生长正常，没有出现明显的药害症状。成熟期考察，药剂处理区小麦平均亩产 427.4kg，比对照区增产 6.66%。

2.2 除草效果

2.2.1 对禾本科杂草防除效果

冬前防除，药后 20d 观察，施药区禾本科杂草生长缓慢，叶色偏淡。药后 45d 观察，施药区禾本科杂草生长停止，叶片黄化，并出现死草现象。药后 90d 调查，3.6% 阔世玛 WG 15、20g 处理区，平均株防效分别为 90.87% 和 94.18%。药后 130d 调查，平均株防效分别为 92.54% 和 94.93%，鲜重防效分别为 93.09% 和 95.58%。

春季防除，株防效和鲜重防效均明显不及冬前用药。药后 15d 观察，施药区禾本科杂草均表现植株矮小，生长量不足。药后 45d 调查，3.6% 阔世玛 WG 20、25g 处理区平均株防效分别为 67.78% 和 74.46%，鲜重防效分别为 84.20% 和 91.46%，其中，阔世玛 WG 20g 处理区，株防效和鲜重防效分别比冬前用药低 27.15 和 11.39 个百分点（表1）。

表1 阔世玛对麦田禾本科杂草防除效果　　　　　　　　（2007 年，东台）

处　　　理	冬前基数（株/1.67m²）	药后 90d		药后 130d（春季药后 45d）			
		数量（春季基数）	株防效（%）	数量	鲜重（g）	株防效（%）	鲜重防效（%）
阔世玛 15g + 伴宝 60ml 冬用	742	121	90.87	101	26.3	92.54	93.09
阔世玛 20g + 伴宝 80ml 冬用	702	73	94.18	65	15.9	94.93	95.58
阔世玛 20g + 伴宝 80ml 春用	664	1 188	—	391	53.9	67.78	84.20
阔世玛 25g + 伴宝 100ml 春用	868	1 077	—	281	26.4	74.46	91.46
清水对照	809	1 445	—	1 476	414.8	—	—

2.2.2　对繁缕防除效果

　　冬前防除，药后 20d，施药区繁缕表现中毒症状；药后 45d，繁缕停止生长，叶片黄化，并出现死草。药后 90d 调查，3.6% 阔世玛 WG 15、20g 处理区，平均株防效分别达 90.84% 和 94.14%；药后 130d，平均株防效分别为 98.70% 和 99.24%，鲜重防效分别为 99.62% 和 99.83%。方差分析，3.6% 阔世玛 WG 15、20g 防除效果差异不显著。

　　春季防除，药后 15d，施药区杂草表现叶片黄化等中毒症状。药后 45d 调查，3.6% 阔世玛 WG 20、25g 处理区，平均株防效 83.13% 和 87.31%，鲜重防效分别为 87.44% 和 91.08%，春季用药效果明显不及冬前，20g 处理区株防效和鲜重防效分别比冬前低 16.11 和 12.39 个百分点（表 2）。

表 2　阔世玛对麦田繁缕防除效果　　　　　（2007 年，东台）

处　　理	冬前基数（株/1.67m²）	药后 90d		药后 130d（春季药后 45d）			
		数量（春季基数）	株防效（%）	数量	鲜重（g）	株防效（%）	鲜重防效（%）
阔世玛 15g + 伴宝 60ml 冬用	1 724	80	90.84	12	3.6	98.70	99.62
阔世玛 20g + 伴宝 80ml 冬用	1 717	51	94.14	7	1.6	99.24	99.83
阔世玛 20g + 伴宝 80ml 春用	1 553	711	—	127	96.6	83.13	87.44
阔世玛 25g + 伴宝 100ml 春用	1 604	871	—	117	84.1	87.31	91.08
清水对照	1 642	832	—	881	900.1	—	—

2.2.3　对猪殃殃防除效果

　　冬前防除，由于气温较低，药效发挥较慢，药后 20d 观察，施药区阔叶杂草均表现中毒状态，植株生长缓慢，叶色退淡。药后 40d 观察，施药区阔叶杂草生长停止，叶片黄化，并出现死草现象。药后 90d 调查，3.6% 阔世玛 WG 15、20g 处理区，平均株防效尚能达到 94.98% 和 97.35%。但由于春后出草和残草春季复苏，致使株防效明显下降，药后 130d 调查，株防效仅为 62.93% 和 69.51%，鲜重防效分别为 54.85% 和 63.43%（表 3）。

表 3　阔世玛对麦田猪殃殃防除效果　　　　　（2007 年，东台）

处　　理	冬前基数（株/1.67m²）	药后 90d		药后 130d（春季药后 45d）			
		数量（春季基数）	株防效（%）	数量	鲜重（g）	株防效（%）	鲜重防效（%）
阔世玛 15g + 伴宝 60ml 冬用	206	36	94.98	349	145.2	62.93	54.85
阔世玛 20g + 伴宝 80ml 冬用	206	19	97.35	287	117.6	69.51	63.43
阔世玛 20g + 伴宝 80ml 春用	229	717	—	175	43.3	81.41	86.54
阔世玛 25g + 伴宝 100ml 春用	210	738	—	139	22.1	85.65	93.32
清水对照	214	745	—	978	334.1	—	—

　　春季防除，药效发挥较快，总体防除效果好于冬前用药。药后 15d 观察，施药区阔叶杂草均表现生长受到抑制、叶片黄化，药后 45d 调查，3.6% 阔世玛 WG 20、25g 处理区，平均株

防效 81.41% 和 85.65%，鲜重防效 86.54% 和 93.32%，20g 处理区株防效和鲜重防效分别比冬前高 11.89 和 23.10 个百分点。

3　小结与讨论

3.1　3.6% 阔世玛 WG 对麦田繁缕、猪殃殃等阔叶杂草和硬草等禾本科杂草都具有较好的防除效果，对小麦有轻微药伤，但对小麦产量没有影响，这一点与近几年的试验结果一致，可以进一步扩大示范。

3.2　3.6% 阔世玛 WG 对繁缕、硬草等麦田杂草的防除效果，冬前用药明显优于春季用药，但对猪殃殃的防除效果，春季用药效果好于冬前。主要原因与杂草的出草时间有关，繁缕、硬草等杂草多在冬前完全萌发，而猪殃殃除冬前有一个出草高峰外，春季还有第二个出草高峰，因此，生产上应根据田间主体草相，合理确定用药时间。

3.3　3.6% 阔世玛 WG 防除麦田繁缕、硬草等杂草，建议用药量为：冬前 $15 \sim 20\text{g}/667\text{m}^2$；春季 $20 \sim 25\text{g}/667\text{m}^2$。

3.4　3.6% 阔世玛 WG 防除麦田猪殃殃等杂草，建议在春季进行，用药量为 $20 \sim 25\text{g}/667\text{m}^2$。

15%麦极WP防除小麦田禾本科
杂草田间药效示范试验

单丽丽[1]，顾晓霞[1]，王维新[2]，王家东[1]，姚亮亮[1]，淤　萍[1]

（1. 江苏省阜宁县植保植检站，224400；2. 阜宁县三灶镇农业办公室，224402）

15%麦极（炔草酯）WP是先正达（中国）投资有限公司开发的防除小麦田禾本科杂草的苗后除草剂，为探索其对小麦田禾本科杂草的杀草速度和防除效果及对小麦的安全性，2007年3月份阜宁县植保植检站对其实施了示范试验，取得了较好的效果，现将示范试验结果报告如下。

1　材料与方法

1.1　供试药剂

15%麦极WP（先正达中国投资有限公司提供）；

6.9%精口恶唑禾草灵EW（商品名：骠马）（拜耳作物科学有限公司生产，市售）。

1.2　处理及方法

示范设每667m² 用15%麦极WP30g、6.9%骠马EW100ml、不用药（对照）3个处理，不设重复，药剂处理小区面积800m²，空白对照区面积33m²，示范田总面积1 633m²。

1.3　示范地环境

示范点设在阜宁县阜城镇城南村五组一农户责任田中，为稻麦连作田，小麦品种为淮麦18，种植方式为稻套麦，2006年10月3日播种，示范田草相主要为看麦娘，示范时小麦处于5叶1心期，长势良好，看麦娘4叶1心期，示范小区看麦娘总草密度幅度在305～357株/m²，田间施肥管理水平一致；示范地土壤质地粘性，有机质含量中等，pH值为7.9。

1.4　气象资料

2007年3月9日下午施药，当日晴天，微风，平均气温7.0℃，最高气温13.1℃，最低气温0.6℃。示范期间（2007年3月9日至5月9日），平均气温14.3℃，最高气温31.3℃，最低气温−4.3℃，降水量467mm。

1.5　调查与记载

1.5.1　安全性调查

施药后10d、20d和40d目测各药剂处理区小麦生长情况，观察有无药害现象发生，如有描述药害症状和记载药害率（CK＝0），并系统观察药害最终表现。

222

1.5.2 看麦娘中毒状况调查

施药后 5d、7d、14d 采用目测法调查杂草中毒状况。

1.5.3 药效调查方法

每小区 3 点取样（定点），每点 0.33m²，药前调查看麦娘基数，药后 15d 和 60d 分别调查看麦娘残存株数，60d 同时加测其地上部鲜重。

2 结果与分析

2.1 安全性调查结果

药后 10d、20d 和 40d 调查显示，药剂处理区和空白对照处理区麦苗生长状况一致，无药害现象。

2.2 看麦娘中毒状况

施药后 5d 目测杂草无明显变化，药后 7d 看麦娘叶色变浅且生长停滞，药后 14d 中毒症状更为显著，整个植株枯黄，无任何生长迹象。

表 15% 麦极 WP 防除小麦田禾本科杂草——看麦娘的除草效果（2007 年，阜宁）

处理	药前基数	药后 15d			药后 60d				
		残株	防效	校正防效	残株	防效	校正防效	鲜重	鲜重防效
15% 麦极 WP30	357	153	57.14	84.22	111	68.91	92.51	54.40	93.64
6.9% 骠马 EW100	305	133	56.39	83.94	64	71.80	93.21	40.40	95.30
CK	306	831	-170.95	—	1 271	-315.36	—	889.70	—

注：表格中数据单位分别为：g·ml/667m²、株/m²、g/m²、%。

2.3 除草效果

由表可知，药后 15d，用 15% 麦极 WP30g/667m² 处理对看麦娘的校正株防效为 84.22%，6.9% 骠马 EW100ml/667m² 处理对看麦娘的校正株防效为 83.94%；药后 60d，用 15% 麦极 WP30g/667m² 处理对看麦娘的校正株防效为 92.51%，鲜重防效为 93.64%；6.9% 骠马 EW100ml/667m² 处理对看麦娘的校正株防效为 93.21%，鲜重防效为 95.30%。

3 小结与讨论

3.1 15% 麦极 WP30g/667m²，在小麦田使用安全，无药害现象发生。

3.2 15% 麦极 WP 对小麦田禾本科杂草看麦娘具有杀草速度快、防除效果好等特点，30g/667m² 处理药后 60d 株防效，鲜重防效均与 6.9% 骠马 EW100ml/667m² 处理防效相当。

3.3 15% 麦极 WP 对小麦田禾本科杂草应用适期为小麦 3 叶期后至拔节前，禾本科杂草 4~8 叶期。从经济有效角度出发，15% 麦极 WP 防除小麦田看麦娘春用推荐使用剂量为 30g/667m²。

阿克泰等药剂防治水稻
褐飞虱药效对比试验

王遐务，王玉国，曹恒勇，姚亮亮，淤　萍
（江苏省阜宁县植保植检站，224400）

2006 年水稻七（4）代褐飞虱特大发生，且具有卵孵化不整齐，低龄若虫盛发期长的特点。为验证和比较 25％阿克泰等不同作用机理药剂对褐飞虱防治效果，2006 年 9 月份阜宁县植保植检站在七（4）代褐飞虱发生期间，组织实施了田间小区药效试验，现将试验结果总结如下。

1　材料与方法

1.1　供试药剂

共计 8 个药种：①25％阿克泰 WG（通用名：噻虫嗪）（瑞士先正达作物保护有限公司生产）；②25％川珊灵 WP（通用名：噻嗪酮）（江苏灶星农化有限公司生产）；③10％绿丰园 WP（通用名：吡虫啉）（江苏省盐城利民农化有限公司生产）；④48％锐煞 EC（通用名：毒死蜱）（江苏托球农化有限公司生产）；⑤80％锐劲特 WG（通用名：氟虫腈）（拜耳作物科学公司生产）；⑥5％锐劲特 SC（通用名：氟虫腈）（拜耳作物科学公司生产）；⑦50％敌敌畏 EC（南通江山农药化工股份有限公司生产）；⑧10％杀敌灵 SC（通用名：醚菊酯）（江苏辉丰农化股份有限公司生产）。

1.2　试验设计

共设 12 个处理：①25％阿克泰 WG4g（每 667m² 施用量，下同）；②25％川珊灵 WP40g；③10％绿丰园 WP60g；④48％锐煞 EC80ml；⑤5％锐劲特 SC16ml + 48％锐煞 EC80ml；⑥80％锐劲特 WG1g + 48％锐煞 EC80ml；⑦5％锐劲特 SC48ml；⑧80％锐劲特 WG3g；⑨50％敌敌畏 EC125ml + 48％锐煞 EC40ml；⑩50％敌敌畏 EC250ml；⑪10％杀敌灵 SC60ml；⑫CK。各处理不设重复，小区面积 50m²，计 12 个小区。

1.3　试验方法

试验地点设在阜宁县阜城镇城南村一农户水稻田中，供试品种为武育粳 3 号，育秧方式为旱育秧，6 月 20 日移栽，长势良好。本试验施药日期为 9 月 11 日，此时正值七（4）代水稻褐飞虱低龄若虫始盛期。采用卫士牌 WS - 16 型背负式手动喷雾器按每 667m² 药量对水 50kg 均匀喷雾，用药时田间保持浅水层 5～7d。

1.4　调查方法

于药前调查虫口基数，药后 1d、3d、7d 调查残留虫量；每小区采用平行跳跃法调查 10

点，每点 10 穴，计查 100 穴。根据查获虫量，计算出杀虫效果，详见下表。

表　25%阿克泰等不同药剂防治水稻褐飞虱效果　　　　　　　（2006 年，阜宁）

处理	药前基数 （头/百穴）	药后 1d		药后 3d		药后 7d	
		残虫量 （头/百穴）	防效 （%）	残虫量 （头/百穴）	防效 （%）	残虫量 （头/百穴）	防效 （%）
（1）	1 733	613	70.87	591	77.69	2 021	63.90
（2）	2 611	1 594	49.72	1 700	57.40	2 842	66.30
（3）	1 969	2 098	12.25	1 669	44.54	2 357	62.94
（4）	2 603	732	76.84	668	83.21	1 805	78.53
（5）	2 305	711	74.60	439	87.54	1 455	80.46
（6）	2 024	528	78.69	439	85.92	991	84.96
（7）	2 754	2 255	32.57	2 224	47.16	1 860	79.09
（8）	2 940	2 468	30.87	2 159	51.95	1 130	88.10
（9）	1 940	705	70.07	802	72.95	1 693	72.98
（10）	2 109	873	65.91	932	71.08	2 609	61.70
（11）	2 300	933	66.59	1 048	70.18	2 154	71.01
（12）	2 548	3 094	—	3 894	—	8 230	—

注：（1）25%阿克泰 WG4g（每 667m² 施用量，下同）；（2）25%川珊灵 WP40g；（3）10%绿丰园 WP60g；（4）48%锐煞 EC80ml；（5）5%锐劲特 SC16ml +48%锐煞 EC80ml；（6）80%锐劲特 WG1g +48%锐煞 EC80ml；（7）5%锐劲特 SC48ml；（8）80%锐劲特 WG3g；（9）50%敌敌畏 EC125ml +48%锐煞 EC40ml；（10）50%敌敌畏 EC250ml；（11）10%杀敌灵 SC60ml；（12）CK。

2　结果与分析

由表可知，不同药剂处理对水稻褐飞虱低龄若虫防效差异较大。药后 1d 和 3d 以处理每 667m² 用 48%锐煞 EC80ml、5%锐劲特 SC16ml +48%锐煞 EC80ml 和 80%锐劲特 WG1g +48%锐煞 EC80ml 效果最好，药后 1d3 处理防效分别为 76.84%、74.60%和 78.69%；药后 3d3 处理防效分别为 83.21%、87.54%和 85.92%；其次是处理每 667m² 用 25%阿克泰 WG4g 其防效由药后 1d 的 70.87%上升到药后 3d 的 77.69%；处理每 667m² 用 50%敌敌畏 EC125ml +48%锐煞 EC40ml、50%敌敌畏 EC250ml、10%杀敌灵 SC60ml；药后 1d 和 3d 的防效接近，基本维持在 70%左右；处理每 667m² 用 25%川珊灵 WP40g、5%锐劲特 SC48ml、80%锐劲特 WG3g 药后 1d 和 3d 的防效幅度在 30.87%～57.40%；处理每 667m² 用 10%绿丰园 WP60g 药后 1d 和 3d 的防效最低，分别为 12.25%和 44.54%。药后 7d 以处理每 667m² 用 48%锐煞 EC80ml、5%锐劲特 SC16ml +48%锐煞 EC80ml、80%锐劲特 WG1g +48%锐煞 EC80ml、5%锐劲特 SC48ml 和 80%锐劲特 WG3g 效果较好，防效分别为 78.53%、80.46%、84.96%、79.09%和 88.10%，其他各处理防效幅度在 62.94%～72.98%。

3　小结与讨论

3.1　试验结果表明：25% 阿克泰等药剂对水稻褐飞虱的速效性快慢是锐劲特＋锐煞、锐煞、阿克泰等依次递减；持效期长短依次为锐劲特、锐劲特＋锐煞、杀敌灵等处理。

3.2　综合考虑，在水稻褐飞虱大暴发年份，为有效控制其为害，推荐使用锐劲特＋锐煞（毒死蜱）这个药剂配方，即每 $667m^2$ 用 5% 锐劲特 SC16ml（或 80% 锐劲特 WG1g）＋48% 锐煞（毒死蜱）EC80ml，在水稻褐飞虱低龄若虫盛发期使用，具有良好的防治效果，且药效期长，在褐飞虱大发生年份不仅可以快速降低虫量，而且成本也可以接受。

25%使百克EC防治水稻稻曲病药效试验

姚亮亮[1]，季克中[2]，曹恒勇[1]，王玉国[1]，淤　萍[1]

（1. 江苏省阜宁县植保植检站，224400；2. 阜宁县新沟镇农业办公室，224404）

25%使百克EC（咪鲜胺）是江苏辉丰农化股份有限公司生产的一种广谱性杀菌剂，对水稻稻瘟病和恶苗病防效较好，为验证其对水稻稻曲病田间防治效果，2006年8月份阜宁县植保植检站实施了25%使百克EC防治水稻稻曲病田间药效试验，现将试验结果报告如下。

1　材料与方法

1.1　供试药剂

25%使百克EC，江苏辉丰农化股份有限公司提供；
20%三环唑WP，江苏长青农化股份有限公司生产，市售；
5%井冈霉素AS，浙江钱江生物化学股份有限公司生产，市售。

1.2　试验处理与设计

试验共设6个处理，即处理1：25%使百克EC30ml/667m²；处理2：25%使百克EC40ml/667m²；处理3：25%使百克EC 50ml/667m²；处理4：20%三环唑WP100g/667m²；处理5：5%井冈霉素AS 200ml/667m²；处理6：清水对照（CK）。每处理重复3次，计18个小区，小区间随机排列，小区面积50m²。

1.3　试验方法

试验地点设在阜宁县阜城镇城南村一农户水稻田中，供试品种为武育粳3号，2006年8月28日用药，计1次，此时水稻正值破口期，采用卫士牌WS—16型背负式手动喷雾器按每667m²药量对水50kg均匀喷雾。

1.4　气象条件

施药当日天气晴朗，平均气温28.6℃，相对湿度84%，试验期间（8月28日至9月27日），平均气温26.2℃，降水量61.4mm。

1.5　调查方法

1.5.1　药效调查
在稻曲病病情稳定阶段，9月27日调查（药后30d左右），每小区随机调查100穗的病穗数和病粒数，并计算病穗防效和病粒防效。

1.5.2　产量测定
每小区随机剪取20穗，进行室内考种，计算每穗平均粒数、千粒重和每667m²理论产量，并计算增产效果。

2 结果与分析

2.1 对稻曲病防效

在稻曲病病情稳定阶段调查结果表明，在水稻破口期用 25% 使百克 EC40ml/667m^2、50ml/667m^2，对稻曲病的穗防效和粒防效均明显优于其他处理，其中 40ml/667m^2 处理病穗防效和病粒防效分别为 73.48% 和 80.80%；50ml/667m^2 处理病穗防效和病粒防效分别为 80.08% 和 86.65%（表 1）。

表 1　25% 使百克 EC 防治水稻稻曲病药效试验结果　（2006 年，阜宁）

处理	病穗数（个）	病穗防效（%）	差异显著性 0.05	差异显著性 0.01	病粒数（个）	病粒防效（%）	差异显著性 0.05	差异显著性 0.01
25% 使百克 EC 30ml/667m^2	9.67	38.10	b	B	10.33	66.98	c	B
25% 使百克 EC 40ml/667m^2	4.33	73.48	a	A	6.00	80.80	b	A
25% 使百克 EC 50ml/667m^2	3.33	80.08	a	A	4.00	86.65	a	A
20% 三环唑 WP 100g/667m^2	14.67	8.69	c	C	27.67	10.41	d	C
50% 井冈霉素 AS 200ml/667m^2	9.67	40.34	b	B	10.00	68.43	c	B
CK	16.00	—	—	—	31.00	—	—	—

注：表格中数据为三重复平均值。

2.2 对稻谷产量的影响

表 2　25% 使百克 EC 防治水稻稻曲病对稻谷增产效果　（2006 年，阜宁）

处理	实粒数（个/穗）	千粒重（g）	单产（kg/667m^2）	比 CK 增（%）
25% 使百克 EC 30ml/667m^2	122.00	26.13	665.73	0.41
25% 使百克 EC 40ml/667m^2	123.67	26.07	673.08	1.50
25% 使百克 EC 50ml/667m^2	123.67	26.23	677.42	2.13
20% 三环唑 WP 100g/667m^2	123.67	25.73	664.90	0.05
50% 井冈霉素 AS 200ml/667m^2	122.00	26.17	666.61	0.51
CK	121.33	26.17	662.94	—

注：表格中数据为三重复平均值。

从表 2 可以看出，25% 使百克 EC50ml/667m^2、40ml/667m^2、5% 井冈霉素 AS200ml/667m^2、25% 使百克 EC30ml/667m^2 和20% 三环唑 WP100g/667m^2 处理小区稻谷每667m^2 产量，比 CK 增产率依次为 2.13%、1.50%、0.51%、0.41%、0.05%，前两者仍优于其他各处理。

3 小结

试验结果表明，25% 使百克 EC 对水稻稻曲病具有良好的防治效果，且对水稻生长安全，于水稻破口期每 667m^2 用 40~50ml，不仅能有效控制水稻稻曲病，还能提高水稻产量、改善品质，可以在生产上大面积推广应用。

30%爱苗EC防治杂交稻制种田后期病害试验

淤 萍[1]，曹恒勇[1]，王玉国[1]，姚亮亮[1]，单丽丽[1]，季克中[2]

（1. 江苏省阜宁县植保植检站，224400；2. 阜宁县新沟镇农业办公室，224404）

30%爱苗EC（苯醚甲·丙环）是瑞士先正达作物保护有限公司生产的高效、广谱性杀菌剂，2006年8月份，阜宁县植保植检站对其进行了防治杂交稻制种田病害试验，现将试验结果报告如下。

1 材料与方法

1.1 供试药剂

30%爱苗EC，瑞士先正达作物保护有限公司提供；

20%井冈霉素WP，浙江钱江生物化学股份有限公司生产，市售；

17.5%多·烯唑WP，江苏省太仓市长江化工厂生产，市售。

1.2 试验地概况

试验地点设在阜宁县经济开发区黄舍村一农户杂交稻制种田中，品种为皖稻79，常年稻粒黑粉病、纹枯病、稻曲病等病害普遍发生。

1.3 试验设计

共设10个处理：①在纹枯病发病初期（8月1日；病丛率10%~15%）和破口初期（8月14日，破口5%），用30%爱苗EC15ml/667m² 各一次；②剑叶叶枕与倒二叶枕重叠（8月10日）和齐穗期（8月17日），用30%爱苗EC15ml/667m² 各一次；③破口初期和齐穗期，用30%爱苗EC15ml/667m² 各一次；④剑叶叶枕与倒二叶枕重叠，用30%爱苗EC20ml/667m² 一次；⑤剑叶叶枕与倒二叶枕重叠，用30%爱苗EC30ml/667m² 一次；⑥破口初期，用30%爱苗EC20ml/667m² 一次；⑦破口初期，用30%爱苗EC30ml/667m² 一次；⑧在纹枯病发病初期和破口初期，用20%井冈霉素WP30g/667m² 各一次；⑨破口初期和齐穗期，用17.5%多·烯唑WP35g/667m² 各一次；⑩清水对照。各处理重复3次，计30个小区，小区间随机区组排列，小区面积25m²。

1.4 土壤与天气条件

试验地土壤粘性，pH值为7.9，有机物含量中等，施药时田间保持有5cm左右浅水层一段时间。试验期间（8月1日至9月21日），平均气温23.5℃，降水量436.3mm。

1.5 调查时间与方法

1.5.1 水稻纹枯病药效调查

首次用药前，调查并记录病情基数，在末次施药后14d左右调查防效。采用对角线法，取样 5 点,每点固定 5 穴,共 25 穴,记录总株数,病株数和病级数。

1.5.2 稻粒黑粉病、稻曲病药效调查

在水稻收割前 5d(9 月 21 日),采用双平行线调查法,每小区调查 200 穴水稻,记载发病穴数,计算穴病率;再在调查穴病率中的各小区中随机取样 10 点,每点取 1 穴,记载总株数,计算病株率;将各处理的平均穴病率、株病率、粒病率分别与对照比较,计算出穴防效、株防效和粒防效。调查水稻纹枯病、稻粒黑粉病、稻曲病发病情况时,注意观察对其他病害的兼治作用。

1.5.3 对水稻生长影响的观察

观察该药剂是否对水稻植株产生药害,是否促进植株生长等。

1.5.4 对水稻产量影响的调查

在水稻收割前 5d(9 月 21 日),采用 5 点法,每点割 50 穴,进行测产,每点取 5 穴进行考种,调查结实率、千粒重;另外对比各处理间稻谷色泽。

2 结果与分析

表 1 30%爱苗 EC 对杂交稻制种田水稻纹枯病和稻粒黑粉病药效结果及方差分析

(2006 年,阜宁)

序号	处 理 (ml・g/667m²)	水稻纹枯病			水稻粒黑粉病			
		药前 病指	药后 病指	防效 (%)	株病率 (%)	株防效 (%)	粒病率 (‰)	粒防效 (%)
①	30%爱苗 EC15 (8/1+8/14)	0.39	0.84	88.83aA	60.06	28.34bcBCD	13.05	59.94cdBC
②	30%爱苗 EC15 (8/10+8/17)	0.70	2.94	78.84abcAB	35.81	57.77aA	5.34	83.91aA
③	30%爱苗 EC15 (8/14+8/17)	0.48	2.44	72.78bcAB	42.48	48.52aABC	8.66	73.22abcAB
④	30%爱苗 EC20 (8/10)	0.54	3.87	67.85Cab	45.62	45.84aABC	11.52	64.28bcdB
⑤	30%爱苗 EC30 (8/10)	0.24	1.28	70.02bcAB	37.68	55.60aA	7.40	77.03abAB
⑥	30%爱苗 EC20 (8/14)	0.35	2.24	62.77cB	61.09	26.81bcCD	14.67	55.06dBC
⑦	30%爱苗 EC30 (8/14)	0.72	4.07	69.34cAB	49.01	41.19abABC	9.40	70.93abcAB
⑧	20%井冈霉素 WP30 (8/1+8/14)	0.43	1.08	85.09abAB	69.71	16.44cD	19.96	38.29eC
⑨	17.5 多・烯唑 WP35 (8/14+8/17)	0.53	8.50	32.89dC	40.36	50.96aA	10.10	68.78bcdB
⑩	CK	0.65	12.78	—	83.82	—	32.43	—

注:表格中数据为 3 次重复平均值。

表2　30%爱苗EC在杂交稻制种田施用对稻谷测产结果　　　（2006年，阜宁）

序号	处理 （ml·g/667m²）	稻谷测产结果			
		单产 （kg/667m²）	增产率 （%）	结实率 （%）	千粒重 （g）
①	30%爱苗 EC15 （8/1 + 8/14）	127.97abAB	10.85	26.33bcAB	26.20 aA
②	30%爱苗 EC15 （8/10 + 8/17）	139.63aA	18.33	28.00aA	26.33 aA
③	30%爱苗 EC15 （8/14 + 8/17）	136.40abA	16.35	27.27abAB	26.30 aA
④	30%爱苗 EC20 （8/10）	132.77 abA	13.97	27.43 abAB	26.30 aA
⑤	30%爱苗 EC30 （8/10）	135.60 abA	15.57	27.53 abAB	26.43 aA
⑥	30%爱苗 EC20 （8/14）	132.93 abA	14.20	26.53 abAB	26.10 aA
⑦	30%爱苗 EC30 （8/14）	132.73 abA	13.52	27.27 abAB	26.57 aA
⑧	20%井冈霉素 WP30 （8/1 + 8/14）	126.90 bAB	10.08	25.60cBC	26.03 aA
⑨	17.5多·烯唑 WP35 （8/14 + 8/17）	132.70abAB	14.03	26.63bcAB	26.07 aA
⑩	CK	114.07cB	—	23.77dC	25.80 aA

注：表格中数据为3次重复平均值。

2.1　防病效果

2.1.1　对水稻纹枯病的防效

由表1可知，处理①30%爱苗 EC15ml/667m²（8/1 + 8/14用药）的防效最好，达88.83%；其次是处理⑧20%井冈霉素 WP30g/667m²（8/1 + 8/14用药），防效为85.09%，防治纹枯病用爱苗与用井冈霉素效果相当，且在纹枯病发病初期就开始使用爱苗，比推迟使用效果更好。

2.1.2　对稻粒黑粉病的防效

2006年试验田稻粒黑粉病发生较重，由表1看出，处理②30%爱苗 EC15ml/667m²（8/10 + 8/17用药）的防效最好，株防效和粒防效分别为57.77%和83.91%；其次是处理⑤30%爱苗 EC15ml/667m²（8/10用药）的防效，株防效和粒防效分别为55.60%和77.03%，这两个处理防效明显高于其他各处理。

2.1.3　对稻曲病和稻瘟病的防效

在结果调查时，均未查见稻曲病和稻瘟病病穗和病粒，且其他病害发生亦极零星。因此仅凭本试验结果无法验证该药剂对稻曲病、稻瘟病和其他病害的防治效果，有待进一步验证。

2.2　对水稻生长影响

本试验各处理区均未出现药剂对水稻的药害现象，且用爱苗药剂区植株剑叶青绿，稻谷黄亮。

2.3 对水稻产量影响

由表2可见，喷雾30%爱苗EC处理小区的结实率均在26%以上，比空白对照处理区要高2个百点以上，各药剂处理区千粒重差异则极小。此外，处理②30%爱苗EC15ml/667m² (8/10＋8/17用药) 单产最高，增产率为18.33%。

3 小结与讨论

试验结果表明，30%爱苗EC防治水稻纹枯病在发病初期和破口期用药（间隔15d左右）各用一次，每667m²用15ml，对纹枯病具有良好防效；防治稻粒黑粉病在水稻剑叶叶枕与倒二叶枕重叠和破口期各用一次，每667m²用15ml，具有极好的防效。30%爱苗EC在水稻杂交稻制种田施用能防治多种病害，且对水稻生长安全，增加结实率，提高谷粒光鲜度。从经济比较效益角度来看，在杂交稻制种田使用爱苗防治病害具有很好的推广前途。

高毒农药替代品种防治蔬菜地
甜菜夜蛾药效试验

高　源，孙艾萍，徐东祥，单丽丽，臧　铃

（江苏省阜宁县植保植检站，224400）

　　甜菜夜蛾近几年在江苏频繁大发生，严重威胁蔬菜作物的安全生产，且抗药性不断增强，广大菜农乱用药、滥用药非常严重，为维护人民的身体健康和安全，高毒农药替代品种防治十字花科蔬菜甜菜夜蛾已迫在眉睫。2005～2006 年在江苏省农药检定所的安排下，阜宁县植保植检站连续两年进行了高毒农药替代品种的田间小区药效试验，筛选高效、低毒、低残留的新药剂，替代甲胺磷等高毒农药，为生产无公害蔬菜提供科学依据。

1　材料与方法

1.1　供试药剂

　　10% 呋喃虫酰肼 SC（江苏省农药研究所生产）；

　　2.5% 多杀霉素 SC（美国陶氏益农公司生产）；

　　1% 甲氨基阿维菌素苯甲酸盐 EC（河北威远生物化工股份有限公司生产）；

　　50% 甲胺磷 EC（江苏苏化集团有限公司生产）；

　　5% 丁烯氟虫腈 EC（大连瑞泽农药股份有限公司生产）；

　　15% 茚虫威 EC（美国杜邦公司生产）；

　　10% 溴虫腈 SC（德国巴斯夫公司生产）；

　　5% 氟铃脲 EC（天津人农药业有限公司生产）；

　　40% 毒死蜱 EC（山东华阳科技股份有限公司生产）；

　　1% 甲氨基阿维菌素 EC（河北威远生物化工股份有限公司生产）。

1.2　试验方法

　　试验安排在江苏省阜宁县罗桥镇示范园区内，甘蓝菜长势平衡，甜菜夜蛾分布均匀，先后实施 2 年试验，第 1 期试验于 2005 年 9 月 16 日进行，甘蓝菜品种为银龙花花菜。试验设：10% 呋喃虫酰肼 SC675ml/hm²、900ml/hm² 和 1 125 ml/hm²；10% 溴虫腈 SC600ml/hm²、750ml/hm² 和 900ml/hm²；2.5% 多杀霉素 SC600ml/hm²、750ml/hm² 和 900ml/hm²；1% 甲胺基阿维菌素苯甲酸盐 EC300ml/hm²、450ml/hm² 和 600ml/hm²；50% 甲胺磷 EC 1 800ml/hm² 和清水对照共 14 个处理，56 个小区，小区面积 20m²。第 2 期试验于 2006 年 8 月 9 日进行，甘蓝菜品种为申雪 3 号花菜。试验设：5% 丁烯氟虫腈 EC450ml/hm²、600ml/hm² 和 750ml/hm²；15% 茚虫威 EC150ml/hm²、250ml/hm² 和 350ml/hm²；10% 溴虫腈 SC750ml/hm²、900ml/hm² 和 1 050ml/hm²；5% 氟铃脲 450ml/hm²、750ml/hm² 和 1 050 ml/hm²；40% 毒死蜱 EC375ml/

hm^2、750ml/hm^2 和 1 125ml/hm^2；1% 甲胺基阿维菌素 EC300ml/hm^2、450ml/hm^2 和 600ml/hm^2 及清水对照计 19 个处理，76 个小区，小区面积 30m^2，两期药剂试验均设 4 次重复，小区按随机区组法排列，小区间均设保护行。田间统一使用卫士牌 WS - 16 型背负式手动喷雾器，按 600kg/hm^2 药液量进行全株喷施。

1.3 调查方法

施药前 1d 调查基数，每小区虫量均在 20 头以上，不足部分均采取人工接虫（虫源由南京农业大学提供），药后 1d、3d、7d、10d 调查残虫量，根据药后各小区的残虫数量计算虫口减退率，并根据虫口减退率与空白对照比较，计算校正防治效果，并进行"DMRT"差异显著性测定。并于药后 1d、3d 进行甘蓝菜的安全性观察。

2 结果与分析

2.1 安全性

两期药效试验甘蓝菜的安全性观察，据药后 1d、3d 进行甘蓝菜安全性的观察，在两期药效试验 10 种药剂处理 124 个施药小区内，甘蓝菜生长正常，与清水对照区比较无明显差异，甘蓝菜的花等器官上未发现任何药害症状，证明供试药剂对甘蓝菜安全。

2.2 药剂试验结果

从表 1 药效试验结果看，各药剂处理对甜菜夜蛾的防治效果高剂量最终效果均在 95% 以上，其中 10% 呋喃虫酰肼 SC 1 125ml/hm^2、10% 溴虫腈 SC900ml/hm^2、1% 甲胺基阿维菌素苯甲酸盐 EC600ml/hm^2 和 2.5% 多杀霉素 SC900ml/hm^2 防效较好，分别为 98.05%、98.97%、98.02% 和 96.99%。低剂量处理防效均在 83% ~ 90%，甲胺磷的防效较差，仅为 82.33%。方差分析结果表明各药剂处理药后 1d、3d、7d、10d 的防效均呈极显著差异（表 1）。

表 1 高毒农药替代品种防治甜菜夜蛾药效试验结果 （2005 年，阜宁）

药剂处理	用药量（ml/hm^2）	药前基数	药后 1d		药后 3d		药后 7d		药后 10d	
			残虫（头）	校正防效%	残虫（头）	校正防效%	残虫（头）	校正防效%	残虫（头）	校正防效%
10% 呋喃虫	675	31.50	16.25	46.77dD	11.00	61.03deCD	4.75	81.31fD	4.25	83.69ghG
酰肼	900	30.00	12.50	57.06bB	8.00	70.23cB	2.25	90.73bcB	1.75	92.83acD
SC	1 125	30.50	9.50	67.78aA	5.00	81.65bA	0.5	98.01aA	0.50	98.05bB
10%	600	30	15.25	47.58dCD	11.50	56.97cD	4.50	81.52fD	2.50	89.85eE
溴虫腈	750	30.50	12.75	56.75bB	8.25	69.74cB	2.75	89.05cB	1.25	95.16cC
SC	900	31.50	10.75	65.27aA	5.25	80.85Ba	0.75	96.86aA	0.25	98.97aA
2.5%	600	31.00	17.75	47.61dCD	10.50	62.15dC	4.50	82.12efD	3.75	85.41fgFG
多杀霉素	750	32.00	13.25	57.44bB	8.25	70.82cB	2.25	91.35bB	1.75	93.50aCD
SC	900	30.00	10.25	64.74aA	4.75	82.34abA	0.75	96.96aA	0.75	96.99bB

续表

药剂处理	用药量(ml/hm²)	药前基数	药后1d 残虫(头)	药后1d 校正防效%	药后3d 残虫(头)	药后3d 校正防效%	药后7d 残虫(头)	药后7d 校正防效%	药后10d 残虫(头)	药后10d 校正防效%
1%甲氨基阿	300	30.75	17.00	43.01CD	11.25	58.86deCD	4.00	82.24deCD	3.50	86.45fF
维菌素苯甲	450	31.00	14.50	51.87CC	8.00	71.10cB	2.25	91.06bcB	1.75	93.25dD
酸盐EC	600	30.00	9.50	67.30aA	4.25	84.26Aa	0.75	96.96aA	0.50	98.02Bb
50%甲胺磷EC	1 800	30.75	12.25	59.04bB	8.00	70.83cB	3.50	85.94dC	4.50	82.33hG
CK	—	32.25	31.25	—	28.75	—	26.25	—	26.75	—

从表2的药效试验结果看出，5%丁烯氟虫腈 EC750ml/hm²、15%茚虫威 EC350ml/hm² 和 10%溴虫腈 SC 1 050ml/hm²、40%毒死蜱 EC 1 125 ml/hm² 防治甜菜夜蛾的效果最好，分别为 93.86%、93.73%、93.66% 和 93.71%、5%氟铃脲 EC450ml/hm² 的防效最差，仅为 57.56%。方差分析结果表明，药后1d、3d、7d、10d 各药剂处理间的防效均呈极显著差异（表2）。

表2　高毒农药替代品种防治甜菜夜蛾田间试验结果　　（2006年，阜宁）

药剂处理	用药量(ml/hm²)	药前基数	药后1d 残虫(头)	药后1d 校正防效%	药后3d 残虫(头)	药后3d 校正防效%	药后7d 残虫(头)	药后7d 校正防效%	药后10d 残虫(头)	药后10d 校正防效%
5%丁烯	450	20.5	5.75	67.72cB	5.00	71.02cC	4.50	72.70dDEF	4.5	72.36fDE
氟虫腈	600	20.25	3.00	82.97abA	2.75	83.89bAB	2.50	84.73bcBCDE	2.5	84.47deBCDE
EC	750	20.25	2.00	88.58aA	1.75	89.91abA	1.25	92.39abAB	1.00	93.86abA
15%	150	20.5	6.00	66.16cB	5.50	68.10cC	4.75	71.32dF	4.50	72.31fEF
茚虫威	250	20.25	3.00	82.99abA	2.50	85.29abA	2.00	87.56bABC	2.00	87.48cdABC
EC	350	20.00	2.00	88.46aA	1.75	89.69abA	1.00	93.90aA	1.00	93.73abA
10%	750	20.50	6.00	66.28cB	5.00	70.99cC	4.25	74.14dDEF	4.25	73.89eCDE
溴虫腈	900	20.00	3.00	82.63abA	2.25	86.67abA	2.00	87.60bABC	2.00	87.43bcABC
SC	1 050	20.00	2.25	87.03abA	1.50	91.09aA	1.00	93.74aA	1.00	93.66aA
5%	450	20.00	13.00	25.06fD	7.75	54.06dD	7.00	56.70eG	6.75	57.56fE
氟铃脲	750	20.25	11.25	35.94eD	4.25	75.24cBC	4.00	75.57dCDE	4.00	75.22deCD
EC	1 050	20.50	9.00	49.35dC	2.50	85.63abA	2.50	85.03bBCD	2.25	86.31bcABC
40%	375	20.50	6.00	66.29cB	5.50	68.23cC	4.75	71.28dF	4.75	70.89eDE
毒死蜱	750	20.00	3.00	82.65abA	2.25	86.62abA	1.75	89.16abAB	1.75	90.61abcAB
EC	1 125	20.00	2.25	87.06bA	1.50	91.13aA	1.25	92.24abAB	1.25	93.71abAB
1%甲氨	300	20.00	6.00	65.51cB	5.00	70.36cC	4.50	72.12dEF	4.50	71.69eDE
基阿维	450	20.00	3.50	79.82abA	2.75	83.73bAB	2.50	84.47bcBCDE	2.50	84.30cdBCD
菌素EC	600	20.75	3.00	83.23abA	2.25	87.09abA	1.75	89.42abAB	1.75	89.34abcAB
CK	—	20.25	18.00	—	17.5	—	16.75	—	16.50	—

注：表1、表2中的数据均为4重复平均数。

236

3　小结与讨论

3.1　从上述 10 种药剂对十字花科蔬菜甜菜夜蛾的药效试验筛选结果来看，药剂处理小区内的甘蓝菜生长发育状况与清水对照区处理小区无明显差异，甘蓝菜的叶片、心（花）等器官未发现任何药害症状。因此认为，所有供试药剂品种及相应的试验浓度对甘蓝菜均表现出良好的安全性。

3.2　就各药剂处理对甜菜夜蛾的防治效果来看，10% 呋喃虫酰肼 SC900ml/hm² 和 1 125ml/hm²，10% 溴虫腈 SC750ml/hm²、900ml/hm² 和 1 050ml/hm²，2.5% 多杀霉素 SC750ml/hm² 和 900ml/hm²，1% 甲氨基阿维菌素苯甲酸盐 EC450ml/hm² 和 600ml/hm²、5% 丁烯氟虫腈 EC750ml/hm²、15% 茚虫威 EC350ml/hm²、40% 毒死蜱 EC750ml/hm² 和 1 125ml/hm² 等 7 个农药品种的 13 个剂量处理具有较好的防效，均在 90% 以上。

3.3　从上述各药剂处理对甜菜夜蛾的最终试验结果看，从经济有效角度出发，10% 呋喃虫酰肼 SC900ml/hm²、10% 溴虫腈 SC750ml/hm²、1% 甲氨基阿维菌素苯甲酸盐 450ml/hm²、5% 丁烯氟虫腈 EC750ml/hm²、15% 茚虫威 EC350ml/hm² 和 40% 毒死蜱 EC750ml/hm² 等 7 个药剂处理及相应浓度均对甜菜夜蛾有较好的防治效果，可以在蔬菜生产上推广并交替使用。

50％吡蚜酮水分散粒剂防治稻飞虱药效试验

徐　红[1]，游树立[1]，朱如杰[1]，唐　玮[1]，黄泽威[1]，郭昌龄[2]

（1. 江苏省建湖县植保植检站，224700；2. 建湖县近湖镇农技推广中心，224700）

吡蚜酮是一种新型吡啶杂环类杀虫剂，该杀虫剂杀虫作用方式独特，口针穿透阻塞作用而使害虫产生停止取食，最终因饥饿而死亡。灰飞虱近几年虫量大，引发水稻条纹叶枯病大发生；褐稻虱近年迁入早，峰次多，繁殖快，常引起水稻后期"冒穿"、"瘟塘"，造成减产。以前对稻飞虱防效较高的吡虫啉、噻嗪酮由于多次频繁使用，抗药性增强，防效下降。2008 年建湖县植保站对先正达（中国）投资有限公司提供的 50％吡蚜酮水分散粒剂进行了防治稻飞虱的试验、示范，表现效果优良，现将结果报告如下。

1　材料与方法

1.1　试验地点

在建湖县开发区南华村南华组，选择前期稻飞虱防治比较差的稻田，并设立示范区。水稻品种扬幅粳 8 号，面积 0.2hm^2。种植方式为直播，8 月 30 日抽穗，长势平衡。

1.2　供试药剂

50％吡蚜酮 WG（先正达（中国）投资有限公司生产）；
10％吡虫啉 WP（昆山市巅峰农药有限公司生产，市售）。

1.3　试验设计

试验共设 5 个处理：（1）50％吡蚜酮 WG 8g/667m^2，（2）50％吡蚜酮 WG 10g/667m^2，（3）50％吡蚜酮 WG 15g/667m^2，（4）10％吡虫啉 WP 40g/667m^2，（5）CK（空白对照）。每处理重复 3 次，小区面积 66.7m^2，共 15 个小区，小区随机区组排列。

1.4　试验方法

9 月 18 日，稻飞虱 1~2 龄若虫高峰期（以白背、灰飞虱为主），试验药量对水 4kg 手动喷雾，用药时田间有水 2~3cm。用药前、药后 5d、10d、15d 平行跳跃式取样，每小区查 10 点，每点两穴，计数虫口密度。

示范区用 50％吡蚜酮 WG 10g/667m^2 对水 40kg 手动喷雾。

1.5　数据计算

虫口减退率(％) =（处理区药前虫量 − 处理区药后虫量）/处理区药前虫量×100
校正防效 =（处理区虫口减退率 − 对照区虫口减退率）/（1 − 对照区虫口减退率）×100

2 结果与分析

2.1 试验结果

药后 5d、10d、15d 调查结果表明，$667m^2$ 用 50% 吡蚜酮 8g 对稻飞虱的防治效果分别为 83.1%、89.7% 和 92.3%；$667m^2$ 用 50% 吡蚜酮 10g 防效分别为 87.2%、94.0% 和 94.3%；$667m^2$ 用 50% 吡蚜酮 15g 防效分别为 90.3%、97.6% 和 98.5%。$667m^2$ 用 10% 吡虫啉 40g 防效分别为 57.0%、65.4% 和 71.6%。吡蚜酮随用量增加和时间延长，防效有提高现象（表 1）。经方差分析，药后 5d 防效，吡蚜酮 3 剂量之间无极显著差异，但均与吡虫啉存在极显著差异，药后 10d 防效，吡蚜酮 $15g/667m^2$ 与吡蚜酮 $8g/667m^2$ 存在极显著差异，与吡蚜酮 $10g/667m^2$ 无极显著差异，吡蚜酮三剂量均与吡虫啉存在极显著差异，药后 15d 防效，吡蚜酮 3 剂量之间无极显著差异，但均与吡虫啉存在极显著差异。

表 1　50% 吡蚜酮防治稻飞虱试验结果　　　　　　　　　（2008 年，建湖）

处 理 （g/667m²）	药前基数	施药后 5d			施药后 10d			施药后 15d		
		残留虫量	校正防效	差异显著性	残留虫量	校正防效	差异显著性	残留虫量	校正防效	差异显著性
50% 吡呀酮 8g	149	30	83.1	bA	19	89.7	cB	15	92.3	bA
50% 吡呀酮 10g	153	24	87.2	abA	11	94	bAB	11	94.3	bA
50% 吡呀酮 15g	190	18	90.3	aA	5	97.6	a A	3	98.5	aA
10% 吡虫啉 40g	167	89	57	cB	74	65.4	dC	66	71.6	cB
空白对照	185.3	232			240.7			247.7		

2.2 大田示范

$667m^2$ 用 50% 吡蚜酮 10g 药后 5d、10d、15d 虫口减退率分别为 88.7%、90.3% 和 92%，防效显著（表 2）。

表 2　50% 吡蚜酮防治稻飞虱虫口减退率　　　　　　　　（2008 年，建湖）

处 理 （g/667m²）	药前基数	残留虫量	虫口减退率（%）		
			药后 5d	药后 10d	药后 15d
50% 吡呀酮 10g	153	24	88.7	90.3	92
10% 吡虫啉 40g	167	89	46.9	55.6	60.8
空白对照	185.3	232	−36.9	−37.7	−44.2

2.3 对水稻安全性

试验区和示范区未见对水稻有不良影响，相邻田块和对照区稻穗有谷粒霉污现象，试验区和示范区谷粒金黄，未见谷粒有黑色霉层。

3 小结

本试验结果表明：50% 吡蚜酮 WG 对稻飞虱有优良的防效，其速效性和持效性优异。稻飞虱轻发生年份，667m² 用量 8 ~ 10g 即表现较高防效；大发生年份，用药量可提高到 10 ~ 15g。吡蚜酮对稻飞虱持续期长，再加上其独特的作用方式，在压低灰飞虱基数、控制条纹叶枯病和褐稻虱后期为害等方面，将会发挥重要作用。同时吡蚜酮对水稻安全性很好，可作为防治稻飞虱的优良替代品种。

水稻直播田使用直播净安全性及除草效果试验

冯亚军[1]，张成芝[1]，张开朗[1]，张守成[2]，吴爱国[2]

（1. 江苏省建湖县上冈病虫测报站，224731；2. 建湖县农科所，224700）

近几年来，由于水稻条纹叶枯病连续大发生，水稻直播作为避开水稻条纹叶枯病发生的有效措施之一，在苏北地区迅速扩大。而直播稻田草害是制约直播稻发展和夺取高产的主要障碍因子，在水稻落谷后，封杀田间杂草是解决稻田草害的一项关键技术，由于用药时稻谷正处于萌动发芽阶段，若此时除草剂不能被芽谷完全自行分解，则芽谷极易遭受药害。因此，探索安全性高、除草效果好、价格低廉的新型除草剂，是我们农业技术人员和农药化工厂需要研究解决的技术课题。为此建湖县上冈病虫测报站和浙江天一农化有限公司合作，对该公司最新研制的40%直播净（苄·丙草胺）进行了较为系统的直播稻田田间药剂试验，取得了较为理想的试验效果，现报告如下。

1 材料与方法

1.1 供试药剂

40%直播净可湿性粉剂（通用名：苄·丙草胺），由浙江天一农化有限公司提供。参试水稻品种为盐稻9号。

1.2 试验处理

分3组进行：

第1组：浸种3d后落谷，盖种，分别在播后当天、3d、5d，每667m² 分别用100g、80g、60g、0g（对照）40%直播净4种不同剂量对水40kg喷雾（重复3次）。

第2组：浸种3d后落谷，不盖种，分别在播后当天、3d、5d，每667m² 分别用100g、80g、60g、0g（对照）40%直播净4种不同剂量对水40kg喷雾（重复3次）。

第3组：不浸种，不盖种，分别在播后当天、3d、5d，每667m² 分别用100g、0g（对照）40%直播净对水40kg喷雾（未设重复）。

第1组试验处理中浸种时间为2007年5月19日上午至5月22日上午；第2、第3组试验浸种时间在5月23日上午至5月26日上午。浸种时加入25%使百克（咪鲜胺）浸种剂浸种防止水稻恶苗病。

水层管理：播后上足水，自然落干后保持田间湿润（隔2~3d上一次跑马水）。

1.3 试验调查

分别在喷药后5d、10d、20d调查水稻幼苗发芽率、发根量、出叶量、株高、地上、地下部鲜重等项指标。具体取样方法是：首先用铁揪挖土10~20cm深，将60cm² 剖面内种苗全部淘出计算发芽率，然后按比例二级分样，选 20 株（粒）种苗考苗。药后 20d 调查杂草残留量，计算除草效果。

表1　40％直播净不同处理在药后不同时间对水稻安全性调查　（2007 年，建湖）

处　理			药后 5d		药后 10d		药后 20d20 株鲜重（g）	
类　型	播后用药时间	用药量（g/667m²）	发芽率（%）	发根量（根/株）	出叶量（叶/株）	株高（cm）	地上	地下
浸种＋盖种	当天	60	98.3	0.9	1.90	62.0	4.31	2.60
		80	96.6	0.8	1.92	66.4	4.38	2.72
		100	98.4	0.9	1.88	61.9	4.35	2.39
		CK₁	97.6	0.8	1.84	78.7	4.58	2.60
	3d	60	100	3.9	2.20	79.6	5.60	3.68
		80	100	4.0	2.21	74.9	5.10	3.40
		100	100	4.1	2.19	76.5	4.70	2.90
		CK₂	100	4.2	2.30	79.4	5.80	3.70
	5d	60	98.0	4.4	2.98	104.1	7.30	4.90
		80	96.5	4.3	2.94	100.3	7.22	4.70
		100	100	4.4	2.95	99.4	7.12	4.60
		CK₃	90.5	4.5	3.10	102.6	7.34	5.20
浸种＋不盖种	当天	60	90.9	0.6	1.98	59.3	2.68	1.85
		80	88.7	0.7	1.98	57.6	2.63	1.75
		100	91.7	0.7	1.84	54.8	2.50	1.75
		CK₄	89.4	0.6	1.90	58.2	2.70	1.90
	3d	60	85.7	1.8	2.25	70.1	4.15	2.17
		80	94.7	1.8	2.25	70.0	4.12	2.12
		100	92.9	1.7	2.30	69.2	4.08	2.05
		CK₅	78.0	1.9	2.30	71.8	4.10	2.29
	5d	60	96.7	3.6	2.60	83.1	5.60	2.57
		80	89.3	3.5	2.68	85.9	4.58	2.43
		100	98.5	3.5	2.68	81.1	4.92	2.30
		CK₆	94.5	3.7	2.81	89.5	5.25	2.64
不浸种＋不盖种	当天	100	78.9	0.6	1.36	35.0	1.75	1.65
		CK₇	76.9	0.6	1.43	36.5	1.80	1.70
	3d	100	75.6	0.4	1.93	58.1	2.91	1.50
		CK₈	74.3	0.6	1.95	70.6	3.50	1.80
	5d	100	88.5	1.9	2.19	72.9	4.05	1.60
		CK₉	91.7	2.5	2.20	82.5	4.70	1.90

2　试验结果

2.1　药剂对秧苗生长安全性

从表1中分析比较看出：对浸种 3d 后落谷、盖种或不盖种，分别在播后当天、3d、5d，每 667m² 分别用 60g、80g40％ 直播净不同剂量处理区，分别在药后 5d、10d、20d 调查发根数、发芽率、出叶量、株高、地上、地下部鲜重等几项指标发现，处理区与对照区差异不明显，一般都在5%左右，证明是安全的；而对浸种3d后落谷、盖种或不盖种，分别在播后当天、3d、5d，每667m² 用100g40%直播净处理区，分别在药后5d、10d、20d调查发根数、发芽率、出叶量、株高、地上、地下部鲜重等几项指标发现，处理区比对照区低10%左右：既不浸种又不盖种组别试验中当天喷除草剂100g的差异不明显，药后3d喷除草剂与5d喷除草剂的处理区株高、地上部与地下部鲜重比对照区低13%左右。

2.2 除草效果分析

<table>
<tr><th colspan="5">表2 各处理药后20d除草效果调查 （2007年，建湖）</th></tr>
<tr><th>各组别</th><th>播后用药时间</th><th>用药量（g/667m²）</th><th>杂草株数（万株/667m²）</th><th>防效（%）</th></tr>
<tr><td rowspan="12">浸种 + 盖种</td><td rowspan="4">当天</td><td>60</td><td>0.81</td><td>98.4</td></tr>
<tr><td>80</td><td>0.57</td><td>98.9</td></tr>
<tr><td>100</td><td>0.24</td><td>99.5</td></tr>
<tr><td>CK₁</td><td>51.01</td><td></td></tr>
<tr><td rowspan="4">3d</td><td>60</td><td>7.82</td><td>91.0</td></tr>
<tr><td>80</td><td>4.84</td><td>98.6</td></tr>
<tr><td>100</td><td>3.24</td><td>99.1</td></tr>
<tr><td>CK₂</td><td>87.00</td><td></td></tr>
<tr><td rowspan="4">5d</td><td>60</td><td>4.11</td><td>73.9</td></tr>
<tr><td>80</td><td>3.81</td><td>75.8</td></tr>
<tr><td>100</td><td>3.39</td><td>78.4</td></tr>
<tr><td>CK₃</td><td>15.75</td><td></td></tr>
<tr><td rowspan="11">浸种 + 不盖种</td><td rowspan="4">当天</td><td>60</td><td>2.09</td><td>90.6</td></tr>
<tr><td>80</td><td>1.29</td><td>94.5</td></tr>
<tr><td>100</td><td>1.11</td><td>95.3</td></tr>
<tr><td>CK₄</td><td>23.40</td><td></td></tr>
<tr><td rowspan="4">3d</td><td>60</td><td>3.80</td><td>91.4</td></tr>
<tr><td>80</td><td>2.80</td><td>93.7</td></tr>
<tr><td>100</td><td>2.40</td><td>94.6</td></tr>
<tr><td>CK₅</td><td>44.40</td><td></td></tr>
<tr><td rowspan="4">5d</td><td>60</td><td>3.08</td><td>74.0</td></tr>
<tr><td>80</td><td>2.80</td><td>76.4</td></tr>
<tr><td>100</td><td>2.58</td><td>78.2</td></tr>
<tr><td>CK₆</td><td>11.85</td><td></td></tr>
<tr><td rowspan="6">不浸种 + 不盖种</td><td rowspan="2">当天</td><td>100</td><td>1.20</td><td>93.3</td></tr>
<tr><td>CK₇</td><td>18.00</td><td></td></tr>
<tr><td rowspan="2">3d</td><td>100</td><td>3.63</td><td>89.9</td></tr>
<tr><td>CK₈</td><td>36.00</td><td></td></tr>
<tr><td rowspan="2">5d</td><td>100</td><td>8.10</td><td>77.5</td></tr>
<tr><td>CK₉</td><td>36.00</td><td></td></tr>
</table>

注：对单、双子叶杂草混合计数，计算防治效果。

从表2看出，浸种、盖种组试验中分别在落谷后当天、3d用药，每667m² 分别用60g、80g、100g处理区的防效都达91%以上，浸种、不盖种的落谷后当天、3d用药和不浸种、不盖种的落谷后当天、3d每667m² 分别用60g、80g、100g各处理区的防效也都达90%以上，而落谷后 5d 用药各处理区，药效明显降低，其防效仅为 73.9% ~ 78.4%。

3. 结论与讨论

3.1 40% 直播净除草剂在水稻浸种后 3d 不论盖种与否，在播后 1~3d 每 667m² 用 60~80g 防除直播水稻田杂草，对稻谷发芽、生根、出叶、长高和植株早期生长发育与对照相比，差异都在 5% 左右，且防除稻田杂草对象较广，稻田常见的单子叶和双子叶杂草都可以被杀死，包括稗草、三棱草、球花碱草、牛毛草、矮茨菇、鸭舌草、莹蔺、三叶草、鲤肠等，防效达 90% 以上，是一种较高效、安全、广谱稻田除草剂，可在直播稻田应用（防除千金子药量要增加到 100g）。

3.2 40% 直播净除草剂是芽前除草剂，防草应在杂草萌发之前，将其对水均匀喷雾于土壤表面。40% 直播净的应用时间在水稻种播后当天、3d 都可以有效防除田间杂草，而以播后 3d 内防除效果最高，建议大面积生产上在落谷后 1~3d 用药，防止错过用药适期。

3.3 在播后 1~3d 内每 667m² 地用 40% 直播净 60g、80g，除草效果都达 90% 以上，一方面考虑大面积喷药难以保证均匀，药液浓度过高，若出现重喷现象极易产生药害，另一方面节约除草成本，所以每 667m² 地用 40% 直播净 80g 为宜。

3.4 40% 直播净对水稻安全性高，在每 667m² 用 60~80g 的剂量下播前浸种或不浸种，播后盖种或不盖种的处理，都未见明显药害。生产上建议直播稻落谷后要盖种，其原因不仅是防止药害，而更重要的是防止鼠、雀觅食芽谷，以及太阳的暴晒造成的死芽、死苗。

3.5 直播田块尽可能整平，以防田块积水，影响除草效果。喷药后要保持田间湿润，喷药后 3d 内不要上水以防降低药效。

50％麦悬垄 SC 防除春季小麦田硬草药效试验

韩伟斌[1]，丁　栋[1]，魏栋梁[1]，赵　阳[2]

（1. 江苏省响水县植保植检站，224600；2. 盐城市植保植检站，224002）

小麦田硬草是我县稻茬麦田的一种恶性杂草，对小麦生产威胁极大。自20世纪90年代以来大面积推广使用异丙隆，得到了有效控制；但是由于长期使用，防治效果呈下降趋势，为有效控制硬草再猖獗危害，我们于2008年3月进行了50％麦悬垄SC（异丙隆）防治小麦田硬草试验，以便筛选出合适的药剂用量及剂型。

1　材料与方法

1.1　试验作物及防治对象

供验作物为小麦，品种为烟农19（本地当家品种）；防除对象为一年生禾本科硬草［*Scleroehloa Kengiana*（chwi）Tzvel］。

1.2　试验地概况

试验地设在响水县响水镇城南四组李仁友家责任田，面积 $1\ 667m^2$。土壤质地为沙壤偏碱土，pH值7.8，肥力中等。前茬水稻，小麦于2007年10月28日机耕撒播，播种量为 $18kg/667m^2$。

1.3　试验方法

1.3.1　试验药剂

50％麦悬垄SC（异丙隆）为苏洲华源农用生物化学品有限公司生产；50％异丙隆WP为江苏快达农化股份有限公司生产。

1.3.2　试验处理

试验共设6个处理，分别为：50％麦悬垄SC每 $667m^2$ 用200ml、50％麦悬垄SC每 $667m^2$ 用250ml、50％异丙隆WP每 $667m^2$ 用200g、50％异丙隆WP每 $667m^2$ 用250g、50％异丙隆WP每 $667m^2$ 用300g、清水（CK）。

1.3.3　小区设置

小区长6.6m，宽5m，面积 $33m^2$，小区随机区组排列，3次重复，共18个小区。

1.3.4　施药方法和时间

施药器械采用浙江省台州市三顺发桶厂生产的3WBB－16型背负式手动喷雾器，单喷头，每 $667m^2$ 喷药液50kg，流速为0.7kg/min，于2008年3月8日施药。

1.3.5　调查方法及时间

施药后，于2008年3月15日、23日、27日观测田间杂草中毒情况及对小麦的安全性。4

月 28 日在小麦抽穗期，杂草齐穗后调查株数、鲜重并计算防效，每小区随机取样 4 点，每点 0.11m²，挖出点内所有杂草，带回室内，去根系数数称重，整个试验区在 1d 内完成。

1.3.6 药效计算方法及统计分析

$$防效（\%）= \frac{对照区每点株数（鲜重 g）—处理区每点株数（鲜重 g）}{对照区每点株数（鲜重 g）} \times 100$$

防治结果反正弦转换后进行方差分析，新复极差测验。

表 1 50％麦悬垄 SC 防治小麦田硬草株防效（每 0.11m² 株数）（2008 年，响水）

药剂处理	重复 1		重复 2		重复 3		平均防效%
	株数	防效%	株数	防效%	株数	防效%	
50％麦悬垄 SC（异丙隆）每 667m²200ml	138	67.83	121	70.98	128	70.71	69.84 bB
50％麦悬垄 SC（异丙隆）每 667m²250ml	105	75.52	107	74.34	112	74.37	74.74 aAB
50％异丙隆 WP 每 667m²200g	184	57.11	149	64.27	155	64.54	61.97 cC
50％异丙隆 WP 每 667m²250g	134	68.76	124	70.26	140	67.96	68.99 bB
50％异丙隆 WP 每 667m²300g	97	77.39	105	74.82	97	77.8	76.67 aA
清水（CK）	429		417		437		

表 2 50％麦悬垄 SC 防治小麦田硬草鲜重防效（每 0.11m² 鲜重）（2008 年，响水）

药剂处理	重复 1		重复 2		重复 3		平均防效%
	鲜重 g	防效%	鲜重 g	防效%	鲜重 g	防效%	
50％麦悬垄 SC（异丙隆）每 667m²200ml	48.1	67.12	45.7	70.55	42.5	73.17	70.28 cCD
50％麦悬垄 SC（异丙隆）每 667m²250ml	28.8	80.31	28.5	81.64	25.6	83.84	81.93 bBC
50％异丙隆 WP 每 667m²200g	65.2	55.43	49.1	68.36	50.4	68.18	63.99 dD
50％异丙隆 WP 每 667m²250g	39	73.34	30	80.67	28.5	75.69	76.57 bBC
50％异丙隆 WP 每 667m²300g	23.2	83.94	25.1	83.83	23	85.48	84.42 aA
清水（CK）	146.3		155.2		158.4		

2 结果与分析

2.1 药效表现

用药后第 7d 观测杂草无中毒症状，第 15d 表现中毒症状，19d 才出现杂草叶片失水萎焉，中毒症状明显，杂草开始死亡，药效发挥缓慢。各区小麦生长正常，没有药害症状表现。

2.2 对硬草的防除效果

2008 年 4 月 28 日调查结果（表 1、表 2）表明：防除效果最好为 50％异丙隆 WP 每 667m²

用300g，平均株防效达76.76%，平均鲜重防效达84.42%，其次为50%麦悬垄SC每667m² 用250ml，平均株防效为74.74%，平均鲜重防效为81.93%；防除效果最差为50%异丙隆WP 每667m² 用200g，平均株防效达61.97%，平均鲜重防效达63.99%。

2.2.1 株防效

试验处理间以50%麦悬垄SC每667m² 用250ml和50%异丙隆WP每667m² 用300g防治效果较好，分别达74.74%和76.67%，同时两者之间差异不显著，其余之间差异达显著水平。相同剂量不同的2种剂型之间，以50%麦悬垄SC每667m² 用250ml防效达74.74%与50%异丙隆WP每667m² 用250g防效为68.99%之间达显著水平，且两者防效相差5.75%；50%麦悬垄SC每667m² 用200ml防效为69.84%与50%异丙隆WP每667m² 用200g防效为61.97%之间达显著水平，且两者之间相差7.87%。

2.2.2 鲜重防效

以50%异丙隆WP每667m² 用300g防治效果最好，鲜重防效达84.42%，与50%异丙隆WP每667m² 用200g、250g及50%麦悬垄SC每667m² 用200ml达极显著水平，与50%麦悬垄SC每667m² 用250ml达显著水平。相同剂量不同的2种剂型之间均达显著水平，且50%麦悬垄SC每667m² 用250ml防效达81.93%，较50%异丙隆WP每667m² 用250g防效76.57%，高5.36%；50%麦悬垄SC每667m² 用200ml防效为70.28%，较50%异丙隆WP每667m² 用200g防效为63.99%，高6.29%。

3　结论

春季麦田防除硬草，宜选用剂型较好的50%麦悬垄SC进行防除，早春每667m² 用250ml为宜，防治效果即可达到75%以上，与50%异丙隆WP每667m² 用300g效果相当。硬草密度较大、用药时间偏迟可适当增加用药量，方能保证较好的防治效果。

80％戊唑醇 WP 防治小麦赤霉病药效试验

韩伟斌，张步怀，魏栋梁，丁　栋
（江苏省响水县植保植检站，224600）

赤霉病是响水县小麦上的一种常见性病害，对小麦生产威胁较大。为有效控制该病发生为害，我们于 2008 年进行了戊唑醇防治小麦赤霉病药效试验，现将试验报告如下：

1　材料与方法

1.1　试验作物及防治对象

供验作物为小麦，品种为烟农 19（本地当家品种）；防除对象为小麦赤霉病［Gibberella zeae（Schw.）Petch］。

1.2　试验地概况

试验地设在响水县响水镇城南七组王立刚家责任田，面积 2 000m²。土壤质地为沙壤偏碱土，pH 值 7.8，肥力中等。前茬水稻，小麦于 2007 年 11 月 12 日机耕撒播，播种量为 20kg/667m²。

1.3　试验方法

1.3.1　试验药剂

80％戊唑醇 WP 为江苏克胜集团生产，40％禾健宝 WP（多·酮）为江都市华灵农药化工厂生产。

1.3.2　试验处理

试验共设 5 个处理，即 80％戊唑醇 WP 每 667m² 用 6.5g、8g、10g、40％禾健宝 WP 每 667m² 用 100g、清水对照。

1.3.3　小区设置

小区长 9m，宽 6m，面积 54m²，小区随机区组排列，3 次重复，共 15 个小区。

1.3.4　施药方法和时间

施药器械采用浙江省台州市三顺发桶厂生产的 3WBB - 16 型背负式手动喷雾器，单喷头，每 667m² 喷药液 50kg，流速为 0.7kg/min，于 2008 年 5 月 6 日施药，施药时小麦扬花 8.5％。

1.3.5　调查方法及时间

施药后，于 2008 年 6 月 5 日小麦赤霉病病穗显症稳定后进行田间调查，每小区四点取样，计 0.25m²，计数病穗数，并取样测产，计算病穗率、病情指数，调查结果见下表。

处　　理	总穗	病穗	1 级	2 级	3 级	4 级	病穗率（%）	病指	病穗防效（%）	病指防效（%）
80% 戊唑醇 WP6.5g/667m²	190	25	5	4	6	10	13.16	9.34	42.61	43.6
	169	27	5	3	10	9	15.98	11.39	34.48	35.58
	161	16	5	3	3	4	9.94	5.59	60.02	69.57
平均							13.02	8.77	45.70	49.58
80% 戊唑醇 WPP8g/667m²	178	14	1	2	7	4	7.87	5.9	65.68	64.37
	171	11	3	2	2	4	6.43	3.36	73.64	80.99
	164	13	2	2	4	5	7.93	5.79	68.1	68.48
平均							7.41	5.02	69.14	71.28
80% 戊唑醇 WP10g/667m²	184	9	1	2	2	4	4.89	3.67	78.67	77.84
	166	13	2	2	3	6	7.83	5.87	67.9	66.7
	172	9	2	1	1	5	5.23	3.92	78.96	78.66
平均							5.98	4.49	75.18	74.4
40% 禾健宝 WP100g/667m²	164	7	2	2	0	3	4.27	2.74	81.38	83.45
	171	9	2	1	1	5	5.26	4.09	78.43	76.87
	178	10	2	3	2	3	5.62	3.65	77.39	80.13
平均							5.05	3.49	79.07	80.15
清水 CK	157	36	5	6	13	12	22.93	16.56		
	164	40	8	6	8	18	24.39	17.68		
	181	45	8	3	17	17	24.86	18.37		
平均							24.06	17.54		

表　戊唑醇防治小麦赤霉病药效试验结果　　　　　　　（2008 年，响水）

2　结果与分析

2.1　病穗防效

　　调查结果表明，戊唑醇用量愈高，防治效果愈好。每 667m² 用 80% 戊唑醇 WP10g，防效最高，达 75.18%；每 667m² 用 80% 戊唑醇 WP8g，防效次之，为 69.14%；每 667m² 用 80% 戊唑醇 WP6.5g，防效最差，仅 45.7%。而每 667m² 用 40% 禾健宝 WP100g，防效为 79.07%，80% 戊唑醇 WP 不同使用剂量的 3 个处理防效均不及 40% 禾健宝 WP。

2.2　病指防效

　　调查结果表明，戊唑醇用量愈高，防治效果愈好。每 667m² 用 80% 戊唑醇 WP10g，防效最高，达 74.4%；每 667m² 用 80% 戊唑醇 WP8g，防效次之，为 71.28%；每 667m² 用 80% 戊唑醇 WP6.5g，防效最差，仅 49.58%。而每 667m² 用 40% 禾健宝 WP100g，防效为 80.15%，

80%戊唑醇 WP 不同使用剂量的 3 个处理防效均不及 40% 禾健宝 WP。

3 结论

从田间试验结果看，戊唑醇对赤霉病有较好的防治效果，建议在生产上与多菌灵交替或复配来防治赤霉病。单独使用，一般发生年，每 $667m^2$ 用 80% 戊唑醇 WP 不少于 8g；偏重以上发生年，必须提高使用剂量，并增加防治次数，保证防治效果。

12%毒·高氯乳油防治蔬菜菜青虫田间药效试验

张春秀[1]，顾金祥[2]，陈乃祥[2]，陈仁铭[2]，王　苹[2]
（1. 江苏省盐城市亭湖区农林牧渔业局，224001；
2. 盐城市亭湖区植保植检站，224051）

菜青虫是蔬菜上为害最严重的虫害之一，为寻找防治菜青虫的有效药剂，我们对 12%毒·高氯（毒死蜱·高效氯氰菊酯）乳油防治青菜菜青虫进行了田间小区药效试验，以明确该产品防治青菜菜青虫的防治效果，确定最佳使用时间和使用剂量。

1　试验作物及对象

1.1　供试作物

供试作物为青菜，品种为苏州青。

1.2　防治对象

防治对象为菜青虫 *pieris rapae*（Linnaeus）。

2　试验地概况

试验在盐城市亭湖区南洋镇曙光村一农户露地青菜田进行，青菜生育期为 5 叶期，长势一般，纯作田。

3　气象及土壤资料

3.1　气象资料

试验期间（9 月 11 至 18 日）日平均气温 23.9℃，最高气温 28.1℃，最低气温 20.1℃，无降雨。

3.2　土壤资料

土壤质地为粘壤土，pH 值为 7.8，土壤肥力中等。

4 试验方法

4.1 试验处理

12%毒·高氯乳油 30ml/667m² （盐城市利民化工厂提供）；
12%毒·高氯乳油 40ml/667m² （盐城市利民化工厂提供）；
12%毒·高氯乳油 50ml/667m² （盐城市利民化工厂提供）；
40%毒死蜱乳油 75ml/667m² （江苏宝灵化工股份有限公司生产）；
4.5%高效氯氰菊酯乳油 25ml/667m² （江苏扬农化工集团有限公司生产）；
空白对照：喷清水。

4.2 小区设置

小区面积为 33.3m²，6 个处理，4 次重复，计 24 个小区，采用随机区组法排列。

4.3 施药方法和时间

9 月 11 日（第 5 代菜青虫 2、3 龄幼虫盛期）上午，采用长江—10 型背负式手动喷雾器施药，每处理按每 667m² 用药量对水 40kg 均匀喷雾，用药当日试验地为晴天，平均气温 24.2℃，最高气温 28.4℃，最低气温 21.3℃。

4.4 调查方法和时间

每小区定株挂牌 30 株，药前调查虫口基数，药后 1d、3d、7d 调查残虫数，药后各药剂处理跟踪观察对青菜生长的影响，以确定药剂的安全性。

4.5 药效计算及统计分析方法

$$虫口减退率 = \frac{施药前活虫数 - 施药后活虫数}{施药前活虫数} \times 100\%$$

$$杀虫效果 = \frac{处理区虫口减退率 - 空白对照区虫口减退率}{1 - 空白对照区虫口减退率} \times 100\%$$

通过各药剂处理施药前后虫量，计算虫口减退率，与空白对照相比，计算各药剂处理的防治效果；并采用"DMRT"法进行显著性测定。

5 试验结果及分析

5.1 药后 1d 的效果

根据试验结果可以看出，12%毒·高氯乳油对菜青虫具有较好的防治效果，速效性较好，且杀虫效果随用药量的增加而提高。其中以 40ml/667m² 和 50ml/667m² 速效性较好，防效分别为 88.04%和 91.60%；12%毒·高氯乳油 30ml/667m² 的防效为 81.50%，防效和对照药剂 40%毒死蜱乳油及 4.5%高效氯氰菊酯乳油相近。方差分析结果，12%毒·高氯乳油 50ml/667m² 防效极显著高于 12%毒·高氯乳油 30ml/667m²、40%毒死蜱乳油 75ml/667m² 和 4.5%

高效氯氰菊酯乳油 $25\,ml/667\,m^2$（见表）。

5.2 药后 3 天的效果

12% 毒·高氯乳油各处理对菜青虫的防效，较药后一天均有不同程度的提高，但仍以 $40\,ml/667\,m^2$ 和 $50\,ml/667\,m^2$ 防效较好，杀虫效果达 95% 左右；12% 毒·高氯乳油 $40\,ml/667\,m^2$ 的防效为 88.72%，防效和 4.5% 高效氯氰菊酯乳油相近，但好于 40% 毒死蜱乳油。方差分析结果，12% 毒·高氯乳油 $50\,ml/667\,m^2$ 防效极显著高于 12% 毒·高氯乳油 $30\,ml/667\,m^2$、12% 毒·高氯乳油 $40\,ml/667\,m^2$、40% 毒死蜱乳油 $75\,ml/667\,m^2$ 和 4.5% 高效氯氰菊酯乳油 $25\,ml/667\,m^2$。

5.3 药后 7 天的效果

12% 毒·高氯乳油对青菜菜青虫具有较好的持效性，$30\,ml/667\,m^2$、$40\,ml/667\,m^2$ 和 $50\,ml/667\,m^2$ 的防效分别为 82.22%、90.99% 和 93.14%，对照药剂 40% 毒死蜱乳油 $75\,ml/667\,m^2$ 及 4.5% 高效氯氰菊酯乳油 $25\,ml/667\,m^2$ 的杀虫效果分别为 76.68% 和 82.94%。方差分析结果，12% 毒·高氯乳油 $50\,ml/667\,m^2$ 防效极显著高于 12% 毒.高氯乳油 $30\,ml/667\,m^2$、40% 毒死蜱乳油 $75\,ml/667\,m^2$ 和 4.5% 高效氯氰菊酯乳油 $25\,ml/667\,m^2$，与 12% 毒·高氯乳油 $40\,ml/667\,m^2$ 差异不明显。

5.4 持效期

从试验结果可以看出，12% 毒·高氯乳油在青菜菜青虫 2～3 龄幼虫盛期用药一次，持效期可达 7d 以上。

5.5 安全性

12% 毒·高氯乳油各处理药后青菜生长正常，无药害发生，其植株性状与空白对照相比无任何异常，安全性较好。

6 结论与评价

12% 毒·高氯乳油防治青菜菜青虫试验结果和统计分析表　　（2008 年，亭湖）

处理 毫升/667m²	药后 1d			药后 3d			药后 7d		
	杀虫效果%	显著性		杀虫效果%	显著性		杀虫效果%	显著性	
		0.05	0.01		0.05	0.01		0.05	0.01
12% 毒·高氯乳油 30	81.50	b	B	88.72	c	BC	82.22	b	B
12% 毒·高氯乳油 40	88.04	ab	AB	94.03	b	B	90.99	a	AB
12% 毒·高氯乳油 50	91.60	a	A	97.90	a	A	93.14	a	A
40% 毒死蜱乳油 75	78.85	b	B	82.87	d	C	76.68	b	B
4.5% 高效氯氰菊酯乳油 25	83.85	b	B	88.91	c	BC	82.94	b	B

6.1 12%毒·高氯乳油对青菜菜青虫具有较好的防治效果，适期用药一次，防效可达90%以上，持效期达7d以上，防效好于4.5%高效氯氰菊酯乳油及40%毒死蜱乳油。

6.2 12%毒·高氯乳油防治蔬菜菜青虫，应掌握在菜青虫2、3龄幼虫盛期用药，其经济有效的推荐使用剂量为40ml/667m^2。

6.3 12%毒·高氯乳油在青菜上使用安全，可大面积推广应用。

不同药剂防治稻纵卷叶螟药效试验

杭　浩，顾金祥，陈乃祥

（江苏省盐城市亭湖区植保植检站，224051）

为探索防治水稻稻纵卷叶螟的有效药剂，2008 年亭湖区植保站进行了 40% 丙溴磷乳油等杀虫剂防治稻田纵卷叶螟田间小区药效试验，以验证对稻田纵卷叶螟的田间药效，明确最佳用药时间和用量，为防治工作提供依据，试验结果报告如下。

1　试验作物及对象

1.1　供试作物

供试作物为水稻，品种为"徐稻 3 号"，育秧方式为水育秧。

1.2　防治对象

防治对象为水稻稻纵卷叶螟。

2　试验地情况

试验在盐城市亭湖区南洋镇新洋村一组农户水稻移栽大田内进行。土壤质地为粘壤土，pH 值为 7.8，土壤肥力中等，地势均匀。

3　试验方法

3.1　试验处理

40% 丙溴磷乳油（江苏宝灵化工股份有限公司生产）；
40% 毒死蜱乳油（湖北仙隆化工股份有限公司生产）；
18% 杀虫双水剂（广西桂林井田生化有限公司生产）；
20% 三唑磷乳油（江苏丰山集团有限公司生产）；
空白对照：喷清水。
试验设 5 个处理，4 次重复，小区面积 40m²，共计 20 个小区，采用随即区组法排列。

3.2　施药时间与方法

在第五（3）代稻纵卷叶螟卵至 1、2 龄幼虫高峰（水稻孕穗期）用药。8 月 1 日下午施药，采用长江 -10 型背负式手动喷雾器施药，各处理按每 667m² 用药量对水 50kg 均匀喷雾，用药当日晴天，平均气温 27.1℃，最高气温 31.6℃，最低气温 24.2℃。

3.3 调查时间与方法

分别于施药前、施药后第 7d、第 14d 调查，采取 5 点取样，每点 5 穴，总计查 25 穴总叶数、卷叶数和活虫数。于药后 1d、3d、7d、14d 目测观察药害情况。

3.4 药效计算及统计分析方法

$$卷叶率 = \frac{卷叶数}{调查总叶数} \times 100\%$$

$$保叶效果 = \frac{空白对照组卷叶率 - 处理组卷叶率}{空白对照组卷叶率} \times 100\%$$

$$虫口减退率 = \frac{施药前活虫数 - 施药后活虫数}{施药前活虫数} \times 100\%$$

$$杀虫效果 = \frac{处理区虫口减退率 - 空白对照区虫口减退率}{1 - 空白对照区虫口减退率} \times 100\%$$

用"DMRT"显著性测定法进行统计分析。

4 试验结果与分析

4.1 安全性

药后 1d、3d、7d、14d 目测观察，各处理未发现对水稻产生药害的现象。

4.2 防治效果

4.2.1 杀虫效果

药后 7d，40%丙溴磷乳油 120ml/667m² 、40%毒死蜱乳油 100ml/667m² 、18%杀虫双水剂 300ml/667m² 杀虫效果均高于 80%，分别为 88.90%、83.92%和 81.51%，20%三唑磷乳油 200ml/667m² 杀虫效果仅为 54.08%。经方差分析表明，40%丙溴磷乳油 120ml/667m² 的杀虫效果与其他各药剂差异显著；与 18%杀虫双水剂 300ml/667m² 和 20%三唑磷乳油 200ml/667m² 差异极显著，与 40%毒死蜱乳油 100ml/667m² 无极显著差异。

药后 14d 杀虫效果较药后 7d 有所上升，40%丙溴磷乳油 120ml/667m² 、40%毒死蜱乳油 100ml/667m² 、18%杀虫双水剂 300ml/667m² 杀虫效果较好，分别为 90.73%、85.42%和 83.90%，20%三唑磷乳油 200ml/667m² 杀虫效果最差，仅为 56.07%。经方差分析表明，40%丙溴磷乳油 120ml/667m² 的杀虫效果与其他各药剂差异显著；与 18%杀虫双水剂 300ml/667m² 和 20%三唑磷乳油 200ml/667m² 差异极显著，与 40%毒死蜱乳油 100ml/667m² 极显著差异不明显。

4.2.2 保叶效果

药后 7d，40%丙溴磷乳油 120ml/667m² 保叶效果最好，为 84.94%，20%三唑磷乳油 200ml/667m² 保叶效果最差，为 62.78%，40%毒死蜱乳油 100ml/667m² 和 18%杀虫双水剂 300ml/667m² 保叶效果相近，分别为 78.49%和 76.44%。经方差分析表明，40%丙溴磷乳油 120ml/667m² 的保叶效果与其他各药剂差异显著；与 18%杀虫双水剂 300ml/667m² 和 20%三唑磷乳油 200ml/667m² 差异极显著，与 40%毒死蜱乳油 100ml/667m² 无极显著差异。

药后 14d 保叶效果较药后 7d 有所上升，40% 丙溴磷乳油 120ml/667m² 、40% 毒死蜱乳油 100ml/667m² 、18% 杀虫双水剂 300ml/667m² 和 20% 三唑磷乳油 200ml/667m² 保叶效果分别为 86.16% 、80.26% 、78.48% 和 63.81% ，见下表。经方差分析表明，40% 丙溴磷乳油 120ml/667m² 的保叶效果与其他各药剂差异显著；与 18% 杀虫双水剂 300ml/667m² 和 20% 三唑磷乳油 200ml/667m² 差异极显著，与 40% 毒死蜱乳油 100ml/667m² 无极显著差异。

表　不同药剂防治稻纵卷叶螟药效试验　　　　　　　　（2008 年，亭湖）

处理 ml/667m²	药前虫量 头/25 穴	药后 7d				药后 14d			
		残虫数 头/25 穴	杀虫效果 %	卷叶率 %	保叶效果 %	残虫数 头/25 穴	杀虫效果 %	卷叶率 %	保叶效果 %
40% 丙溴磷乳油 120	126	30	88.90 Aa	2.78	84.94 Aa	21	90.73 Aa	4.51	86.16 Aa
40% 毒死蜱乳油 100	145	50	83.92 ABb	3.97	78.49 ABb	38	85.42 ABb	6.43	80.26 ABb
18% 杀虫双水剂 300	121	48	81.51 Bb	4.35	76.44 Bb	35	83.90 Bb	7.01	78.48 Bb
20% 三唑磷乳油 200	133	131	54.08 Cc	6.87	62.78 Cc	105	56.07 Cc	11.79	63.81 Cc
CK	138	296		18.46		248		32.58	

5　结论与评价

5.1　40% 丙溴磷乳油 120ml/667m² 、40% 毒死蜱乳油 100ml/667m² 、18% 杀虫双水剂 300ml/667m² 和 20% 三唑磷乳油 200ml/667m² ，对水稻安全，无不良药影响。

5.2　40% 丙溴磷乳油 120ml/667m² 、40% 毒死蜱乳油 100ml/667m² 、18% 杀虫双水剂 300ml/667m² ，对水稻稻纵卷叶螟有较好的杀虫和保叶效果，在稻纵卷叶螟卵孵高峰至 1、2 龄幼虫高峰期用药，药后 14d 杀虫效果梯度表现为 40% 丙溴磷乳油 > 40% 毒死蜱乳油 > 18% 杀虫双水剂，在稻纵卷叶螟大发生年份，每 667m² 使用 40% 丙溴磷乳油 120ml 是防治稻纵卷叶螟的理想药剂。

旱直播水稻使用草消特安全性研究

孙万纯[1]，曹方元[2]，茅永琴[2]，宋巧凤[2]，胥定贯[3]

（1. 江苏省盐城市盐都区义丰镇农业中心，224022；

2. 盐城市盐都区植保植检站，224002；

3. 盐城市盐都区大纵湖镇农业中心，224034）

直播稻面积近几年在盐都区逐年扩大，大部分农户用干稻种直接落谷（旱直播），使用丁·恶合剂（丁草胺·恶草酮）进行除草，而用丁·恶合剂的田块，如遇到暴雨积水，会造成严重药害。为寻找替代丁·恶合剂的除草剂，2008 年在室内与田间进行了草消特（丙草胺＋安全剂）对干籽落谷直播稻的安全性试验，现将结果报告如下。

1 材料与方法

1.1 试验材料

30％ 草消特 EC（丙草胺＋安全剂），江苏华农生物化学有限公司生产，市售；

10％ 苄嘧磺隆 WP，浙江天一农化有限公司生产，市售；

微型喷雾器，浙江省余姚市红星喷雾器械厂生产；

塑料杯，高 9.5cm，直径 7.5cm。

1.2 试验设计

试验分 3 组进行，室内两组，田间一组。

1.2.1 第一组，室内播后不同时间用药试验

每公顷用 30％ 草消特 2 250ml，设播后 1d、2d、4d、6d 用药及不用药对照共 6 个处理，每处理重复 3 次，计 18 个塑料杯，水稻品种为"武运粳 21"，2008 年 6 月 13 日干籽播种。所有处理湿润管理。

1.2.2 第二组，室内播种用药后淹水试验

水稻品种"镇稻 99"，2008 年 8 月 23 日播种，播后至药前湿润管理，8 月 26 日用药。试验设 12 个处理，每处理重复 3 次，计 36 个塑料杯。

（1）30％ 草消特 2 250ml/hm²，用药后淹水 2d，水层 1cm；

（2）30％ 草消特 2 250ml/hm²，用药后淹水 3d，水层 1cm；

（3）30％ 草消特 2 250ml/hm²，用药后淹水 4d，水层 1cm；

（4）30％ 草消特 2 250ml/hm²，湿润无积水；

（5）30％ 草消特 2 250ml/hm²，用药后淹水 3d，同时遮光 3d，水层 1cm；

（6）30％ 草消特 4 500ml/hm²，用药后淹水 3d，水层 1cm；

（7）30％ 草消特 4 500ml/hm²，湿润无积水；

（8）不用药，淹水 2d，水层 1cm；

（9）不用药，淹水 3d，水层 1cm；

（10）不用药，淹水 4d，水层 1cm；

（11）不用药，淹水 3d，同时遮光 3d，水层 1cm；

（12）对照（不用药，湿润无积水）。

1.2.3 第三组，播种后不同时间用药田间小区试验

每公顷用 30% 草消特 2 250ml 加 10% 苄嘧磺隆 300g，设播后 1d、2d、4d 用药及不用药对照共 4 个处理。小区面积 6m²，各处理重复 3 次，计 12 个小区，小区间随机排列。

1.3 室内试验方法

将泥土晒干粉碎，分别装入塑料杯，加水将杯中土壤淋透呈水饱和状，等 2h 后将土表面水排掉进行播种。每杯播干稻种 50 粒，再盖上 0.8 ~ 1cm 的干细土，喷药后放到通风较好的窗台上。喷药方法：用吸管吸取 2m² 面积的药剂，直接放入微型喷雾器中，然后加水 90ml 摇均，将需用药的杯子随机放在 2m² 的地面上，然后均匀喷洒药液。每次实用药液 88ml，残留药液 2ml 左右。淹水处理，于 2008 年 6 月 26 日上水层，以后每天添加一次水，保持水层 1cm；到规定时间，将水层排掉，进入湿润管理。湿润管理：土壤表面无水层，有一定湿度。发现土表发白用喷雾器喷水补湿。

1.4 田间试验情况

试验地点设在盐都区大冈镇杨韦村 3 组测报站观测圃内。土壤肥力一般，土壤质地为中壤，pH 值 7.2。水稻品种"武运粳 21"，于 2008 年 7 月 8 日播种，每小区播稻种 40g。先进行耕翻整地，再将干稻种直接播种，落谷后人工进行浅盖籽，盖籽后上水，水层淹没畦面最高处，然后排掉畦面水层。由于该田块周围是旱作物，所以每 2d 上一次满沟水，秧苗 3 叶期后 3 ~ 4d 上一次水。每公顷用药液 450kg，均匀常规喷雾。施药时畦面无积水。

1.5 调查内容与方法

室内试验，在播种后 20d 内，每天调查一次出苗情况，不定期记载叶龄，测量株高，计算出苗率。出苗率计算方法：出苗数除以播种粒数。田间试验，播后 10d 内，每 2d 观察一次水稻出苗及生长情况。播后 13d 即 7 月 21 日调查一次基本苗：每小区取 3 点，每点 0.2m²。查清样点内水稻株数。

2 试验结果

2.1 对出苗率影响

田间小区试验，播后 1d、2d、4d 用药及不用药对照区播后 13d 基本苗分别为：28.6 株、28.3 株、28.9 株、29.2 株，各处理之间出苗率无明显差异。室内不同用药时间试验，播后 14d 调查各处理出苗率，播后 1d 用药处理出苗率为 63%，其他各处理出苗率 70.2% ~ 77.5%，处理间差异不显著（表 1）。室内淹水试验，淹水时间越长，出苗率越低。在同样淹水时间，药量越高，出苗率越低。湿润管理的各处理之间，差异不明显（表 2）。

表1　室内播种后不同时间用草消特对秧苗生长影响

用药时间	用药量 （ml/hm²）	出苗数（株）			出苗率 （%）	6/26 株高（cm）		7/5 株高（cm）		叶龄
		6/18	6/23	6/27		幅度	平均	幅度	平均	6/22
播后1d	2 250	2.0	24.3	31.5	63.0	0.4~10.6	5.4	4.6~20.2	11.8	1.1叶
播后2d	2 250	2.7	22.5	36.0	72.1	0.3~12	5.5	3.4~20.1	11.4	1.1叶
播后2d	4 500	3.3	24.3	35.1	70.2	0.5~8	4.5	4.1~14.6	9.9	0.9叶
播后4d	2 250	3.3	34.2	35.1	70.2	0.6~10.8	5.8	3.3~17.8	11.5	1叶
播后6d	2 250	4.0	33.3	37.8	75.6	0.8~11	5.7	5.3~15.7	11.6	1叶
对　照		4.0	38.7	38.7	77.5	1.3~11	6.1	6.5~16.4	11.7	1叶

2.2　对出苗期影响

室内试验，干籽播种及时上水，一般播后4~5d见苗，见苗期最迟的为用草消特后淹水3d，淹水期间同时遮光的处理，比其他处理见苗期迟12h左右。出苗速度最快的为不用药湿润管理的对照处理，播后7d内基本齐苗，出苗速度最慢的为草消特4 500ml/hm²，药后淹水3d的处理，播后15d以上才能齐苗，其余处理10d内基本齐苗。综合看，同一药量淹水时间越长，出苗期越长；同一淹水时间，药量越高，出苗期越长（表2）。田间试验：各处理，各小区间出苗速度无明显差异。

表2　室内播种用草消特后淹水对水稻出苗影响

药量 （ml/hm²）	淹水 （d）	8/28 （株）	8/29 （株）	8/30 （株）	8/31 （株）	9/1 （株）	9/2 （株）	9/10 （株）	出苗率 （%）
2 250	2	2.7	7.3	10.7	14.0	18.0	26.7	30.0	60.0
2 250	3	2.7	4.7	11.3	13.3	14.7	26.0	28.7	57.4
2 250	4	1.3	4.7	6.7	10.0	12.7	18.0	24.0	48.0
2 250	湿润	4.0	18.7	28.0	30.7	32.0	36.0	36.0	72.0
2 250	3（遮光）	0.0	4.7	8.7	10.0	11.3	18.7	22.7	45.4
4 500	3	0.7	1.3	6.7	12.0	12.7	13.3	19.3	38.6
4 500	湿润	4.7	22.0	29.3	30.7	30.7	33.3	33.3	66.6
0	2	4.0	18.7	20.0	20.0	22.7	26.0	28.0	56.0
0	3	5.3	17.3	23.3	26.7	27.3	24.0	24.0	48.0
0	4	3.3	10.7	15.3	16.0	16.0	21.3	21.3	42.6
0	3（遮光）	8.0	20.0	25.3	25.3	25.3	26.0	28.0	56.0
对照	湿润	9.3	22.7	34.0	35.3	35.3	35.3	35.3	70.6

2.3　对出叶速度影响

田间试验，各处理之间无明显差异。室内试验，所有湿润管理的处理与对照处理之间无明显差异，出叶速度正常，播后第6d为0.5叶，第7d为1.1叶。不用药淹水处理的出叶时间要

260

比对照推迟 2d，用药后再淹水处理的出叶时间要比对照推迟 3d 左右（表 3）。

表 3　室内播种用草消特后淹水对秧苗生长影响

药量（ml/hm²）	淹水（d）	8/29 7时	8/30 7时	8/31 8时	9/2 7时	9/3 7时	9/3 株高 cm	9/3 株高 比CK矮%	9/11 株高 cm	9/11 株高 比CK矮%
2 250	2	芽鞘	芽鞘	芽鞘	1.1 叶	1.5 叶	2.7	70.0	8.4	38.7
2 250	3	芽鞘	芽鞘	芽鞘	1.1 叶	1.5 叶	1.8	80.0	8.0	41.6
2 250	4	芽鞘	芽鞘	芽鞘	芽鞘	0.5 叶	0.9	90.0	7.3	46.7
2 250	湿润	0.5 叶	1.1 叶	1.5 叶	1.8 叶	2.1 叶	7.7	14.4	13.7	0.0
2 250	3（遮光）	芽鞘	芽鞘	芽鞘	0.5 叶	1.5 叶	1.8	80.0	9.2	32.8
4 500	3	芽鞘	芽鞘	芽鞘	0.5 叶	1.5 叶	1.2	86.7	7.9	42.3
4 500	湿润	0.5 叶	1.1 叶	1.5 叶	1.8 叶	2.1 叶	7.1	31.1	12.5	8.7
0	2	芽鞘	芽鞘	0.5 叶	1.5 叶	1.8 叶	6.8	24.4	11.2	18.2
0	3	芽鞘	芽鞘	0.5 叶	1.5 叶	1.8 叶	6.1	32.2	11.3	17.5
0	4	芽鞘	芽鞘	0.5 叶	1.5 叶	1.8 叶	6.1	32.2	11.2	18.2
0	3（遮光）	芽鞘	芽鞘	0.5 叶	1.5 叶	1.8 叶	5.7	36.7	11.4	16.8
对照	湿润	0.5 叶	1.1 叶	1.5 叶	1.8 叶	2.1 叶	9		13.7	

2.4　对株高的影响

田间试验各处理之间无明显差异。室内试验，每公顷用 2 250ml 草消特湿润管理的处理与对照处理，株高无明显差异。每公顷用 4 500ml 草消特湿润管理的处理比对照稍矮。不用药淹水处理比对照矮 17.5%～36.7%；用草消特后再淹水处理比对照矮 38.7%～90%。2 叶期前株高差异最为明显，以后逐渐缩小，3 叶期后差异不明显（表 1、表 2）。草消特能抑制水稻细胞伸长，造成水稻第 1 叶、第 2 叶叶鞘、叶片缩短，使秧苗变矮。药量越高影响越大（表 4）。

表 4　室内播种用草消特淹水对株高影响　　　　　　　　　　　　　　　（2008.09.06）

处理	第1叶叶鞘 长度（cm）	第1叶叶鞘 比对照±%	第2叶叶鞘 长度（cm）	第2叶叶鞘 比对照±%	第1叶叶片 长度（cm）	第1叶叶片 比对照±%	第2叶叶片 长度（cm）	第2叶叶片 比对照±%	株高 cm	株高 比对照±%
4 500ml/hm²·药后淹水 3d	0.6	−78.6	1.84	−65.3	0.72	−46.3	1.24	−80.9	3.08	−73.8
2 250ml/hm²·药后淹水 3d	0.9	−67.9	2.24	−57.7	0.86	−35.8	2.86	−55.9	5.1	−56.7
2 250ml/hm²·湿润	2.56	−8.57	4.9	−7.55	1.28	−4.48	6.22	−4.01	11.12	−5.6
不用药·淹水 3d	2.64	−5.71	4.68	−11.7	1.38	2.99	5.56	−14.2	10.24	−13.1
对照（不用药·湿润）	2.8		5.3		1.34		6.48		11.78	

3 小结与讨论

3.1 在正常情况下，干籽落谷直播稻田可以使用草消特，每公顷药量在 2 250ml 以下，对水稻出苗生长比较安全。

3.2 直播稻播后至齐苗前淹水对出苗时间、出苗速度、株高均有较大影响。淹水时间越长，出苗率越低，出苗期越长，秧苗越矮。因此，这时段田间要湿润管理，畦面不能有积水，确保早出苗，早齐苗。

3.3 在淹水供氧不足的情况下，草消特能引起水稻中毒。中毒症状有两种：不出苗和秧苗矮小。中毒秧苗株高与健株相比，在 2 叶期前差异最为明显，以后逐渐缩小，3 叶期后差异不明显。矮小的中毒秧苗都能生长为成苗。

3.4 中毒机理探讨。草消特由丙草胺和安全剂组成，秧苗中毒是由丙草胺造成。从中毒秧苗中毒症状看，主要是抑制水稻细胞伸长。丙草胺由胚轴及胚芽鞘吸收，安全剂由根部吸收。一般稻谷在水中萌发时，幼芽先露出，幼根后露出，但在湿润而通气的状态下，幼根先出，幼芽后出，即群众讲的"旱长根、水长芽"。水稻在淹水、供氧不足的情况下，发芽快，发根慢，所以用草消特后水稻就容易出现中毒症状。而湿润管理直播稻是先发根、后长芽，所以用草消特也能正常出苗。

草消特在干籽落谷直播稻田应用初探

曹方元[1]，胡　毓[2]，胥定贯[3]，王太高[4]，胡　键[1]

（1. 江苏省盐城市盐都区植保植检站，224002；

2. 盐城市盐都区龙冈镇农业中心，24011；

3. 盐城市盐都区大纵湖镇农业中心，224034；

4. 盐城市盐都区郭猛镇农业中心，224014）

草消特是目前防除直播稻田杂草的主要除草剂之一，常规使用方法为，在播种前先进行浸种催芽，然后播种施药。但由于机械、人力等因素的限制，一般同一匡田要2～3d才能播种结束、统一上水，常遇到先播种的稻种因不能及时上水而出现"回芽"现象，影响出苗率，因此，大部分农户直接用干稻种播种。为明确草消特在干稻种落谷的直播稻田对水稻的安全性及除草效果，特进行了小区试验与大区示范应用。

1　材料与方法

1.1　药剂

30%草消特乳油（丙草胺+安全剂），杭州庆丰农化有限公司生产，市售；

30%草消特乳油（丙草胺+安全剂），江苏华农生物化学有限公司生产，市售；

10%苄嘧磺隆可湿粉，浙江天一农化有限公司生产，市售。

1.2　试验情况

1.2.1　试验设计

共设4个处理，（1）每公顷30%草消特乳油2 250ml加10%苄嘧磺隆300g，播种后1d用药；（2）每公顷30%草消特乳油2 250ml加10%苄嘧磺隆300g，播种后2d用药；（3）每公顷30%草消特乳油2 250ml加10%苄嘧磺隆300g，播种后4d用药；（4）不用药。小区面积6m²，各处理重复3次，小区间随机排列。

1.2.2　试验基本情况

试验地点在盐都区大冈镇杨韦村3组测报站观测圃内。土壤肥力一般，土壤质地为中壤，pH值7.2。水稻品种"武运粳21"，于2008年7月8日播种，每小区播稻种40g。先进行耕翻整地，再将干稻种直接播种，落谷后人工进行浅盖籽，盖籽后上水，水层淹没畦面最高处，然后排掉畦面水层。由于该田块周围是旱作物，所以每2d上一次满沟水，秧苗3叶期后3～4d上一次水。每公顷用药液450kg，均匀常规喷雾。施药时畦面无积水。

1.3 示范情况

在龙冈、郭猛等镇 7 个村（居）进行了示范应用，示范面积 100hm²。每公顷用 30% 草消特乳油（草消特）1 800～2 250ml 加 10% 苄嘧磺隆 300g，对水 450kg，常规喷雾。干籽播种及施药操作步骤有三种，第一种是：旋耕→开墒整地→干籽播种→浅盖籽→上水→施药。第二种是：干籽播种→浅旋耕→开墒整地→上水→施药。第三种是：机械条播→开墒整地→上水→施药。用药时间，播种结束后第一次上水后 3～5d。水层管理，第一次灌水水层淹没畦面最高处，田间水层自然落干后再灌上满沟水，如出现大暴雨或连阴雨天气，则及时排掉水渠及田间墒沟水。

1.4 调查内容与方法

试验小区施药后 10d 内每 2d 观察一次水稻出苗及生长情况；于 7 月 21 日调查基本苗，8 月 5 日调查除草效果。调查方法，每小区取 3 个点，每点 0.2m²，查清样点内水稻、杂草株数。示范田于播后 10～20d 调查出苗情况，播后 20～30d 调查除草效果，调查方法同试验田。

2 试验示范结果

2.1 对水稻安全性

2.1.1 试验田

从试验田观察与调查情况看，各处理与不用药对照区在出苗时间、基本苗数量及秧苗高度、叶片颜色等方面均无明显差异。示范区正常田块的水稻苗情与试验田趋势一致。

2.1.2 畦面长时间水饱和或淹水，对出苗影响较大

2008 年 6 月 22 日在郭猛镇西湖村 2 组调查，该组小麦茬口直播稻，6 月 11 日播种，13 日施药，每公顷用 30% 草消特乳油 1 800～2 100ml 加 10% 苄嘧磺隆 300g，常规喷雾。6 月 13 日晚到 14 日上午降大暴雨，14 日至 20 日为连阴雨天气，其中盖籽深、墒沟浅、没有及时排水的 6 块田出苗较少，基本苗为 13.5～51.3 株/m²。而盖籽浅、墒沟深、排水通畅、及时排水的田块出苗正常，基本苗为 101～153 株/m²。其中有一块田南头高，北头低，高低相差 15cm 以上，南头基本苗 101 株/m²，北头基本苗 13.5 株/m²。

2.2 除草效果

对稗草、千金子、球花碱草防除效果优良，株防效达 96% 以上（见表）；对碎米莎草、日照飘拂草防除效果一般，株防效为 90% 左右；对马唐、鳢肠、野荸荠防效较差；示范田中部分经常脱水干旱田块和地段除草效果明显下降。

表　草消特用于直播稻除草效果及基本苗情况

处理	基本苗（株）	稗　草		千金子		球花碱草		碎米莎草		日照飘拂草		总　草	
		株	防效（%）	株	防效（%）	株	防效（%）	株	防效（%）	株	防效（%）	株	防效（%）
播种后1d	28.6	0.8	96	0.4	97.7	1	97.5	0.7	92.8	1	92.3	12.5	89.4
播种后2d	28.3	0.3	98.5	0.7	96	0.7	98.2	0.9	90.7	1.3	91.3	11.5	90.2
播种后4d	28.9	0.6	97	0.5	97.1	0	100	0.6	93.8	1	92.3	9.7	91.8
空白对照	29.2	20.3		17.3		39.7		9.7		15.3		118	

3　小结与讨论

3.1　在正常情况下，干籽落谷直播稻可以使用草消特，同时可加入苄嘧磺隆增加杀草谱。一般每公顷用30%草消特乳油1 800～2 250ml加10%苄嘧磺隆300g，对水450kg，进行常规喷雾。用药时间：播种结束，第一次上水后3～4d。该配方对稗草、千金子、球花碱草、碎米莎草、日照飘拂草等稻田主要杂草防除效果良好，对水稻安全，在干籽落谷直播稻田可以示范应用。

3.2　水稻前期田间湿度对出苗、除草效果影响较大。播后10～15d内：田间湿度主要影响出苗，要求畦面潮湿无积水，即田间水自然落干后，再灌上满沟水让其自然落干。如遇大暴雨或连阴雨天气，要及时迅速排干水渠及墒沟水；秧苗2.5叶至封行前：浅水勤灌，田间不断水，以水控草。如长期缺水干旱，不但对稗草等水稻田杂草除草效果明显下降，而且一些湿生、旱生杂草也将会严重发生。

3.3　直播稻田面要平整、沟系要健全。干籽播种田比浸种催芽播种田出苗要推迟3d左右，更容易遭受旱灾、涝灾、渍灾。一般要求田间高低相差不超过3cm，如相差太大则不宜进行直播。田间沟系要配套，墒沟要深，沟通渠、渠通河，达到排灌畅通。

3.4　草消特在干籽落谷直播稻田使用的理论依据探讨。目前市场上销售使用的草消特、扫弗特、草消特是由丙草胺加安全剂组成，水稻的根部吸收到除草剂中的安全剂，安全剂就会解除草消特对水稻的危害。只要水稻播种后先发根、后长芽，或发根快、长芽慢，水稻就不会受到草消特危害。一般稻谷在水中萌发时，幼芽先出，幼根后出，但在湿润而通气的状态下，幼根先出，幼芽后出，即群众讲的"旱长根、水长芽"。我区耕作管理方式是浅旋耕、浅盖籽，播后上水，水自然落干后再上水，哇面潮湿无积水，这样供氧充足、发根快、长芽慢，因此，在我区干籽落谷直播稻田使用草消特就比较安全。

3.5　本试验、示范田中的土壤质地为中壤到轻粘，以芦粟土、核桃土、勤泥土为主，在小粉浆土（灌水后容易淀浆、板结）、轻盐黄泥土、砂土等土种上能否使用草消特，还有待进一步试验研究。

氟硅菊酯等药剂防治稻纵卷叶螟药效试验

胡　健，仇广灿，成晓松，吴彩全，花永珠

（江苏省盐城市盐都区病虫测报站，224005）

甲胺磷等五种高毒农药于 2007 年 1 月 1 日已被国家明令禁止使用，为了筛选防治水稻稻纵卷叶螟的高效、低毒药剂，寻求能够取代甲胺磷等高毒农药的优良药剂品种，确定最佳用药剂量，进一步完善其配套防治技术，为大面积示范应用提供依据。2007 年，我们对氟硅菊酯等 5 种杀虫剂进行了防治水稻稻纵卷叶螟的试验研究，现将结果报告如下。

1　材料和方法

1.1　供试药剂

5% 氟硅菊酯水乳剂，江苏扬州农药厂提供；

1% 甲氨基阿维菌素乳油，河北威远生化股份有限公司提供；

90% 杀虫单可溶性粉剂，江苏安邦集团公司提供；

5% 氟虫腈悬浮剂，商品名锐劲特，拜耳杭州作物科学有限公司提供；

50% 甲胺磷乳油，苏州化工集团产品，市售。

1.2　供试作物

水稻，品种为盐稻 8 号。

1.3　试验设计和方法

试验供设 14 个处理：5% 氟硅菊酯 100ml/667m²、200ml/667m²、300ml/667m²；1% 甲氨基阿维菌素 40ml/667m²、60ml/667m²、80ml/667m²；90% 杀虫单 55.5g/667m²、83.3g/667m²、111.1g/667m²；5% 氟虫腈 40ml/667m²、60ml/667m²、80ml/667m²；50% 甲胺磷 150ml/667m²，喷清水为空白对照。

小区设置：小区面积 65m²，每处理重复 4 次，随机区组排列。

施药时间和方法：于 8 月 19 日施药，施药前调查，试验田百穴稻纵卷叶螟幼虫 560 头，其中 1 龄幼虫占 64.3%，2 龄幼虫占 25.0%，3 龄幼虫占 7.1%，4 龄幼虫占 3.6%，百穴卵量 1 140 粒，正处于第 3 代稻纵卷叶螟 1、2 龄幼虫盛期，施药时水稻处于孕穗末期，每 667m² 用药量对水 45kg 常规喷雾，施药前田间灌水 6cm，保持水层 6d。

1.4　药效调查

于施药后 2d、7d、14d 调查防治效果，每次每小区取 5 个点，每点查 5 穴，计 25 穴，查清样点内稻纵卷叶螟的残留虫量、卷叶率，分别计算杀虫效果、保叶效果。

266

$$杀虫（保叶）效果（\%）=\left[1-\frac{处理区残留虫量（卷叶率）}{对照区残留虫量（卷叶率）}\right]\times100$$

2 结果与分析

2.1 不同药剂间的防治效果

杀虫效果：试验田内稻纵卷叶螟发生数量大，卵孵盛期长，施药时虫、卵并存，药剂间的杀虫效果差异较大。施药后 2d 调查，杀虫效果以 50% 甲胺磷 150ml/667m^2、5% 氟虫腈 80ml/667m^2 最好，两药剂处理间无明显差异；5% 氟硅菊酯 300ml/667m^2 次之，略低于上述两药剂处理，但无明显差异；1% 甲氨基阿维菌素 80ml/667m^2、90% 杀虫单 111.1g/667m^2 两个处理的杀虫效果相近，均显著低于 50% 甲胺磷 150ml/667m^2、5% 氟虫腈 80ml/667m^2、5% 氟硅菊酯 300ml/667m^2 处理。施药后 7d、14d 调查，5% 氟虫腈 40ml/667m^2、60ml/667m^2、80ml/667m^2 3 个处理的杀虫效果稳定在 98% 以上，极显著地优于其他药剂，有效地控制了稻纵卷叶螟的为害，防治效果优良；5% 氟硅菊酯 300ml/667m^2 的杀虫效果在 80% 左右，显著优于 50% 甲胺磷 150ml/667m^2，但明显低于 5% 氟虫腈；1% 甲氨基阿维菌素 80ml/667m^2、90% 杀虫单 111.1g/667m^2 的杀虫效果在 70% 左右，略优于 50% 甲胺磷 150ml/667m^2，均未能控制稻纵卷叶螟的为害。从同一药剂不同调查时期的杀虫效果分析，5% 氟虫腈 3 处理施药后 14d 的杀虫效果与药后 7d 相近，无明显下降，比药后 2d 的杀虫效果明显提高，表明药剂的速效性相对较慢，残效期较长，控虫效果较好；5% 氟硅菊酯 300ml/667m^2、1% 甲氨基阿维菌素 80ml/667m^2、90% 杀虫单 111.1g/667m^2 3 个处理的杀虫效果以施药后 2d 最高，随着调查时期的推迟防治效果略有下降，表明 3 药剂的残效期较短，控虫效果较差；50% 甲胺磷 150ml/667m^2 处理的杀虫效果随调查时期的推迟而迅速下降，药剂的杀虫速度快，速效性较好，但残效期短，控虫效果差（见表）。

保叶效果：不同药剂处理间的保叶效果随杀虫效果的提高而提高，施药后 2d 调查，保叶效果以 5% 氟虫腈 80ml/667m^2 最好，明显优于其他各药剂处理，5% 氟虫腈 60ml/667m^2、50% 甲胺磷 150ml/667m^2、5% 氟硅菊酯 300ml/667m^2 3 个处理的保叶效果相近，无明显差异；1% 甲氨基阿维菌素 80ml/667m^2 的保叶效果略低于 5% 氟虫腈 60ml/667m^2、50% 甲胺磷 150ml/667m^2、5% 氟硅菊酯 300ml/667m^2 3 个处理，但均无明显差异；90% 杀虫单 111.1g/667m^2 的保叶效果较低，显著低于 5% 氟虫腈 60ml/667m^2、80ml/667m^2、50% 甲胺磷 150ml/667m^2、5% 氟硅菊酯 300ml/667m^2。5% 氟虫腈 60ml/667m^2、80ml/667m^2，施药后 7d、14d 的保叶效果稳定在 95% 以上，无明显下降，均显著优于其他药剂，防治效果优良；5% 氟硅菊酯 300ml/667m^2 施药后 7d 的保叶效果为 80.3%，药后 14d 降至 73.3%，1% 甲氨基阿维菌素 80ml/667m^2、90% 杀虫单 111.1g/667m^2 施药后 7d 的保叶效果在 73% 左右，药后 14d 降至 65% 左右，3 个药剂的保叶效果均显著优于 50% 甲胺磷 150ml/667m^2（见表）。

表　不同药剂对稻纵卷叶螟的防治效果

药剂处理 （ml·g/667m²）	药后2d				药后7d				药后14d			
	保叶效果	显著性	杀虫效果	显著性	保叶效果	显著性	杀虫效果	显著性	保叶效果	显著性	杀虫效果	显著性
氟虫腈　40	67.2	bc B	75.1	c B	94.1	b B	98.4	a A	94.0	c B	98.3	b B
氟虫腈　60	71.2	B AB	84.0	b AB	95.2	ab AB	99.4	a A	95.7	b B	99.3	a AB
氟虫腈　80	78.6	a A	89.5	a A	96.7	a A	99.5	a A	97.4	a A	99.7	a A
氟硅菊酯100	46.8	d C	50.9	d C	69.9	de DE	65.2	d CD	57.7	f E	64.4	de DE
氟硅菊酯200	54.5	cd BC	66.1	c BC	76.5	cd CD	74.7	c BC	68.1	e CD	74.6	cd CD
氟硅菊酯300	69.3	b AB	86.5	ab AB	80.3	c C	80.7	B	73.3	d C	79.0	c C
杀虫单　55.5	48.3	d C	48.6	d C	63.1	e E	59.3	d CD	52.1	g E	57.1	e E
杀虫单　83.3	55.1	cd BC	66.1	c BC	68.1	de DE	64.6	d CD	57.7	f E	63.1	e DE
杀虫单　111.1	59.0	BC	72.3	c B	73.0	cd C	70.6	cd C	65.1	e D	70.0	d D
甲氨基阿维菌素40	54.6	cd BC	55.6	d C	63.4	e E	57.8	d D	52.3	fg E	55.9	e E
甲氨基阿维菌素60	59.0	c BC	66.8	c BC	67.6	de DE	63.2	d CD	57.5	f E	61.8	e DE
甲氨基阿维菌素80	66.2	bc B	73.5	c B	73.4	cd C	70.8	cd C	64.4	e D	70.1	d D
甲胺磷　150	69.6	b AB	90.8	a A	66.1	de DE	58.7	d CD	53.6	fg E	58.0	e E

2.2　同一药剂不同剂量间的防治效果

5%氟虫腈40ml/667m²、60ml/667m²、80ml/667m²，施药后2d的杀虫、保叶效果随用药量的增加而明显提高，剂量间差异明显；施药后7d、14d调查，3个剂量的杀虫效果在98.3%～99.7%，保叶效果在94.0%～97.4%，不同剂量间的防治效果相接近，差异较小。结果表明，5%氟虫腈40ml/667m²即能有效地控制稻纵卷叶螟的为害，但速效性随用药量的增加而加快。

5%氟硅菊酯不同剂量间的防治效果随用药量的增加而明显提高，施药后7d、14d调查，300ml/667m²的杀虫、保叶效果在80%左右，相对较好；200ml/667m²的防治效果在75%左右，100ml/667m²的防治效果在70%以下，未能控制稻纵卷叶螟的为害。

90%杀虫单、1%甲氨基阿维菌素两药剂3个剂量的杀虫、保叶效果均在75%以下，不同剂量间的防治效果存在一定差异，但均未能控制稻纵卷叶螟的为害，防治效果较低。

3　小结与讨论

3.1　不同药剂间对稻纵卷叶螟的防治效果存在显著差异，5%氟虫腈悬浮剂的杀虫、保叶效果居各药剂之首，杀虫速度相对较快，控虫效果好，是取代高毒农药甲胺磷的理想药剂；5%氟硅菊酯水乳剂300ml/667m²的杀虫速度相对较快，杀虫效果在80%左右，防治效果相对较好，100ml/667m²、200ml/667m²的杀虫、保叶效果较低，控虫效果较差，3个剂量的最终防治效果均明显优于甲胺磷；90%杀虫单可溶性粉剂、1%甲氨基阿维菌素乳油两药剂的最终防治效果略优于甲胺磷，但杀虫速度慢，杀虫、保叶效果较差，未能控制稻纵卷叶螟的为害。

3.2 在稻纵卷叶螟大发生的年份或代次，每 667m^2 用 5% 氟虫腈悬浮剂 40ml 施药一次，即能有效地控制其为害；每 667m^2 用 5% 氟硅菊酯水乳剂 300ml 施药一次，杀虫效果相对较好，但仍遭受一定为害。

3.3 在稻纵卷叶螟盛发期长、发生量大的情况下，5% 氟硅菊酯水乳剂每 667m^2 100g、200g 以及 90% 杀虫单可溶性粉剂、1% 甲氨基阿维菌素乳油施药一次的防治效果较低，增加用药次数能否提高药剂的杀虫效果以及在中等以下发生年份的防治效果如何，还有待进一步试验探讨。

甲维·氟虫腈等药剂防治水稻
稻纵卷叶螟药效试验

宋巧凤[1]，胡　健[1]，陈志元[2]，杨　军[2]

（1. 江苏省盐城市盐都区植保植检站，224002；

2. 盐城市盐都区大冈镇农业中心，224043）

　　为了筛选防治水稻稻纵卷叶螟的高效、低毒药剂，寻求能够取代甲胺磷等高毒农药的优良药剂品种，确定最佳用药剂量，进一步完善其配套防治技术，为大面积示范应用提供依据。2007 年我们对甲维·氟虫腈等杀虫剂进行了防治水稻稻纵卷叶螟的田间药效试验，现将试验结果报告如下。

1　材料和方法

1.1　供试药剂

　　16% 阿维·哒嗪乳油，南京南农农药科技发展有限公司提供；

　　3.5% 甲维·氟虫腈乳油，江苏新沂中凯农用化工有限公司提供；

　　50% 甲胺磷乳油，苏州化工集团产品，市售。

1.2　试验设计和方法

　　基本情况：试验安排在盐都新区野丁村四组，供试水稻品种为淮稻 5 号，试验田水稻于 6 月 20 日移栽，行距 24.5cm，株距 15cm，每 667m²1.81 万穴，土壤类型为粘土，pH 值 7.1，肥力中等偏上，水稻长势较好，生长平衡。

　　处理设计：16% 阿维·哒嗪每 667m²（纯品，下同）10.4g、12.8g、16g；3.5% 甲维·氟虫腈每 667m²0.88g、1.14g、1.4g；50% 甲胺磷每 667m²75g；喷清水为空白对照，计 8 个处理。

　　小区设置：小区面积 65m²，每处理重复 4 次，随机区组排列。

　　施药时间和方法：于 8 月 6 日施药，施药前调查，试验田百穴稻纵卷叶螟幼虫 580 头，其中 1 龄幼虫占 79.8%，2 龄幼虫占 17.9%，3 龄幼虫占 2.3%，百穴卵量 440 粒，正处于第 3 代稻纵卷叶螟 1、2 龄幼虫盛期，施药时水稻处于拔节期，每 667m² 用药量对水 45kg 常规喷雾，施药后当天夜里 11 时左右（施药结束后约 5 小时）下短时间阵雨，施药前田间灌水 6cm，保持水层 6d。

　　施药器械：卫士 WS - 16 型手动喷雾器，单孔圆锥雾喷头喷雾，工作压力 0.2～0.4MPa，流量 0.65～0.88L/min。

1.3　药效调查

　　于施药后 7d、14d 调查防治效果，每次每小区取 5 个点，每点查 5 穴，计 25 穴，查清样点内稻纵卷叶螟的残留虫量、卷叶率，分别计算杀虫效果、保叶效果。

$$杀虫（保叶）效果（\%）=\left[1-\frac{处理区残留虫量（卷叶率）}{对照区残留虫量（卷叶率）}\right]\times100$$

2 结果与分析

2.1 不同药剂间的防治效果

施药后 7d、14d 调查，3.5% 甲维·氟虫腈每 667m² 1.4g 的杀虫、保叶效果稳定在 90% 左右，16% 阿维·哒嗪每 667m² 16g 的杀虫、保叶效果在 80% 左右，显著低于 3.5% 甲维·氟虫腈每 667m² 1.4g 处理，两药剂处理的防治效果均显著优于 50% 甲胺磷每 667m² 75g 效果（见表）。

2.2 同一药剂、不同剂量间的防治效果

3.5% 甲维·氟虫腈每 667m² 0.88g、1.14g、1.40g 不同剂量间的杀虫、保叶效果随用药量的增加而明显提高，剂量间差异显著（见表）。

16% 阿维·哒嗪不同剂量间的杀虫效果随用药量的增加而明显提高，剂量间存在显著差异，不同剂量间的保叶效果随用药量的增加略有提高，每 667m² 12.8g 的保叶效果略高于每 667m² 10.4g，差异相对较小，每 667m² 16g 的保叶效果显著优于每 667m² 10.4g，略高于每 667m² 12.8g，但差异不明显（见表）。

表 不同药剂对稻纵卷叶螟的防治效果

处 理 （ai·g/667m²）	药后 7d				药后 14d			
	卷叶 率%	保叶 效果	残留 虫量	杀虫 效果	卷叶 率%	保叶 效果	残留 虫量	杀虫 效果
16% 阿维·哒嗪乳油 10.4	10.0	72.6 d C	184.5	74.8 e C	13.4	69.6 d C	210.0	72.6 e C
16% 阿维·哒嗪乳油 12.8	8.4	76.9 dc BC	149.0	79.6 d BC	11.1	74.8 c BC	176.0	77.0 d BC
16% 阿维·哒嗪乳油 16.0	7.0	80.8 c BC	122.0	83.3 c B	9.5	78.4 c BC	142.0	81.5 c B
3.5% 甲维·氟虫腈乳油 0.88	6.6	81.8 c B	106.0	85.5 c B	8.7	80.2 c B	121.0	84.2 c B
3.5% 甲维·氟虫腈乳油 1.14	5.0	86.6 b AB	76.0	89.7 b AB	6.6	85.2 b AB	89.0	88.5 b AB
3.5% 甲维·氟虫腈乳油 1.40	3.5	90.6 a A	56.0	92.5 a A	4.6	89.7 a A	65.0	91.7 a A
50% 甲胺磷乳油 75	10.3	71.7 d C	203.0	72.1 e C	13.3	69.8 d C	240.0	68.7 e C
清水对照	36.7		732.0		44.2		768.0	

注：表中残留虫量为 100 穴虫量。

2.3 对水稻的安全性观察

据施药后 14d 内观察，16% 阿维·哒嗪乳油、3.5% 甲维·氟虫腈乳油、50% 甲胺磷乳油各药剂处理区水稻生长发育正常，均未出现任何不良反应，安全性较好。

3 小结与讨论

3.1 不同药剂对稻纵卷叶螟的防治效果存在显著差异，3.5% 甲维·氟虫腈乳油的杀虫、保叶效果居各药剂之首，显著优于其他各药剂处理，是取代高毒农药甲胺磷防治稻纵卷叶螟的理想药剂；16% 阿维·哒嗪乳油防治效果相对较好，每 667m² 16g 处理显著优于甲胺磷乳油每 667m² 75g 处理。

3.2 防治稻纵卷叶螟，每 667m² 用 3.5% 甲维·氟虫腈乳油 1.14～1.4g（制剂用药量：32.5～40ml），掌握在卵孵高峰后 1～2d 施药一次，即能有效地控制其为害。

3.3 2007 年稻纵卷叶螟虫卵量高，危害严重，16% 阿维·哒嗪乳油在本试验剂量下仍遭受一定的为害，是否与施药后 5h 降雨有关，或用药量偏低，提高用药量、增加用药次数能否提高药剂的杀虫、保叶效果以及在中等以下发生年份的防治效果如何，还有待进一步试验探讨。

嘧菌环胺防治葡萄灰霉病田间药效试验

成晓松[1]，仇广灿[1]，吴彩全[1]，胡　健[1]，花永珠[1]，杨爱泉[2]，孙月照[2]

（1. 江苏省盐城市盐都区病虫测报站，224005；

2. 盐城市盐都区潘黄镇农业服务中心，224055）

葡萄灰霉病是葡萄栽培中的重要病害，在初花至幼果期受害，葡萄的产量和品质将受到严重影响。50%嘧菌环胺水分散粒剂是江苏丰登农药有限公司生产的杀菌剂新产品，为摸清其对葡萄灰霉病的防治效果，确定最佳使用剂量及其对葡萄的安全性等使用技术，2008年我们进行了50%嘧菌环胺水分散粒剂防治葡萄灰霉病田间小区药效试验，为推广应用提供依据。

1　试验方法

1.1　供试药剂

50%嘧菌环胺水分散粒剂，江苏丰登农药有限公司提供；

50%腐霉利可湿性粉剂，日本住友化学株式会社产品，市售。

1.2　试验设计和方法

试验设50%嘧菌环胺水分散粒剂5 000倍、4 000倍、2 500倍，50%腐霉利可湿性粉剂4 000倍，清水对照共5个处理，小区面积（植株数）18m^2（6株），重复4次，随机区组排列，每公顷对水750kg，于5月15日第一次施药（开花前7d），5月26日第二次施药（初果期），采用利农牌HD—400型喷雾器（可调锥形喷头，工作压力45MPa，喷射速率710ml/min）常规喷雾。

1.3　试验田情况

试验在潘黄镇福利村进行，葡萄品种为巨丰，树龄7年，株距1.5m，行距2m。土壤质地为粘壤土，肥力中等，pH值7.2。

1.4　天气情况

5月15日第一次施药当天晴，西风，风速3.9m／s，平均气温18.5℃，相对湿度71%，5月26日第二次施药当天多云，西南风，风速5.4m／s，平均气温22.8℃，相对湿度79%。试验期间（5月16至6月5日）平均气温20.9℃，最高气温32.8℃，最低气温13.3℃，雨日7，降雨量76.9mm。

1.5　调查方法

施药后每2d观察一次葡萄生长情况，末次施药后10d（6月5日）调查总果数和病果数，每小区调查6株葡萄，每株调查上、中、下部各一串，计18串葡萄，调查总果数和病果数，计算防病效果。

2 试验结果

2.1 防病效果

根据试验调查，50%嘧菌环胺水分散粒剂对葡萄灰霉病具有较好的防治效果。方差分析结果，50%嘧菌环胺水分散粒剂5 000倍的防病效果和4 000倍处理间差异不显著，4 000倍处理和2 500倍处理间差异不显著，50%嘧菌环胺水分散粒剂5 000倍的防病效果显著低于2 500倍处理，但达不到极显著水平，50%嘧菌环胺水分散粒剂4 000倍的防病效果和50%腐霉利可湿性粉剂4 000倍处理间防效接近，差异不显著（见表）。

表 嘧菌环胺防治葡萄灰霉病田间药效试验结果

药剂处理	稀释倍数	平均病果率（%）	平均防效（%）	差异显著性 5%	差异显著性 1%
50%嘧菌环胺	5 000	6.53	70.41	b	A
	4 000	5.01	77.13	ab	A
	2 500	4.23	80.44	a	A
50%腐霉利	4 000	4.82	77.81	ab	A
清水对照		21.96			

2.2 安全性观察情况

在试验稀释倍数下对葡萄生长安全，无明显药害表现。

3 小结

3.1 试验结果表明，50%嘧菌环胺水分散粒剂对葡萄灰霉病具有良好的防治效果，对葡萄生长安全性好。

3.2 50%嘧菌环胺水分散粒剂防治葡萄灰霉病的稀释倍数4 000倍比较适宜经济，每公顷用药液量750kg常规喷雾。

50％灭虫露乳油防治水稻害虫试验初报

吴彩全[1]，仇广灿[1]，陆宏彬[2]，程来品[3]

（1. 江苏省盐城市盐都区病虫测报站，224005；

2. 盐城市盐都区义丰镇农业中心，224022；

3. 盐城市盐都区潘黄镇农业中心，224055）

甲胺磷等 5 种高毒农药已被国家明令禁止使用，为了筛选防治水稻害虫的高效、低毒杀虫剂，寻求能够取代甲胺磷等高毒农药的优良药剂品种，确定最佳用药剂量，为大面积应用提供依据。2006～2007 年，我们对 50％灭虫露（稻丰散）乳油进行了防治水稻害虫的田间药效试验，现将试验结果报告如下。

1 材料和方法

1.1 供试药剂

50％灭虫露乳油（通用名稻丰散），江苏腾龙生物药业有限公司提供；

40％盖仑本乳油（通用名毒死蜱），江苏宝灵化工股份有限公司产品，市售。

1.2 防治灰飞虱试验

在盐都区义丰镇骏马村进行，试验田水稻—慈姑轮作，前茬为慈菇，供试水稻品种为原丰早，水稻于 2006 年 6 月 1 日移栽，长势较好。

试验设 5 个处理：50％灭虫露乳油每 667m² 80ml、100ml、120ml；40％盖仑本乳油每 667m² 100ml；喷清水为空白对照。

小区设置：小区面积 65m²，每处理重复 3 次，随机区组排列。

施药时间和方法：于第 2 代灰飞虱低龄若虫高峰期（2006 年 6 月 26 日）施药，施药时 1 龄若虫占 64.4％，2 龄若虫占 35.3％，成虫占 0.3％，水稻处于分蘖末期，每 667m² 用药量对水 50kg 常规喷雾。

药效调查：于施药前调查各小区的虫量基数，施药后 1d、3d、7d 调查防治效果，采取平行线取样，每次每小区调查 10 个点，每点 2 穴，计 20 穴水稻，查清样点内灰飞虱残留虫量，计算百穴虫量、防治效果。

1.3 防治稻纵卷叶螟试验

试验在盐都区潘黄镇玉新村进行，试验田稻麦棉轮作，前茬为大麦，试验田水稻于 2007 年 6 月 19 日移栽，水稻长势良好。

处理设计：同灰飞虱试验。

小区设置：小区面积 45m²，每处理重复 3 次，随机区组排列。

施药时间和方法：于 8 月 5 日施药一次，施药时水稻处于拔节期，3 代稻纵卷叶螟处于卵孵高峰期。每 667m² 用药量对水 50kg 常规喷雾。

药效调查：于施药后 7d、15d 调查防治效果，采取 5 点取样法，每点 5 穴，每小区计调查 25 穴水稻的残留虫量、卷叶率，计算杀虫效果和保叶效果。

2 结果与分析

2.1 对灰飞虱的防治效果

50％灭虫露乳油每 667m²80ml、100ml、120ml，施药后 1d 调查，对灰飞虱低龄若虫的防治效果分别为 98.9％、99.4％、98.9％，药剂杀虫迅速，速效性好，施药后 3d、7d 调查，灭虫露 3 个处理的杀虫效果均达 98％以上，不同剂量间的杀虫效果相近，无明显差异，与 40％盖仑本每 667m²100ml 的防治效果相当，差异不显著（表 1）。

表 1　50％灭虫露乳油防治水稻田灰飞虱试验结果

处　理 （ml/667m²）	药前 基数	施药后 1d		施药后 3d		施药后 7d	
		残留 虫量	防治效果 %	残留 虫量	防治效果 %	残留 虫量	防治效果 %
50％灭虫露　80	18 433.3	196.7	98.9 a　A	80.0	99.4 a A	138.3	98.6 a A
50％灭虫露　100	19 098.3	132.5	99.4 a　A	57.5	99.7 a A	155.0	98.4 a A
50％灭虫露　120	18 485.0	198.7	98.9 a　A	68.3	99.5 a A	28.3	99.7 a A
40％盖仑本　100	18 223.3	325.0	98.1 a　A	36.7	99.7 a A	66.7	99.2 a A
清水对照	18 713.3	17 930.0		9 083.3		9 360.0	

注：表中数据为 3 次重复平均值，残留虫量为百穴虫量，单位：头。

2.2 对稻纵卷叶螟的防治效果

施药后 7d、15d 调查，50％灭虫露每 667m² 80ml、100ml、120ml 对稻纵卷叶螟的保叶效果均在 80％以上，杀虫效果均在 84％以上，有效地控制了稻纵卷叶螟的为害，不同剂量间的保叶、杀虫效果随用药量的增加而提高。每 667m²100ml 的防治效果比每 667m²80ml 略优，与对照药剂 40％盖仑本每 667m²100ml 相近，3 个处理间的防治效果均无明显差异，50％灭虫露每 667m²120ml 的防治效果显著优于每 667m²80ml，比每 667m²100ml 以及对照药剂 40％盖仑本每 667m²100 毫升略优，但差异不明显（表 2）。

表 2　50％灭虫露乳油防治稻纵卷叶螟试验结果

处　理 （ml/667m²）	施药后 7d				施药后 15d			
	卷叶 率%	保叶效果 %	百穴虫量 （头）	杀虫效果 %	卷叶率 %	保叶效果 %	百穴虫量 （头）	杀虫效果 %
50％灭虫露　80	6.9	82.4 b A	132.7	84.5 b　B	9.4	81.7 b A	122.7	84.3 b　B
50％灭虫露　100	5.1	87.0 ab A	88.3	89.7 ab AB	7.0	86.4 ab A	76.3	90.2 ab AB
50％灭虫露　120	3.6	90.8 a　A	57.3	93.3 a　A	4.8	90.7 a A	45.7	94.2 a　A
40％盖仑本　100	4.6	88.3 ab A	91.7	89.3 ab AB	6.7	87.0 ab A	79.0	89.9 ab AB
清水对照	39.3		854.7		51.4		781.3	780

3 小结与讨论

3.1 50%灭虫露乳油对灰飞虱、稻纵卷叶螟均具有较好的防治效果，尤其对灰飞虱杀虫迅速，速效性好，防治效果优良，其防治效果与40%盖仑本乳油相近，差异不明显，是取代甲胺磷等高毒农药防治水稻害虫的理想药剂。

3.2 防治水稻田灰飞虱，每 $667m^2$ 用50%灭虫露乳油 80～100ml，掌握在低龄若虫盛期用药，防治稻纵卷叶螟每 $667m^2$ 用50%灭虫露乳油 100～120ml，掌握在卵孵高峰期用药，均可有效地控制害虫的为害。

直播宁防除直播稻田杂草药效试验

胡　毓[1]，曹方元[2]，茅永琴[2]，孙万纯[3]

（1. 江苏省盐城市盐都区龙冈镇农业中心，224011；

2. 盐城市盐都区植保植检站，224002；

3. 盐城市盐都区义丰镇农业中心，224022）

直播宁是太仓市长江化工厂生产的，用于防除直播稻田杂草的土壤封闭除草剂，为明确直播宁防除直播稻田杂草的药效和安全性，确定最佳使用剂量，为生产上推广应用提供科学依据，特进行本试验。

1　材料与方法

1.1　供试药剂

30% 直播宁 WP（苄嘧磺隆·丙草胺），太仓市长江化工厂生产，市售；

10% 苄磺隆 WP，江苏常隆化工有限公司生产，市售；

30% 草消特（丙草胺）EC，杭州庆丰农化有限公司生产，市售。

1.2　试验设计

试验设 7 个处理，（1）30% 直播宁 1 200g/hm²；（2）30% 直播宁 1 500g/hm²；（3）30% 直播宁 1 800g/hm²；（4）30% 直播宁 3 000g/hm²；（5）10% 苄嘧磺隆 300g/hm²；（6）300g/L 草消特 1 500 ml/hm²；（7）空白对照。每小区面积 30m²，每处理重复 3 次，各处理小区间随机区组排列。

1.3　试验田基本情况

试验田设在盐都区龙冈镇大顾居委会，水稻品种为淮稻 6 号，于 2007 年 5 月 24 日浸种、催短芽，28 日播种，每公顷播种量为 75kg，种植方式为直播，即收割大麦→浅旋耕→开墒整地→播种→浅盖籽→上水。第一次上水水层淹没畦面最高处，然后排掉畦面水层，田间保持浅沟水，畦面湿润无积水，秧苗 2.5 叶后灌浅水层。试验田水稻从 6 月 15 日开始用毒死蜱、吡虫啉、敌敌畏等药剂防治灰飞虱，计用药 3 次。土壤质地为中壤，肥力中等，pH 值 7.1。

1.4　施药时间和方法

药剂处理区于播种后 2d（5 月 29 日）施药 1 次，每公顷喷药液 450kg，常规喷雾，雾点分布均匀，施药时浅沟水，畦面湿润无积水，施药后畦面保持湿润。

1.5　调查方法

1.5.1　防效调查

于施药后 15d、30d 调查除草效果。每次每小区取 3 个点，每点 0.2m²，查清样点内杂草种类和残留株数，计算株防效，药后30d调查时一并称取地上部鲜草重，计算鲜重防效。

1.5.2　安全性调查

于施药后15d调查各小区基本苗，分析药剂对水稻出苗的影响，同时不定期地观察水稻秧苗的叶色，叶形及生长情况，以明确药剂对直播水稻的安全性。

2　试验结果

2.1　对稗草的防除效果

施药后15d、30d调查，30%直播宁每公顷1 200g、1 500g、1 800g、3 000g 4处理对直播稻田稗草株防效、鲜重防效随用药量的增加而提高，30%直播宁每公顷1 500g、1 800g两处理的效果差异不明显，与30%草消特每公顷1 500ml处理的除草效果亦无明显差异，显著优于10%苄嘧磺隆每公顷300g单用。30%直播宁每公顷3 000g药后30d的株防效为93.9%、鲜重防效为96.5%，显著优于每公顷1 200g、1 500g及30%草消特每公顷1 500ml处理，10%苄嘧磺隆每公顷300g单用对稗草防效很差（表1）。

表1　直播宁对直播稻田稗草的防除效果

处　　理	药后15d		药后30d			
	残留株数	株防效（%）	残留株数	株防效（%）	鲜草重（g）	鲜重防效（%）
直播宁1 200g/hm²	37.60	74.90	28.40	84.00	56.80	88.90
直播宁1 500g/hm²	23.00	84.60	22.50	87.30	42.90	91.60
直播宁1 800g/hm²	22.00	85.30	16.80	90.50	32.50	93.70
直播宁3 000g/hm²	15.60	89.60	10.90	93.90	18.10	96.50
苄嘧磺隆300g/hm²	67.50	55.00	80.60	54.60	170.90	66.60
草消特1 500g/hm²	21.60	85.60	18.20	89.80	31.40	93.90
空白对照	150.00		177.60		511.90	

2.2　对球花碱草的防除效果

试验田球花碱草生长较弱，药剂的控草效果较好。施药后15d、30d调查，30%直播宁每公顷1 200g、1 500g、1 800g、3 000g对球花碱草的株防效、鲜重防效稳定在94%以上，不同剂量间以及与10%苄嘧磺隆每公顷300g、30%草消特每公顷1 500ml各处理间的除草效果基本接近（表2）。

表2　直播宁对直播稻田球花碱草的防除效果

处　　理	药后15d		药后30d			
	残留株数	株防效（%）	残留株数	株防效（%）	鲜草重（g）	鲜重防效（%）
直播宁1 200g/hm²	3.75	95.20	1.90	93.90	0.11	95.93
直播宁1 500g/hm²	1.50	98.00	0.90	97.10	0.05	98.15
直播宁1 800g/hm²	0.45	99.40	0.80	97.40	0.04	98.52
直播宁3 000g/hm²	0.00	100.00	0.50	98.40	0.01	99.63
苄嘧磺隆300g/hm²	1.20	98.40	0.40	98.70	0.01	99.63
草消特1 500g/hm²	2.20	97.10	1.20	96.10	0.09	96.67
空白对照	76.90		31.20		2.70	

2.3 对总草防除效果

30%直播宁WP每公顷3 000g除草效果最好，10%苄嘧磺隆WP每公顷300g单用除草效果最差，30%直播宁WP每公顷1 200g、1 500g、1 800g防效随用药量的增加略有提高，30%直播宁WP每公顷1 500g、1 800g两处理的防效在90%左右，与30%草消特每公顷1 500ml处理的除草效果接近（表3）。

表3 直播宁对直播稻田总草的防除效果

处理	药后15d		药后30d			
	残留株数	株防效（%）	残留株数	株防效（%）	鲜草重（g）	鲜重防效（%）
直播宁1 200g/hm²	41.30	81.80	30.30	85.50	56.90	88.94
直播宁1 500g/hm²	24.50	89.20	23.40	88.80	42.90	91.66
直播宁1 800g/hm²	22.50	90.10	17.60	91.60	32.50	93.68
直播宁3 000g/hm²	15.60	93.10	11.40	94.50	18.10	96.48
苄嘧磺隆WP300g/hm²	68.70	69.70	81.00	61.20	170.90	66.79
草消特EC1 500g/hm²	23.80	89.50	19.40	90.70	31.50	93.88
空白对照	226.90		208.80		514.60	

2.4 安全性

施药后15d调查，30%直播宁WP每公顷1 200g、1 500g、1 800g、3 000g 4个处理，每667m²基本苗在13.16万~13.70万，比对照区低0.4%~5.1%。方差分析，各药剂处理间以及与对照间的基本苗均无明显差异（F值=0.12）。施药后不定期观察，各药剂处理区水稻出苗正常，稻苗的叶龄、叶色与对照无明显差异，未见明显不良反应，安全性较好。

3 小结

3.1 30%直播宁WP对直播水稻田稗草、球花碱草等混生杂草具有良好的防除效果。该配方杀草谱广，对水稻安全，是目前防除直播水稻田杂草比较理想的土壤封闭药剂。

3.2 防除直播水稻田混生杂草，每公顷30%直播宁WP的经济用量为1 500~1 800g；对杂草基数较高的直播稻田，用药量要适当增加，施药适期为催芽稻种播种后2~4d。

3.3 从田间不同地段除草效果看，畦面较高地段，由于施药后湿度小、草籽发芽慢，秧苗2.5叶后浅水管理时畦面无水层，不能以水控草，出草较多，除草效果较低，所以直播稻田整地一定要平整，施药后保湿诱草，2.5叶后及时灌水控草，以提高药剂的控草效果。

五、其　　他

盐城市植保专业化防治服务的实践

王开勤[1]，陈永明[2]，林付根[2]，董　升[1]

（1. 江苏省盐城市农业信息中心，224002；2. 盐城市植保植检站，224002）

盐城市是一个典型的农业大市，下辖 9 个县（市、区），现有耕地面积 78.03 万 hm²，常年种植麦子、水稻、棉花、蔬菜作物。近年来，政府大力扶持和农民自发形成的多种植保专业化防治服务，在控制病虫草害的发生为害，提高农业生产水平，促进农民增收增效方面发挥了积极的作用。2008 年，我们组织各县（市、区）植保部门对全市植保专业化防治服务进行了全面的调查，认为植保专业化服务是农村新形势下农作物病虫草害防治的有效形式，应加以引导、扶持、推广。

1　基本现状

1.1　政府扶持与服务范围

至 2007 年底，盐城市现有各种植保机械 1 433 477 台，以手动喷雾器居多，占总量的 90.07%，户均拥有植保机械 0.76 台，在机动植保机械中，又以机动弥雾机居多，达 142 220 台，占总量的 9.92%，担架式、车载式植保机械仅占 0.01%。

为促进植保专业化防治服务的发展，近两年，国家、省、市、县从政策、资金、项目等方面给予了支持。在购买的各类机动植保机械 2 708 台中，国家、省、地方政府补贴资金 205.77 万元，其中国家财政及部项目购买或补贴 142.68 万元，省财政支持 43.79 万元，县市财政补贴 19.3 万元。2007 年全市农作物病虫草害防治 1 165.34 万 hm² 次，植保专业化防治农作物重大病虫草害 139.15 万 hm² 次，其中水稻"两迁"害虫及水稻灰飞虱防治分别达到 54.15 万 hm² 次和 31.99 万 hm² 次。

1.2　组织形式与规模

盐城市现有各类植保专业化防治组织 4 203 个，以农民临时组织、自发组织居多，达 3 975 个，占 94.57%；其次村委会及农药销售商组织 161 个，占 3.83%，县植保站、乡农技站、农村合作组织、农民或其他商家个人组织 67 个，占 1.60%。组织规模以 10 台以下机动植保机械居多，达 4 126 个，占 98.17%，其中又以 10 台以下机动弥雾机居多，达 3 891 个，占 94.30%。

1.3　运行机制与管理

植保专业化防治组织多为松散组织，机手分片包户服务，植保机械由机手使用、维护和保管，机器分散管理的 4 151 个，占 99.38%，集体管理的仅占 0.62%。机防组织有管理章程的 200 个，占 4.76%，有工作守则的 191 个，占 4.54%，有报酬支付管理规定的 272 个，占 6.47%。

1.4 服务方式与收费

目前植保专业化防治服务组织,主要服务于稻、麦、棉等农作物重大病虫草害防治,以机手不带药临时承包防治居多,占 80.25%,其次是带药临时承包,占 16.31%,单一病虫承包的占 2.61%,全程承包的仅占 0.83%。服务费用的收取方式,全程承包多在水稻病虫害防治上,水稻收费 1 920 元/hm² (1 800 ~ 2 025 元/hm²),不带药临时承包平均 62.1 元/hm² 次 (45 ~ 90 元/hm² 次),或按喷液数量收费,每桶平均 2.80 元 (2 ~ 3 元)。因地区之间经济条件、服务组织和服务对象存在差异,收费标准也不同。

2 存在问题

各级政府的惠农政策促进了植保专业化防治的发展,改变了过去全部手动喷雾,减轻了劳动强度,解放了劳动力,更多的劳动力转移到二、三产业。目前植保专业化防治的发展仍面临许多现实问题。具体为"两小一差一低一大":

2.1 组织规模与服务范围较小

一是植保专业化防治组织数量少。全市现有 4 203 个植保专业服务组织,平均每村只有 2 个,平均每组只有 0.26 个。二是组织规模小。以 10 台以下植保机动机械居多,拥有 20 台以上机动植保机械的仅占 1.83%。三是服务的范围小。2007 年全市病虫草害发生面积 582.33 万 hm² 次,植保专业化防治面积仅占农作物病虫草害防治面积的 11.94%。

2.2 地方政策与资金扶持力度较小

植保机防组织的发展一靠政策扶持二靠资金支持,尽管国家和省在机动植保机械的推广应用上给予项目和资金支持,但由于市、县、镇财政偏紧,缺少购机费用补贴或补贴很少,扶持植保专业化防治发展政策措施也不多。

2.3 管理水平与服务质量较差

植保专业化防治以不带药临时承包居多,新的植保技术、新的药剂配方得不到推广应用,缺乏技术支持,防治效果、防治质量难以保证,影响机防组织发展和信誉。现有的植保机防组织,绝大部分是农民自发组织,没有相应的管理章程、工作守则等管理制度约束,在病虫草害防治过程中容易产生矛盾和纠纷。

2.4 规模种植程度与机手报酬较低

一个技术性的机手必须既懂植保知识,又会植保机械使用维修,而且要身强力壮,有吃苦耐劳和较强的责任心,但由于盐城市人均耕地面积只有 0.13hm²,每个劳动力拥有耕地面积 0.27hm²,户均耕地面积 0.42hm²,部分地区和家庭种田已成为副业,不成为家庭经济收入的主要来源,种田的积极性和种田水平不高。每户田块分散,一般 2 ~ 3 处,多的 5 ~ 6 处,种植不连片,影响了机手的服务面积,增加了劳动强度,且病虫防治的间断性,机手年收入偏低,机防组织留不住人,同时因户均耕地面积小且分散,担架式、车载式植保机械难以发挥特长,也限制了中、大型植保机械的使用和发展。

2.5　专业化服务风险较大

目前的植保专业化防治还处于不带药临时承包的低水平服务状态，全程承包病虫草害防治是植保专业化防治发展的方向，在经济条件好、工业化程度高的地区，已受到越来越多的农民欢迎。但年度之间病虫草害发生程度轻重不一，防治费用高低不同，全程承包风险较大，临时承包的服务水平、防治质量受药剂、气候、施药质量等多种因素影响，防治的质量好坏，没有标准，也没有专业机构评估鉴定，容易产生纠纷。

3　几点建议

植保专业化防治服务的推广和发展，政府要积极引导和扶持，同时要与市场化运作相结合。

3.1　加大政策和资金扶持力度

植保专业化防治服务，是农业生产新的服务形式，需要政府在资金和政策上予以扶持，地方政府要作为农村工作的一项内容来抓，才能促进快速发展。

3.2　切实推进土地流转

农村实行联产承包责任制，曾经促进了农业生产的快速发展，但目前在某种程度上制约了农业生产发展。表现在：一是从事农业生产的多是老弱病残、文化低的人，新的植保技术、新的防治方式接受困难，难以全面深入到千家万户，二是规模种植程度低，种植面积小而分散，需要服务的市场小，机手服务的强度大，收入低，阻碍了植保专业化防治的发展，同时大、中型植保机械难以发挥优势，尽管有政府政策和资金支持，如果没有服务的对象、服务的市场，植保专业化防治很难长期生存和发展下去。因此，在经济较发达的地区，政府要积极推进土地流转，将耕地向少数人手中集中，扩大规模种植、连片种植，这样才能发展植保专业化防治和提高专业化防治服务层次。

3.3　积极培植新型的机防队伍

政府或有关部门要积极扩大植保专业化防治服务队伍，鼓励有志于服务农业、服务农民的中青年劳动力参与植保服务组织，积极引导他们开展专业化防治，定期开展技术培训，提高他们的服务能力和水平。

3.4　建立健全各项规章制度

培植规范的机防组织，对现有的农民临时组织要加强技术培训和健全管理章程、工作守则，规范报酬支付和收费标准，指定有关部门鉴定植保专业化防治质量，制定防治质量标准，解决防治引发的矛盾。

农药药害频发重发原因及治理对策

戴爱国[1]，王永青[1]，吕卫东[1]，王　标[1]，刘寿华[2]

（1. 江苏省滨海县植保植检站，224500；2. 滨海县农业执法大队，224500）

近年来，农作物药害事件频繁发生，特别是 2007 年和 2008 年，农药药害事件极为严重。据不完全统计，2007 年仅滨海县农作物药害面积累计就达 466 多 hm²，直接经济损失近千万元，2008 年达 666 多 hm²，其中除草剂药害最为突出。药害事件不仅引发农药经营户和农户之间纠纷，而且还出现多起上访事件，直接影响农村社会稳定。但经过全县广大技术干部的努力，最终未造成大的损失。

1　基本概况

1.1　假劣农药药害

表现为自编登记证号、冒用登记证号。2007 年滨海县五汛镇推虾村农民，使用了将过期杀虫剂登记证套用于除草剂"拉捕净"，导致近 20hm² 水稻不同程度的死苗，甚至绝收。2006 年东坎镇友好村在辣椒上使用冒用登记证的"百菌清"，导致 0.27hm² 地大棚辣椒全部死亡。

1.2　用药不当药害

有以下四种情况：一是超范围使用，如将乙草胺用于油菜田导致油菜死苗，毒死蜱用于玉米田造成玉米叶片失绿透明，二甲四氯用于玉米上导致玉米卷心；二是用药时间不当，2007 年滨海县渠北部分农民在玉米展平叶二叶期前使用含有莠去津的玉灵，导致近 333hm² 的玉米死苗或畸形，水稻扬花期使用辛硫磷，导致不灌浆或灌浆不足，出现"花粒"和"黑粒"；三是超量使用，如水稻田中用 250g 以上辛硫磷，导致水稻叶片枯黄，水稻苗期超量或重复使用二氯喹磷酸，导致水稻"葱管叶"；四是施药技术不规范，如用弥雾机喷施除草剂或对水量不足。

1.3　滥配私混药害

常见的有 3 种形式：一是全配方式，即杀虫剂加杀菌剂，再加叶面肥或生长调节剂，或多种杀虫剂混配，或多种杀菌剂混配，如 2005 年界牌镇周庄村北边，仅针对赤枯病 0.07hm² 地就配 7 种药肥，达 35 元；另一种是搭配式，即在技术部门推荐的配方中另加一些农药或叶面肥；再一种是偷梁换柱式，将技术部门推荐的配方中某一药剂变换为不适宜的农药甚至是假劣农药。

1.4　用药环境不宜引发药害

如大豆播后苗前，高温高湿条件下使用乙草胺，或者药后苗前遇到较大降雨，均可导致大

286

豆严重药害，乃至毁苗重种。2002 年 6 月上旬持续干旱少雨，而 6 月 23 日降水达 41.6mm，因此于 6 月 23 日前后播种并使用乙草胺的大豆均有不同程度的药害。早春麦田使用异丙隆，遇到霜冻和低温，导致麦苗黄化甚至死苗。2008 年部分农民在麦子播后苗前使用乙草胺，在麦子播后 5～7d 内遇雨的田均出现不同程度的药害（不出苗或严重黄化）。

2 频发原因

2.1 农药市场混乱

一是农药经营网点多。近年来，县乡供销社生资部门解体后的无业职工为了生存，经过改革后的乡镇农技站的下岗职工为了生计，在各乡镇经营农药，全县有 600 户左右，县城农药批发商 15 户以上，农药经营点星罗棋布；二是无照经营。一部分农药经营户（特别是村级经营点）没有营业执照，还有一部分执照管理权与经营权相分离，不少经营者不具备经营条件，还有的用自行车走村串户销售农药。如此庞大的农药经营队伍，使得对农药经营活动的管理无序，假冒伪劣农药则有机可乘。如造成残留型药害的甲磺隆、氯磺隆及其混配剂，由于其对后茬作物易产生药害，在滨海县不宜使用，而不法厂商钻乡镇农药经销人员不能识别的空子，以该类除草剂冒充其他农药，这类除草剂进价低廉，利润可观。更有甚者，一些农药经销人员和弥雾机手明知是甲、氯磺隆类除草剂，却因利润可观，经常带药代治，施药后不留空药袋，更无销货凭证。

2.2 农药经营者业务素质差

庞大的农药经营队伍中的人员，有的是农民、有的是下岗工人，男女老少均有，没有经过专门的技术培训，对农药的特征特性一知半解，因而在销售农药过程中，为了多销药，夸大农药的使用范围，乱宣传瞎指导。如不少经营者盲目指导农民在玉米田用二甲四氯防除杂草，造成大面积玉米整株严重卷叶，生长停滞，用二氯喹磷酸造成水稻葱管叶。这是农药经营者因自身业务技术水平差所致，而相当部分的经营者，为了赚钱而乱配、滥配农药出售。

2.3 农民自身施药水平低

一是农民盲目崇拜农药经营者，经营者配什么，用什么；二是人云亦云，不知道适期用药，想用多少次就用多少次，结果导致药害；三是不按规定，私混乱配；四是随意使用喷药机械；五是随意减少用水量。

2.4 乡镇服务体系弱化

经过改革后的不少乡镇农技推广中心，除工资能从财政上领取外，基本没有工作经费，无法搞好技术辅导和技术宣传，更无力到田间地头从事技术服务。还有不少乡镇的农技人员被乡镇抽用到乡镇其他部门，很少有精力用于农技推广，同时撤乡并镇后技术服务范围的扩大，导致乡镇出现较多的植保技术盲区。

3 治理对策

3.1 清理经营网点，加强农药经营资格审查

一是加强部门协作，成立由政府牵头，相关执法部门参加的农药市场整顿清理领导小组；二是严格经营准入，依据《农药管理条例》进行清理，将不具备条例所规定的条件和资格的单位或个人持有的农药经营执照一律吊销，取缔无照经营；三是规范经营行为，对农药标签不符合农药登记公告的农药一律不得销售，对合法农药经营者要规范进货秩序。

3.2 强化业务培训，提高农药经营者的业务素质

县以上农业部门要通过定期或不定期的业务培训，对农药经营人员加强道德教育和业务技能培训，使他们的整体素质有所提高，自觉守法经营，不断提高服务水平，对培训考核合格的人员，颁发《农药经营人员上岗证》，并实行持证人员年度考核制度。

3.3 加大宣传力度，提升农民技术素质

一是要充分利用各种新闻媒体，采取丰富多彩的、群众喜闻乐见的宣传形式，大张旗鼓地宣传农药管理法规及农药知识，让农民知道农药是特殊商品，不能贪小便宜图方便上当受骗；二是增强农药知识普及，让他们了解哪些农药商品适用于防治本地病虫草，在购买和使用中要注意哪些问题；三是要懂得在遇到病虫防治技术问题时，要多询问植保专业技术人员，不能糊里糊涂地购买、糊里糊涂地使用。

3.4 加强执法惩治力度，净化农药市场

首先要从源头抓起，坚决铲除制造假冒伪劣农药的窝点；其次是加大对农药经营违法行为的查处力度，做到经常管理和重点检查相结合，根据不同农时，对重点地区、重点单位进行重点检查，要对违法经营者依法加大处罚力度，依法吊销违法者的营业执照，并通过新闻媒体予以曝光，使农药违法经营者无藏身立足之地。

水稻穗期"黑粒、花粒"的发生及预控对策

戴爱国[1]，王永青[1]，王 标[1]，李庆体[2]

（1. 江苏省滨海县植保植检站，224500；2. 滨海县正红镇农业中心，224522）

近几年，滨海县大面积水稻抽穗后，穗部黑粒、花粒现象较多，颖壳变黑、变花的谷粒虽然能灌浆，但一般千粒重比健粒低40%～50%，严重的不能灌浆，对水稻产量影响较大。

1 发生概况

2003年，全县18 640hm²水稻，"黑粒、花粒"发生面积为14 666.7hm²，占水稻种植面积的51.2%；2004年发生面积为26 666.7hm²，占水稻种植面积的76.0%；2005年发生面积18 866.7hm²，占水稻种植面积的48.7%；2006年发生面积14 200hm²，占水稻种植面积的32.9%；2007年发生面积12 400hm²，占水稻种植面积的28.6%，2008年发生面积7 333.3hm²，占水稻种植面积的19.6%。据统计，近几年因水稻黑粒、花粒的发生，年均损失水稻产量500万kg以上。根据近几年田间调查分析，发生"黑粒、花粒"的稻穗在田间有三种分布状态。

一是核心分布型。在田间有明显的发生中心，成塘出现。在单个穗子上，数粒或数十粒不等，分布在穗顶部、穗中部或穗基部，半灌浆。其危害可造成一定损失。

二是随机分布型。在田间仅零星分布，无明显的中心。在单个穗子上，仅1～2粒呈"黑粒、花粒"，不灌浆，但发生轻，为害也轻。

三是嵌纹分布型。在田间分布似波浪，普遍发生。在单个穗子上表现为半穗或全穗呈"黑粒、花粒"，或者在穗部一侧发生，有时上部叶片枯死，半灌浆。千粒重比健粒低40%以上。其为害损失最大。

2 发生原因

2.1 虫害型

稻飞虱刺吸嫩谷粒导致谷粒内容物外渗，再遇霉菌感染是水稻"黑粒、花粒"发生的主因。2003年水稻破口前后，白背飞虱百穴虫量达1 096头，发病田块第4代百穴残虫量均在4 000头，2004年、2005年、2006年、2007年、2008年重发田块的第4代褐飞虱百穴虫量均在5 000头以上。虫量越高，田间"黑粒、花粒"发生中心越多，发生越重。

2.2 药害型

破口抽穗期误用农药，引起水稻"黑粒、花粒"普遍发生。破口抽穗期或抽穗后5d内使用含三苯醋酸锡、三乙膦酸铝或高剂量辛硫磷等药剂的水稻田，"黑粒、花粒"普遍发生，稻

粒半黑或全黑，穗上分布不均，甚至导致穗轴扭曲或难抽穗。2005年陈涛乡个别农民在水稻抽穗扬花初期使用含三乙膦酸铝的药剂防治稻瘟病，结果近4hm² 水稻穗部颖壳变成黑褐色，2008年天场乡农民在水稻抽穗初期用含有辛硫磷的药剂防治稻纵卷叶螟，导致近11hm²水稻穗部一侧变黑褐色或整穗黑褐色。另外，个别农户使用有机磷农药时，对水量不足或喷雾不均匀，也会导致水稻"黑粒、花粒"的发生。

2.3 冷害型

孕穗末期的低温，导致水稻"黑粒、花粒"穗呈随机零星分布。2004年8月17～25日日均最低气温20.6℃，其间滨海县大面积水稻处于孕穗末期或破口期，极个别谷粒因低温导致发育不完全，无法完成受精而形成"瘪谷"，粒色呈黄褐色；2008年，滨海县9月下旬连续5d最低气温低于17℃，10月上旬，有8d最低气温低于17℃，导致全县近466.7hm²在其间破口抽穗的水稻成片产生"黑粒、花粒"，大部分不灌浆或半灌浆。

3 防治对策

3.1 及时扑灭稻飞虱

测报技术人员要认真调查、细致分析，把准虫情，及时预报，一是在抓好常规病虫测报的同时，加大常年偶发性和次要病虫的测报力度，确保不漏报；二是扩大调查面和调查次数，努力提高测报准确率，对主要病虫调查到各村组，次要病虫突出重点，点面结合；三是及时发布病虫发生与防治信息，确保时效性。对稻飞虱要采取"压前控后"的策略，选用优质高效药剂，及时扑灭稻飞虱的为害。

3.2 要力戒盲目用药

水稻害虫种类多，要依据当地农业植保部门的病虫防治技术意见，合理选用高效、低毒、低残留农药，对足水量，避免药害。特别是在防治稻曲病和稻纵卷叶螟等病虫时，要按照试验示范推广的程序。试验示范效果不理想或有明显药害的不能推广使用，以免大面积发生"黑花、粒病"类的药害，造成不应有的损失。同时做好高毒农药的取代工作，将高毒有机磷淘汰出局，绝不上配方。要加强行政干预，加大宣传力度，确保正确的防治对策措施得到较好的落实，才取得较好的控害效果。

3.3 要提高稻株自身抗逆力

培育壮秧，合理密植，合理肥水运筹，增强水稻的抗耐和避免低温伤害的能力。目前大面积水稻生产施肥普遍偏高，2007年我们到八滩镇考察，该镇7 333.3hm²水稻，每667m²平均施尿素60kg，约26.5kg纯氮，导致群体过大，抗耐病虫和低温为害的能力下降，水稻"黑花、粒病"的发生比较普遍。

2005～2008年加拿大一枝黄花发生分布及其防控技术研究应用

王凤良，金中时，王永山，梁文斌，姜春义

（江苏省大丰市植保植检站，224100）

加拿大一枝黄花是一种外来入侵的恶性杂草，在大丰市发生已有多年，2004年11月首次发现。2005～2008年，我们对疫情的发生与分布开展了普查，筛选了多种除草剂和花芽分化抑制剂，采取了多项综合措施，经过近5年大面积剿灭，基本控制了加拿大一枝黄花的发生与传播，取得了较显著的成效。

1 疫情发生分布

1.1 疫情扩散快

为进一步查清大丰市加拿大一枝黄花的发生疫情，在2005～2007年全面普查的基础上，2008年春秋两季普查统计结果，全市发生铺地面积由原有的1 700hm² 扩大到1 866.7hm²，折实面积由原有的1 086.7hm²，下降到100.8hm²。目前几乎无连片发生区域，主要是2005～2006年药剂灭除、复垦种植后残留根茎出苗疫点多，为几平方米到几百平方米的点片发生分布。

1.2 分布范围广

经4年来对加拿大一枝黄花普查结果显示，大丰市分布区域范围，东至海堤公路的外堤坡，西至204国道公路线，南至麋鹿自然保护区、川东农场与新曹农场交界处，北至三龙镇新丰村境内，几乎遍布全市行政区域范围。全市14个镇，已有12个镇、45个行政村发生；6个驻丰农场已有5个农场发生；8个市属农林场圃，有6个场圃发生；有麋鹿自然保护区、市经济技术开发区、海洋经济开发区内发生；有11条排水河道两侧坡地发生；18条交通公路干线有16条分布。

1.3 新增疫点多

从2005～2008年普查结果看出，加拿大一枝黄花新发现的1 000多个疫点，既有上年漏查到的老疫点，也有新传入的疫点。老疫点多数分布在企业匡围未建筑地内，被围墙遮挡未发现。新疫点的传入来源于两方面：一是种子传播扩散。因2004年发现疫情重时是11月底，种子均已成熟飘散，虽采取人工突击割除焚烧，但种子随风飘移扩散，鸟雀取食后栖息树木上排泄粪便传播，以及运输车辆携带种子、人为的传播等增加新疫点。种子在2005年出苗后，幼苗受杂草影响无竞争优势，植株矮小，很难发现，2006～2007年从根茎长出植株竞争力强，成为丛状几株到几十株很显眼。如草庙镇枯树洋村4组吴桂成承包户0.1hm²地2006年荒废一年未种植农作物，由近疫区种子飘移传播，全田星星点点分布 31 个疫点，每点 1~5 株，都是当年种子苗生长植株；又如川东港闸南海堤公路两侧，麋鹿野生放养点南北 6 000m 长，尤其是海堤公路东堤坡及外滩草地，2007 年初步查到有 46 个疫点分布，2008 年新增 63 个疫点，最大片 250m²，最小点 1~3 株，最初均由种子传播扩散的。二是人为将根茎随土远距离扩散。现建设优化、美化的小城市、小城镇，道路的拓宽，设施的改造，大量从荒废地取土，将疫区根茎带入传播。如大丰城区绿岛地内 2006 年新发现的植株，疏港公路裕华加油站大转盘绿岛内新发现的植株，裕华镇福丰村部花坛内新发现的植株，及 2007 年市经济开发区南翔路两侧绿化带新发现 15 个疫点，都是由根茎传入长出的植株。

1.4　疫点隐蔽强

经过 4 年来多次实施加拿大一枝黄花的铲除，使生长在显眼地域的植株明显减少，现所发现的都是老疫区难已灭除的地域。有排水河道的河坡地，生长在水面线以上地带，杂草丛生，成一条线状分布；有农田排水沟内零星分布，也是杂草丛生地带，因雨后有积水，植株高度、长势均差于地面生长的；有林带内杂草丛生的地方，生长季节灌木、杂草密布，人工难以发现灭除干净；有老疫区闲置房屋及匡围地，四周被高墙封闭，人迹罕至，很难发现。

2　化控技术研究

2.1　除草剂筛选

2005 年大丰市植保站对农盛（草甘膦·麦草畏）、麦草畏、农达（草甘膦）、草甘膦、二甲四氯钠盐、使它隆（氟草定）、甲嘧磺隆等除草剂进行了筛选，试验结果表明，在可耕地茎叶防除，每 667m² 选用 20% 农盛 600ml 或 10% 草甘膦 1 500ml 对水 50kg 全株均匀喷药，可控制 60d 再出新植株，20% 使它隆、48% 麦草畏每 667m² 100ml 控制新出植株持续时间长，但成本高，不经济。在非耕地每 667m² 选用 75% 甲嘧磺隆 70~100g 对水 50kg 均匀喷雾，对地上部分和地下根茎均有杀灭作用，可一次性彻底铲除加拿大一枝黄花。

2.2　用药时期筛选

2005 年大丰市植保站分春季苗期、初夏和盛夏进行防除效果比较。结果表明，选用草甘膦、农盛茎叶处理第一遍防除适期 4 月下旬为宜，植株高度 30~40cm；第二遍药间隔期应在 3 个月以上，防除适期为 8 月中旬，待根茎萌发全部出齐，植株高度 30cm 左右，达到经济有效，一年只需实施 2 次防除，可控制当年无植株开花结籽。2005~2007 年多期试验表明，非耕地选用 75% 甲嘧磺隆从 4 月下旬至 10 月中旬均可，随时间推移，药量、水量适当增加，可一次性杀灭。

2.3　不同剂量筛选

甲嘧磺隆属磺酰脲类芽前、芽后灭生性除草剂，在土壤中的残效期长达一年以上。为筛选彻底杀灭根茎的有效剂量，根据 2005 年多次试验的结果，2007 年春季选用 75% 甲嘧磺隆 WG 每 667m² 30g、50g、70g、100g 进行不同剂量试验。试验结果表明，30g、50g 不能彻底杀根，春季 4~5 月植株 1m 以下每 667m² 用 70g，夏季至现蕾苞前植株在 1m 以上需增加到 100g，一次施药 120d 后可彻底杀灭根茎。

2.4　除草剂安全性

2005~2006 年大丰市植保站对甲嘧磺隆后续残效期及后茬农作物的安全性进行观察试验,春季苗期处理区于药后 90d(7 月 12 日)播种玉米、大豆两种作物,药后 190d(10 月 20 日)播种小麦、蚕豆观察中毒反应并结合处理区杂草出土生长状况推断安全残留期。结果表明,药后 90d 玉米、大豆出苗正常,但药害严重,不能正常生长;经过 946.9mm 降雨量的冲洗,药后 190d 小麦、蚕豆出苗正常,苗期、返青期生育指标与对照区无明显差异,成熟期考查处理区比对照区减产 7.6%,说明春季使用甲嘧磺隆后经夏季多次大暴雨的冲刷安全残留期在 6 个月左右,秋季使用安全残留期预估达一年左右。

2.5　花芽抑制试验

2005 年 9 月 18 日大丰市植保站于加拿大一枝黄花现蕾盛期试验南农大提供花芽抑制剂 NJW001,每 $667m^2$ 50ml 对水 50kg 喷杀花序部位,开花株抑制效果在 99% 以上,若适当提前使用,可完全控制花芽分化。对于漏灭除的植株,作为后期的补救措施,很有推广应用前途,一次喷杀即可控制当年植株开花结籽传播。

3　防控技术应用

3.1　重发区耕翻复垦种植农作物可达到根治的目的

大丰市 2005~2008 年先后对重发连片区耕翻复垦种植农作物 $106.7hm^2$,其中荒废地 $3.3hm^2$,河堤林带 $103.3hm^2$,主要有上海、海丰、川东农场境内的老海堤、大丰干河、盛丰河、龙干河圩堤及部分农田林网带。经田间管理和实施草甘膦杀灭,在两年内加拿大一枝黄花全部得到根治。

3.2　非耕地选用甲嘧磺隆化除是根治的最有效措施

75% 甲嘧磺隆春季每 $667m^2$ 70g、夏秋季每 $667m^2$ 100g 进行定向周到喷雾,一次施药后 4 个月内可彻底杀灭地下根茎,2006~2008 年非耕地使用甲嘧磺隆彻底铲除面积达 $812hm^2$。

3.3　可耕地选用农达、草甘膦化除可控制当年危害

根据近几年试验筛选及大面积防除实践,对可耕地农田内以及田埂、渠边生长的一枝黄花植株,在确保对后茬作物无影响、对当茬作物无伤害的条件下,每 $667m^2$ 可选用 41% 农达 400~500ml 或 10% 草甘膦 1 500~2 000ml 高剂量定向喷雾,春季在 4 月份进行,当防除后的再生苗长到 40~50cm 高时,夏季 8 月份再实施第二次防除,不仅杀死地上部茎叶,同时能内吸传导到地下根茎,使部分根茎中毒死,一年两次防除可确保当年无开花结籽传播。2005~2008 年可耕地累计防除面积达 $3 853.3hm^2$。

3.4　人工挖根、花期割除是一项补救措施,可减少当年种子传播扩散

经春夏季除草剂防除后漏治的植株或漏查的新疫点植株,到 10 月上中旬全部开花,这时

最易识别，最易发现，通过组织人工挖根、割除花序或喷施花芽抑制剂，可控制当年种子传播扩散。2004~2008 年人工挖根、割除花序累计面积达 530hm^2，喷施花芽抑制剂 173.3hm^2。

经过连续 5 年的普查、督查、铲除，大丰市加拿大一枝黄花总防除面积达 5 473.3hm^2，彻底铲除面积达 920hm^2，但一枝黄花剿灭是一项艰巨的任务，不能丝毫放松，必须要有各级领导的重视，加大铲除经费的投入，组织专业队伍连续跟踪 2~3 年防治，才能彻底扑灭加拿大一枝黄花。

加拿大一枝黄花种子苗与根茎苗
生物学特性初步观察

吴亚清[1]，金中时[2]，王凤良[2]，王永山[2]，姜春义[2]，陈　华[2]

（1. 江苏省大丰市农业技术推广中心，224100；2. 大丰市植保植检站，224100）

加拿大一枝黄花（*Solidago Canadensis* L.）是一种外来有害生物，为菊科多年生草本植物，现已成为大丰市沿海老海堤林带、河滩、公路边、农田林网带等草地、排水沟、企业围墙内闲置地、以及绿化地带的杂草，对入侵地的植被生态造成严重破坏。为了解加拿大一枝黄花种子苗、根状茎苗的生物学特性，作者于 2006 年对其进行了定点观察研究。

1 材料与方法

1.1 定点方法

系统观察点设在大丰市农业局办公区的花坛内。根茎生长簇生苗经间植后分冬前、2 月 20 日、3 月 10 日、4 月 20 日、5 月 15 日出苗各定 1 株观察记录；种子出苗株在 6 叶时间植分 2 月 20 日、3 月 1 日、4 月 1 日、5 月 15 日、6 月 1 日出苗各定 1 株观察记录。根茎苗当分叉枝长出从中选一个分枝观察；种子苗当主茎基部侧分株长出以第一侧株观察，直至种子成熟。

1.2 调查方法

根茎出苗株自 2006 年 3 月 5 日至 11 月 30 日，种子出苗株自 2006 年 3 月 20 日至 11 月 30 日，每 5d 调查一次，记载定点植株的叶片数、株高及分叉枝的叶片和枝长（种子苗侧株叶片和株高）。采用直尺测量法对主茎及侧株高度、分叉枝的长度进行测量；采用标记法对叶片进行观测，每展开一叶记着一叶；进入生殖生长期后，以目测法对开花期、终花期、种子成熟期进行观测记录。种子成熟后数圆锥花序、花轴枝、每花轴头状花苞数，统计单株种子粒数。并拔除地下根，调查根状茎、支伸根条数，测量长度。

2 结果与分析

2.1 种子苗特征及生活史

形态特征　2006 年撒入表土的种子，2 月中旬日平均温度 3℃，2 月 15 日降雨 11.3mm，种子吸足水分于 2 月 20 日出苗，且是春季出苗最集中时段，以后每降一次小雨即在雨后出一批苗。初出苗呈 2 片子叶状，由圆球形变为椭圆形，直径 0.2mm。2 月 20 日至 3 月 1 日期间出苗株因温度低需一个月长出第 1 片真叶，4 月 1 日出苗株 15d 长出第 1 片真叶，5 月 15 日后出苗株 7d 长出第 1 片真叶。第 1 片真叶呈圆球形具短叶柄，第 2 片真叶呈椭圆形，第 3 片真叶呈宽披针形见叶缘一小锐齿（基三出脉明显），第 4 真叶叶缘见 2 个锐齿，第 5 真叶叶缘见

3 个以上锐齿（子叶并开始枯焦脱落）；第 8 真叶后叶缘见 5 个以上锐齿，10 叶后为披针形同正常植株叶。幼苗期叶为淡绿色，10 叶后转为深绿色。

年生活史　种子一年有两个出苗期，第一出苗期为 2 月下旬至 6 月初，2 月下旬至 3 月为出苗最多时段，4 月以后出苗较少。当日均温度 20℃，最高温度 30℃ 以上时几乎不出苗。第二出苗期为 9 月上中旬出苗较少。春季在 4 月前出苗株至 9 月初为营养生长期，9 月上旬进入生殖生长期，9 月底 10 月上旬开花，11 月上旬种子成熟。5 ~ 6 月初出苗株至 9 月中旬为营养生长期，9 月中旬末进入生殖生长期，10 月中旬开花，11 月下旬种子成熟。秋季 9 月份出苗株，当年株高 4.9cm，单株叶 13.4 片，10 月底生长顶停止，早出苗株基部可长出侧株芽，以小苗越冬。

2.2　根状茎苗特征及年生活史

幼苗特征　初出叶均为簇生状，11 月前出苗株在严寒冬季叶色由绿转为微紫色，叶片冻枯焦，呈星座状，翌年 2 月下旬开始生长新叶，初长叶淡紫色后转绿色；2 月下旬至 3 月中旬出苗株叶为紫色，当长到 10 叶后转为绿色，3 月下旬后出苗株由于温度升高，出土叶即为绿色。

年生活史　自然界条件下有 2 个出苗高峰，2 月下旬当日均温度达 5℃ 以上时陆续出苗，3 月上旬是出苗最集中时段，4 月以后出苗较少。5 月前出苗株至 9 月初为营养生长期，9 月上旬进入生殖生长期，9 月底至 10 月上旬开花，10 月底 11 月初种子成熟。人为割除株 8 月份之前长出的再生株当年均能开花结籽，但花序小，结籽量少。另一个出苗高峰在 11 月，当植株种子成熟，从根茎萌发苗株高 10cm 左右，15 ~ 20 叶片，以幼苗越冬。

2.3　营养生长

春季 2 ~ 5 月种子出苗株在 9 月上旬前为营养生长期，因出期、地力差异，株高、叶片均有差别。2006 年 2 月 20 日出苗株高 263cm，总叶 350 片；3 月 1 日出苗株高 263cm，总叶 376 片；4 月 1 日出苗株高 246cm，总叶 338 片；5 月 15 日出苗株高 97cm，总叶 150 片；6 月 1 日出苗株高 127cm，总叶 173 片。幼苗自现第一片真叶至生长到 15 片叶时较缓慢，五期出苗株高日增量分别为 0.26cm/d、0.22cm/d、0.35cm/d、0.31cm/d、0.23cm/d；叶片日增量分别为 0.28 片/d、0.31 片/d、0.28 片/d、0.47 片/d、0.35 片/d。以后随着温度升高，植株叶面积系数增大，生长量加快，至株高定型时日增量分别达 1.79cm/d、2.02cm/d、1.86cm/d、0.93cm/d 和 1.78cm/d；叶片日增量分别为 2.48 片/d、2.68 片/d、2.95 片/d、1.6 片/d 和 2.27 片/d。在春季 4 月前出苗株高 100cm、总叶 100 片，7 月 15 日即从主茎基部萌发侧株，最终长成高矮不整齐的多个独立株，每株有 4 个侧株，侧株高 140cm，总叶 164.7 片。当主茎高达 150cm 时可从叶腋基部陆续长出分叉枝，每主茎 13 个；分枝长 48.3cm，总叶 96.7 片。5 月以后出苗株无分叉枝长出。

从地下根茎出苗株在 9 月上旬前为营养生长期，所出苗均形成独立植株，茎基部无侧分株长出，这与种子苗可明显区分，但不同时期出苗的株高、叶片同样有差别。冬前出苗株高可达 320cm（点外最高 358cm），总叶 602 片；2 月 20 日出苗株高 296cm（点外最高达 372cm），总叶 522 片；3 月 10 日出苗株高 268cm，总叶 431 片；4 月 20 日出苗株高 240cm，总叶 460 片；5 月 15 日出苗株高 222cm，总叶 410 片。在 3 月前因温度低株高、叶片日增量均缓慢，4 月后日增量明显加快。五期出苗株高日增量分别为 1.79cm/d、1.63cm/d、1.53cm/d、1.6cm/d 和

1. 78cm/d；叶片日增量分别为3.33片/d、2.8片/d、2.43片/d、3.17片/d和3.28片/d。但出苗早、个体大长出的分叉枝多，当总叶200片、株高150cm时即从叶腋基部陆续长出，冬前出苗株6月15日出现，2月20日出苗株6月25日长出，每株有19.8个，分枝长69.4cm（自然界簇生密度高时无分叉枝长出），总叶115.2片。在营养生长期，随着植株长高，主茎基部叶片老化，由下向上逐步黄枯脱落，进入生殖生长期，仅剩中上部叶。

2.4　生殖生长

种子在2006年4月前出苗株主茎于9月10日进入生殖生长期，其表现为主茎顶部叶片变小，长出花序枝及花苞；5月后出苗株9月20日进入生殖生长期。从主茎基部萌发的侧株及主茎上部分叉枝于9月15日进入生殖生长期，其表现与主茎相同。根茎长出的植株，均于9月10日进入生殖生长期。进入生殖生长期后，花苞数逐渐增多，形状由圆锥形拉长至椭圆形，花苞的颜色由绿色变为黄色再渐变为开放前的鲜黄色。花序为有限花序，每一朵花称为头状花序，多个头状花序排列于花轴背地侧，呈现出蝎尾状。蝎序状花轴在主杆及分枝上展开形成一个圆锥花序。一株植株上可形成多个圆锥花序，种子出苗株有16个，根茎出苗株有19个。自花序出现到开花需20d时间，花期10d萎蔫；自开花到种子成熟需30d时间，成熟后随冠毛四处飘散。

2.5　结籽量

加拿大一枝黄花出苗早，植株高大，分叉枝多，形成的圆锥花序多，产出的种子也最多，反之则少。种子在2006年4月前出苗株因生长势强，侧分株多，分叉枝也多，最终可形成16个圆锥花序，每株结种子9.7万粒；而5月后出苗株仅长出独立株，又矮小，无分叉枝，仅能形成一个小圆锥花序，每株结种子0.35万粒。根状茎出苗植株生长势强，分叉枝多，最终可形成19个圆锥花序，每株结种子16.7万粒，比种子苗要高1倍。

2.6　地下根状茎

从定点观测植株看出，种子苗与根状茎苗地下匍匐茎有差异，种子苗株以地下支伸侧根、根须及根毛吸收养分生长，每株有支伸根7.4条。2006年4月前出苗株可长出地下匍匐根状茎11条，长5～49cm，并见小分叉根状茎；5月后出苗株每株仅长出1条，长1.5～3cm。上年根状茎长出的植株在50cm高前以原根状茎营养供其生长，以后陆续长出根须及根毛，无支伸侧根。冬前出苗6月5日株高130cm，总叶207片时见新根状茎伸长，春季出苗6月10日见新根状茎伸长，每株有22条，长13～75cm，每条又可分叉3～4条短根状茎。根状茎多则短，反之则长。最多的植株有68条根状茎，每条根状茎顶端长出1株苗，第二年则可形成一小片植株。

3　小结与讨论

3.1　加拿大一枝黄花种子一年内有两个出苗期，幼苗期特征与其他阔叶类杂草相似

在野外自然条件下，飘落在地面上的种子吸足水分后即可出苗。春季为3～4月，秋季为9月，以春季出苗最多。

3.2 加拿大一枝黄花植株高大，叶片多

种子在 2006 年春季 4 月前出苗株高可达 257.3cm，总叶 354.7 片。幼苗生长缓慢，10 叶后生长速度加快，株高日增量 1.9cm/d，叶片日增量 2.7 片/d。在秋季 9 月出苗株高 4.9cm，总叶 13.4 片。冬前从根茎出苗株高可达 320cm，总叶 602 片；春季 4 月前出苗株高 268cm，总叶 471 片；株高日增量 1.64cm/d，叶片日增量 2.93 片/d。

3.3 加拿大一枝黄花种子苗与根茎苗植株有明显的区别

种子苗主茎可从基部萌发侧生株，最终长出高矮不整齐的多个独立植株；而根茎苗最终仅可形成一个独立株，调查识别时可明显区分。另一不同点是种子苗有支伸侧根、须根、根毛吸收土壤养分生长，而根茎出苗株在苗期以原根状茎养分供其生长，无支伸侧根。种子在 4 月前出苗株当年可形成地下根状茎 11 条，而根茎苗株当年可长出新根状茎 22 条。

3.4 加拿大一枝黄花具有长出多个分叉枝的特性

种子苗在 2006 年 4 月前出苗的陆续从叶腋内长出分叉枝有 13 个，长 48.3cm，可着生叶 96.7 片；而根茎苗 6 月 15 日即陆续长出分叉枝有 19.8 个，长 69.4cm，可着生叶 115.2 片。

3.5 加拿大一枝黄花结籽量高

种子 4 月前出苗的，因有侧生株和分叉枝，每株可形成圆锥花序 16 个，结籽量达 9.47 万粒；而 5 月后出苗植株无分叉枝，侧生分株也不能进入生殖生长，每株仅可形成一个圆锥花序，结籽量只有 0.35 万粒。根茎出苗株因分叉枝特多，可形成圆锥花序 19 个，结籽高达 16.7 万粒。

加拿大一枝黄花的传入现状和防治对策探讨

郑　江[1]，朱文彬[2]，蔡文兵[3]

（1. 江苏省射阳县粮油作物栽培技术指导站，224300；
2. 射阳县洋马镇农技推广中心，224335；3. 射阳县植保植检站，224300）

加拿大一枝黄花是近年来刚入侵射阳县的危险性有害杂草，其繁殖力极强，它有种子和根茎两种繁殖途径。一棵植株可形成 2 万多粒种子，能萌发近万株小苗，每株植株有地下根状茎 4~15 条，每条根状茎上又有多个嫩芽，每个嫩芽均可萌发成独立的植株，一棵新生的加拿大一枝黄花在一两年后即可繁衍成一小片。其为害性极大，一旦在本地传播开来，将形成无法根治的破坏性局面，将对射阳县的农业生产和农业生态构成严重威胁。

1　传入为害现状

入侵射阳县的加拿大一枝黄花，系洋马镇于 1997 年从南京中山植物园作为药草引进种植的。2004 年普查，在洋马镇的"百药园"中查见 6 个点，其中 3 个点是引种栽培的，群体数量合计约 2 万株，另外 3 个点是野生的，合计 142 株；当年进行了挖除。2005 年对原来查见加拿大一枝黄花的 6 个点进行复查，有两个点查到由残存宿根上衍生的新苗约 3 500 株，进一步普查，在洋马镇的"百药园"中又查到两个点计 7 株野生苗，但在"百药园"外及其他镇都未查见。2006 年普查，有一个点仍有残存宿根上衍生的新生苗约 1 500 株，在洋马镇的"百药园"中普查又查到一个点 2 株野生苗，在"百药园"周边仍未查见，但在洋马镇东南的盐东镇路边查到一个点 32 株，在洋马镇北边的新洋农场、兴桥镇、合德镇、陈洋镇的路边林带、绿化带、草丛中共查到 8 个点、计 956 株。2007 年普查，又在临海镇、兴桥镇发现两个点，计 432 株。2008 年普查，又在合德镇、耦耕镇、开发区及沿海高速公路两侧新发现 17 个点，计 2 432 株，对原来查到过加拿大一枝黄花的地点进行复查，发现洋马镇的"百药园"界边林带、兴桥镇的路边竹林、新洋农场防风林铲除不彻底，残存宿根上衍生的新生苗约 23 200 株。

在射阳县加拿大一枝黄花以种子繁殖的成苗量不大，自 1997 年引种加拿大一枝黄花至今已经 10 年，除栽培的以外到目前为止仅查到逸生的加拿大一枝黄花 3 501 株，其中确认是种子繁殖的仅 61 株，其他的为种子或根茎繁殖而成。加拿大一枝黄花在射阳县繁衍扩散的速度很快，自 1997 年洋马镇"百药园"引种 11 年来，已从一个镇扩散到 7 个镇区，从一个点发展到 27 个点，从不到 100 株繁殖到 2008 年的近 3 万株。加拿大一枝黄花以根茎繁殖的方式给防治带来很大的困难，因此必须彻底挖清地下根茎并予以烧毁才能凑效，而加拿大一枝黄花的地下根茎常常和树根竹根缠生在一起，很难挖清。在洋马镇"百药园"中，作为界墙的冬青混杂在一起的加拿大一枝黄花，连续治理了三年，目前仍有较大的群体，如果政府不下决心，及时采取得力措施加以治理，加拿大一枝黄花不久将在射阳县迅速蔓延开来。

加拿大一枝黄花危害性极大，它的植株最高的近 3m，根系发达，和本地植物争光、争肥、争水、争空间能力强，而且还能分泌有毒物质，抑制其他植物生长，在加拿大一枝黄花生长密集区域原有植物数量种类锐减，有"黄花开处百花杀"之说，有"生态杀手"的恶名。它不但破坏入侵地的生态平衡、破坏道路及园林绿地景观，还可为害农作物，造成严重减产，它的花粉还可导致部分人群过敏。

2 防治对策探讨

近年的研究探索表明，加拿大一枝黄花在射阳县的繁殖扩张蔓延主要是通过根茎，种子繁殖的非常有限，但远距离传播则主要是靠种子，借助于交通工具首先沿公路传播，立苗后仍然以根茎繁殖为主。加拿大一枝黄花首先占领的是路边林带、绿化带、田埂、厂区荒地等粗放管理地区，在精细管理的农田很难立苗。加拿大一枝黄花目前在射阳县处于点片发生的入侵初期，滩头登陆，尚未向纵深发展，是查治的关键时期。从近几年的防治实践来看，只要我们行动起来，坚持下去，完全封杀加拿大一枝黄花在射阳县的扩张为害是可以办到的。但加拿大一枝黄花的查治是一项长期的特殊的杂草防治工作，必须政府重视、职能部门实施、全民参与才能事半功倍取得预期的效果。

2.1 强化政府职能，增设防治加拿大一枝黄花专项经费

加拿大一枝黄花首先入侵的是路边、荒地、林带等粗放管理地区，破坏的是入侵地的生态平衡，带来的主要是生态灾难。目前广大民众对查治加拿大一枝黄花的重要性和必要性认识不足，加拿大一枝黄花防除与否和多数群体、个人的经济利益相关不大，其受益的主体是社会大众，争取的是社会效益和生态效益，是一项重要的防灾工程。作为公益事业，作为防灾工程，查治加拿大一枝黄花应纳入地方灾害预警防预体系，并将必要的查治经费列入年度财政预算，设立农业有害生物查治专项基金。在长期的加拿大一枝黄花的查治工作中，政府所起的作用是不可替代的，是决定性的。而保证防治经费的到位则是首要的、关键的一条，经费不落实加拿大一枝黄花的查治工作只能停留在口头上。

2.2 查治结合，充分发挥农技人员在农业生物灾害防控中的尖兵作用

加拿大一枝黄花入侵射阳县的时间不长、分布不广、防治的工作量不大，但要根治难度较大。大多数人对加拿大一枝黄花的形态特征、发生规律、防治方法一无所知，因此必须有一支专业的查治队伍，各镇的农技人员队伍，素质高、业务精、情况熟，只要匹配必要的经费就能拉马上阵，他们可以既当侦察员又当战斗员、边查边治、查治结合，他们可以在第一时间消灭初入侵的加拿大一枝黄花。一旦加拿大一枝黄花在本地扩散开来，再想控制或清除将十分困难。我们应牢记"水花生"在本地成灾的历史教训。

2.3 全民参与

加拿大一枝黄花的入侵是长期的、多渠道的，而查治加拿大一枝黄花的成本是越早越小，效果是越早越好。我们必须利用电视、广播、报纸、会议等多种形式，宣传加拿大一枝黄花的防治技术，使全体民众对加拿大一枝黄花的为害性、防治的必要性和紧迫性有一个充分的认识，自觉地参与到防治加拿大一枝黄花的行列中来。

2.4　科学防治

2.4.1　加强植物检疫

对从加拿大一枝黄花发生区调入的花卉、苗木、草坪、草种和运输工具及包装铺垫物要按照国家检疫法规要求进行严格检疫，对不经检疫私自调运的，要依法予以处罚。禁止私自引进种植加拿大一枝黄花及其变种黄莺花。

2.4.2　正确把握查治时间

每年的10月上中旬，是加拿大一枝黄花开花盛期，也是射阳县查治加拿大一枝黄花的最佳时间，此时加拿大一枝黄花植株高挑、花色黄艳，在田野中十分醒目，查找十分容易，消灭此时种子尚未形成的加拿大一枝黄花，连根挖除并烧毁，可有效地控制其传播。

2.4.3　加大防除力度

每年的3～4月是加拿大一枝黄花的出苗期，对上年发现加拿大一枝黄花的区域进行复查和人工拔铲除，对成片植株可用甲嘧磺隆、草甘膦、使它隆（氯氟吡氧乙酸）、果尔（乙氧氟草醚）、二甲四氯、麦草畏等除草剂进行防治。

当前产地检疫中存在的问题与改进建议

茅永琴，仇学平

（江苏省盐城市盐都区植保植检站，224002）

产地检疫是监测、防控植物或植物产品生产过程中危险性病虫草害的发生与传播，保护植物和植物产品生产安全的关键措施，是植物检疫工作中的重要环节。盐都区是全国优质稻、麦、棉种子繁育基地，年繁育良种 300 万 kg 以上，种子产地检疫是我站植物检疫工作重点。在实施产地检疫过程中，我们始终严格执行《植物检疫条例》和《产地检疫操作规程》，狠抓关键环节，认真做好产地检疫工作，确保种子生产安全，为广大农民朋友提供安全合格的优良种子。但随着种子市场放开，外地制种单位涌入本地，委托制种现象普遍，制种监督管理难度加大，给种子产地检疫提出了新挑战。为了进一步提高种子检疫水平，高标准做好产地检疫工作，现就当前实施产地检疫中存在的问题与改进建议作如下探讨。

1 产检中存在的问题与不足

1.1 种子生产方产检中存在问题

1.1.1 植检意识淡薄申报主动性差

《中华人民共和国种子法》第四十八条规定，从事品种选育和种子生产，经营以及管理的单位和个人应当遵守有关植物检疫法律、法规的规定，防止植物危险性病虫杂草及其他有害生物的传播蔓延。种子生产单位应遵守法律、法规规定，在繁育种子前及时向检疫机构申请繁种基地检疫，检疫机构接受申请后进行审查，该种子生产基地应符合无检疫对象发生条件，种子亲本为不含有危险性病虫杂草及其他有害生物的合格种子，检疫人员在种子生长期间按规定定期到田间调查，这些是生产无检疫对象合格种子必须实施的措施。但现实中仍有一些种子生产单位或个人对检疫重要性认识不足，不能在种子生产前主动申请种子生产基地检疫，致使检疫机构不能及时对生产基地进行审查和对种子亲本的检疫检查，给危险性有害生物传入埋下隐患，错过有害生物田间症状识别最佳时期，增加了对检疫对象的鉴定难度。

1.1.2 受利益驱动，少报、漏报时有发生

由于某些种子生产单位、受委托生产单位或个人对产地检疫目的、内容不了解，甚至以未见检疫对象给种子生产带来重大经济损失为借口，错误地认为产地检疫仅是为了收取检疫费。在经济利益驱动下，申请产地检疫时故意漏报少报品种、面积，达到少交植物检疫费的目的。其次是种子生产经销商钻交通运输、市场检疫检查不严的空子，销售无检疫合格证或伪造检疫合格证的种子，来逃避植物检疫。

1.2 检疫机构存在的不足

1.2.1 检疫人员业务水平亟待提高

由于经费不足等因素，检疫人员不能正常性地接受业务培训、技术交流和参观学习，不能

302

及时掌握新发生病虫害的鉴别技能，对国内外检疫性病虫害发生发展信息知道较少，仅凭在学校所学或自学的知识开展工作，缺乏必要的植物检疫行政执法实践能力和专业技术实践知识，存在检疫知识面窄、浅、业务水平难以提升现象，影响了检疫工作的深入开展。

1.2.2　检疫检查手段落后

目前基层检疫人员检疫检查主要靠手查目测，检疫站实验室设备不完整、落后，检验材料短缺，检验人员水平落后，不能进行正常的室内检验工作，不能达到田间症状调查与室内病原物鉴定确诊相应证的目的，特别是当田间发现可疑症状，需要室内检测病原菌进行验证时尤感重要。如2008年9月对棉种繁育基地棉花枯、黄萎病可疑病株进行病原菌鉴定，因缺少必要的检测材料，影响了镜检进行。

1.2.3　检疫力量单薄人手少

目前县级专职植物检疫人员大多同时担任植物保护、农业技术推广工作，而基层农技推广工作杂，任务重，人员少，往往将植物检疫变为一个专职植检员兼做的工作。特别是种子生产期间踏田调查，工作量大，时间紧，很难做到每块田都检查到。

2　改进建议

2.1　加强植物检疫法律法规宣传工作

宣传有关植物植检疫法律法规知识及检疫常识，营造良好的社会法治氛围，是开展好检疫工作的有效保证。植物检疫机构要借助各种宣传媒体，采用多种形式，面向社会各阶层广泛深入宣传《中华人民共和国种子法》、《植物检疫条例》、《植物检疫条例实施细则》等法律、法规，公布植物检疫行政许可程序，要求每一种子生产单位和个人了解检疫内容和需要办理的相关检疫手续，提高对遭受危险性有害生物侵害造成对农业生产经济损失、对生态环境污染、扰乱人们日常生活严重后果的认识，增强遵纪守法、自觉配合检疫工作的责任感，确保各项检疫措施有效落实。

2.2　按《产地检疫操作规程》严格实施产地检疫

2.2.1　普查疫情，建立合格繁种基地

根据《江苏省植物检疫管理办法》，检疫对象3～5年普查1次，重点对象每年普查1次的规定，按时开展全面疫情普查。对棉花黄萎病、加拿大一枝黄花每年普查一次，水稻细菌性条斑病、稻水象甲、毒麦、小麦全蚀病等3年普查一次。通过普查，及时掌握疫情发生分布情况，为建立无检疫对象种子基地提供科学依据。

2.2.2　规范申报，严格审核

种子生产单位要在落实繁种基地前，按程序如实申报生产基地、繁育品种、播种面积、亲本来源。种子生产基地要填写到村组，要求种子亲本必须是来自无疫情发生地、产地检疫合格的种子。

2.2.3　田间检验签证

种子生产期间田间调查，是全面掌握繁种基地品种、面积、有无危险性有害生物发生的关键措施。采用查询村组、走访农户、踏田抽查相结合方式，于检疫对象显现症状最易识别的植物生育期，逐块踏查登记，确定有无检疫对象发生。如发现检疫对象，再选点取样调查发生程

度，将调查结果记入产地检疫登记表；对可疑症状，采集标本室内鉴定确诊。经检验未发现检疫对象的田块签发《产地检疫合格证》，准许种子经营部门收购作种。发现检疫对象的繁种基地生产的植物产品，一律不得作种子收购。

2.2.4　调运检疫签证

经产地检疫合格签发了《产地检疫合格证》的种子调运时，调运人以《产地检疫合格证》、《调运检疫要求书》换取《植物检疫证书》。

2.3　加强植物检疫队伍建设

一是明确分工，责任到人。为避免检疫工作人力投入不足，检疫程序受挤压、遗漏等现象发生，在目前检疫机构与植保站合并的情况下，植保站在内部分工上要明确专人专职负责植物检疫工作，认真制订全年植物检疫工作计划，及时组织实施产地检疫和危险性有害生物普查工作，严格做到应检必检，应查全查。二是加强培训，提高素质。加强植物检疫人员执法能力和业务技术水平培训工作，每年专职植检员必须接受培训学习一次以上，对新发生的检疫对象要进行现场培训，让检疫人员熟练掌握必要的检疫知识和检疫技能，同时建立鼓励专职植检员自学的制度，不断提高植检员解决检疫实际问题的能力。三是加大投入，改善条件。政府和检疫机构主管部门要加大投入，安排专项经费用于配备更新检疫检测设备，切实改善检疫手段，提高检疫科技含量。

2.4　加强领导监督

植物检疫是一项集法规、行政许可、技术为一体的执法行为，也是一项跨区域、跨行业的社会性工作。希望上级主管部门加强领导，严格督促检查，强化部门间协作和信息沟通，发挥联动优势，不断提升植物检疫工作水平，减少和控制与检疫法律法规相悖的不规范行为发生。真正达到预防控制危险性有害生物传播发生蔓延，保证农业生产安全的目的。

加大政策扶持推进多形式植保专业化服务工作

仇学平[1]，陈耀中[2]，陆宏彬[3]

（1. 江苏省盐城市盐都区植保植检站，224002；2. 盐城市盐都区龙冈镇农业中心，224011；3. 盐城市盐都区义丰镇农技站，224022）

植保专业化防治工作是植保社会化服务的主要形式，是保证防效、控害减灾、保证农业生产安全和农产品质量安全的重要手段。近几年盐都区的植保专业化防治工作有了长足的发展，组建了 3 个镇级植保专业合作社，水稻、三麦等主要农作物的植保专业化防治水平达到 10% 以上，对盐都区整体病虫防治水平的提升起到了推动作用。通过对该区植保专业化防治组织的运作情况调查和平时与农民朋友的交流，笔者认为，当前植保专业化防治工作发展机遇良好，农民需要，加大扶持，前景广阔。

1 农业和农民迫切需要植保专业化防治

农业生产离不开植物保护的保驾护航，及时高效的防治是抗灾保收的重要手段。无论是近几年重大病虫频繁重发的严峻形势，还是目前的农业生产现状，都呼唤植保专业化防治工作。

1.1 重大病虫连年重发，分散防治问题严重

进入 21 世纪以来，随着种植业结构调整和地球变暖，农作物重大病虫害，如水稻条纹叶枯病、稻瘟病、稻飞虱、稻纵卷叶螟、棉花盲蝽象、烟粉虱等大发生频率加大，发生范围广、暴发性强、传播快、危害严重。防治技术发生重大变化，药剂防治频率增加，害虫抗药性提高，防治效果下降。加之许多害虫具有迁移习性，防治适期短，一家一户分散防治，往往这片地打药，虫子飞到那片地，那片地打药，虫子又飞回来，不仅效果差、效率低，而且增加防治成本和环境污染。不少农民感觉到力不从心，产生厌战情绪，每年都有部分农户因防治质量低而减产，甚至失收。因此全面推行植保专业化防治是保障农业丰收的必然选择。

1.2 农村青壮劳力外出务工，防病治虫成难题

随着我国工业化、城市化进程加快，农村青壮劳力向二、三产业和市、镇集中现象明显，目前农村 80% 以上青壮年劳力出外打工，留守务农的主要为老人和妇女，新技术接受能力差，体力差，而病虫防治工作是一项技术要求高、操作很辛苦的工作，农药品种多，针对性强，使用不当容易造成为害，每年都有部分农户因药剂使用不当而发生农业生产事故。同时打药的喷雾器械和水、药等加起来重达几十斤，劳动强度很大，一般老人和妇女无法承受，不少农户请人或雇人打药。因此大力推进植保专业化防治可以较好地解决农民防病治虫难题。

1.3 农药放开经营，植保技术难贯彻，农产品质量难保证

当前，盐都区农药基本放开经营，销售点多，据不完全统计，全区有农药销售点 600 多

个，大部分农药销售人员未经过专业培训，无证上岗，农药销售不按植保技术方案和病虫防治要求进行，店里有什么药卖什么药，销售违禁农药事件时有发生，以次充好，搭车卖药，乱开方子乱卖药问题严重，市场存在劣药驱逐良药现象，每年都发生一些销售假、劣药剂的坑农、害农事件。由于技术不对路，烂用药、重复用药现象普遍，农产品农药残留超标问题突出，农业生态环境压力加大，对土壤、水源及下茬农作物均造成较坏影响。因此推行植保专业化防治工作可有效解决农业生产安全和农产品质量安全问题。

2 因地制宜发展多形式植保专业化防治队伍

据不完全统计，盐都区机动弥雾机社会保有量有 9 000 余台，有 80% 以上可以使用，实际使用量 5 000 台左右，为别人提供服务的只有 30% 左右，大部分机械未能发挥应有的作用。参加专业化防治组织的机械更是微乎其微。因此潜力很大，如正确加以引导，调动现有弥雾机手的积极性，植保机防事业定能开创一个新天地。当前亟待做的工作就是，制定切实可行的激励扶持政策，引导基层农技推广部门及其所属农药销售点、村级服务组织、弥雾机手采取市场化运作为主，多模式并存的形式，因地制宜组建多形式的植保专业化服务组织。

2.1 合作社模式

合作社组织化程度高，有专业技术人员指导，信息及时，施药及时，防治效果有保障，是当前镇、村发展植保机防组织的主要模式。可以单独组建，也可以与其他农业合作组织联建，为社内会员及社外农户提供服务。目前盐都区秦南、大冈、郭猛三镇都成立了镇级植保服务合作社，其中以秦南植保服务合作社运作较好。秦南植保服务合作社 2006 年组建，现有会员 65 人，人员组成有镇农业中心技术员、村组干部和弥雾机手，组织有序，分工明确，服务规范，考核清晰。为合作社会员及农民农作物全程病虫防治工作进行承包服务，2007 年与农民签订病虫害全程统防统治合同 156 份，服务面积 93hm^2。具体做法是：对于签订合同的农户，机防队带药有偿承包农户水稻整个生长季节的全部病虫的防治（草鼠害除外），每 667m^2 收费 120 元。

2.2 农药销售点承包模式

设在镇村的植保部门、农技推广部门的农药销售点，可以利用自身信息快，药剂质量硬，具有一定的专业知识的优势，组织一些弥雾机手，对周围的农户进行病虫防治承包服务，实行统一防治技术、统一防治时间、统一供药、统一机械施药、统一调查防治效果。可针对不同群体的服务对象，采取不同的操作模式，一是全程承包防治，在粮、棉全生育期内所有病虫进行承包；二是代治，由农户自己购药，农药销售点安排机手施药，农户按面积交钱；三是战役承包，在粮、棉某一病虫防治战役期间，进行承包。

2.3 大户集约模式

种田大户面积大，可以自己购买弥雾机，对自己种植的田块在农业技术员指导下，按病虫情报的要求进行防治，防治及时，药剂对路，防效有保证。此类型效率高，集约效益明显。

2.4 专业户代治模式

未参加专业组织的弥雾机手，可以在满足自己需要的基础上，利用剩余机力为他人提供代治服务。

3　多措并举，强力推进植保专业化防治工作

成立植保机防队，开展植保专业化防治，投入大，但效益低，并承担一定风险，完全靠市场化动作，靠个人投资是不现实的，要使这项造福千家万户的事业遍地开花，兴旺发达，政府必须每年有固定经费投入，并对各地的植保专业化防治组织的发展和服务情况进行考核和奖励。

3.1　加大扶持力度，使从事专业化防治工作的人员有利可图

购置植保机械投入大，病虫害防治又有特殊性，每年就那么几次，大部分时间机械闲置没活干，同时从事专业化防治的人员工作苦、收入低、不稳定，很多农民觉得不如出去打工，还有天天和农药打交道有一定风险，安全没保障，这些问题都是制约植保机防组织发展的瓶颈。政府应充分考虑到发展植保机防组织的艰巨性，每年争取多拿出一些财力，给进行植保专业化防治服务的组织和人员在购机、工资、燃油、药剂、技术培训、技术宣传方面进行补贴，给从事植保机防服务工作的弥雾机手进行定期健康检查和健康安全保险。

3.2　加大考核力度，对推进植保专业化防治工作的有功人员进行奖励

把发展植保机防服务组织和植保专业化防治工作纳入政府对各镇区新农村建设的考核内容，每年制定植保机防组织发展指标和统防统治覆盖率，对完成任务好的镇区领导、带头举办植保专业化防治组织的单位和人员进行专项奖励。

3.3　规范管理，加强培训，让农民满意

对已建立植保机防组织的单位，要抓好机防队伍的管理，①本着"服务为主，自愿互利、合理收费"的原则，对自愿参加植保专业化服务的农户，按本人需求提供对应的优质服务。②机防队使用的农药品种一定要是优质对路的药剂品种，原则上为省市区植保站推荐品种，有条件的机防队可由区站统一代购。③从严弥雾机手的录用和培训工作，从事植保专业化防治的弥雾机手必须身强体壮，身体健康，上岗前必须进行职业道德、病虫防治技术、安全用药知识、机械使用、维修技术等方面的培训，经考试合格后持证上岗。④规范服务行为。机防队为农户防治病虫害实行全程承包的，必须与农户签订规范的承包协议。出现药害造成经济损失或未达约定防效，应由责任人和机防队给农户赔偿实际损失。⑤建立防治标准及效果评价制度和收费管理制度，区农业部门需制定统一的最低防效及农户的投诉处理程序和统一的最高收费标准，使服务双方遇到纠纷时有一个公正的评价依据。

后　记

　　盐城市是典型的农业生产大市，农业在全市经济中占有重要的地位。近年来，随着高效农业的发展、种植业结构的调整以及种植方式的改变，水稻上褐飞虱、纵卷叶螟、灰飞虱、条纹叶枯病、稻瘟病、玉米粗缩病，棉花上盲蝽象，蔬菜上烟粉虱相继出现，且发生范围扩大，发生程度加重，大发生频率高，新入侵或出现的有害生物烟粉虱、加拿大一枝黄花和由灰飞虱引起的水稻黑条矮缩病呈扩大蔓延的态势，这些都严重威胁盐城市农业生产的稳定和提高。为此，全市广大植保技术人员，根据农业生产上出现的新问题，积极开展重大病虫草害的灾变规律调查研究和新农药新剂型田间药效试验，撰写了不少专业水准较高的论文，其中既有省重点攻关项目和市科技发展项目中的部分研究成果，又有植保部门自立课题的研究结果和植保工作调查总结，对此，我们及时组织有关人员编写了《沿海农业有害生物监控技术研究新进展》一书，供广大植保技术人员在实际工作中参考应用。

　　本书在组稿和编审过程中，得到上级业务部门和领导的悉心指导，各县（市、区）植保部门给予大力支持，一些老专家、老同志对稿件的组织、编辑提出了许多宝贵意见，在此一并表示衷心的感谢。

　　由于时间仓促、工作量大和编者水平所限，本书错误、遗漏之处在所难免，恳请专家、同行及广大读者批评斧正。

编　者

2008 年 12 月